槐蔭滿庭 實面流芳

三槐堂三沙王氏家风

吴建

中共苏州市相城区纪律检查委员会 组织编写

苏州大学出版社
Soochow University Press

图书在版编目（CIP）数据

槐荫满庭 "实面"流芳：三槐堂三沙王氏家风 / 吴建华著. -- 苏州：苏州大学出版社，2024. 6.
ISBN 978-7-5672-4832-8

Ⅰ. B823.1-49

中国国家版本馆 CIP 数据核字第 2024GT2881 号

书　　名： 槐荫满庭　"实面"流芳——三槐堂三沙王氏家风
著　　者： 吴建华
责任编辑： 张　凝
装帧设计： 吴　钰
出版发行： 苏州大学出版社（Soochow University Press）
社　　址： 苏州市十梓街 1 号　**邮编：** 215006
印　　刷： 苏州市越洋印刷有限公司
邮购热线： 0512-67480030
销售热线： 0512-67481020
开　　本： 700 mm×1 000 mm　1/16　**印张：** 17　**插页：** 12　**字数：** 283 千
版　　次： 2024 年 6 月第 1 版
印　　次： 2024 年 6 月第 1 次印刷
书　　号： ISBN 978-7-5672-4832-8
定　　价： 68.00 元

苏州大学出版社营销部　电话：0512-67481020
苏州大学出版社网址　http：//www.sudapress.com
苏州大学出版社邮箱　sdcbs@suda.edu.cn

国家社会科学基金项目
“明清江南地区的宗族与祠堂研究”
（17BZS056）阶段性成果

姬姓王氏始祖周王子乔像

隋文中子王通像

北宋三槐王氏始创者王祐像

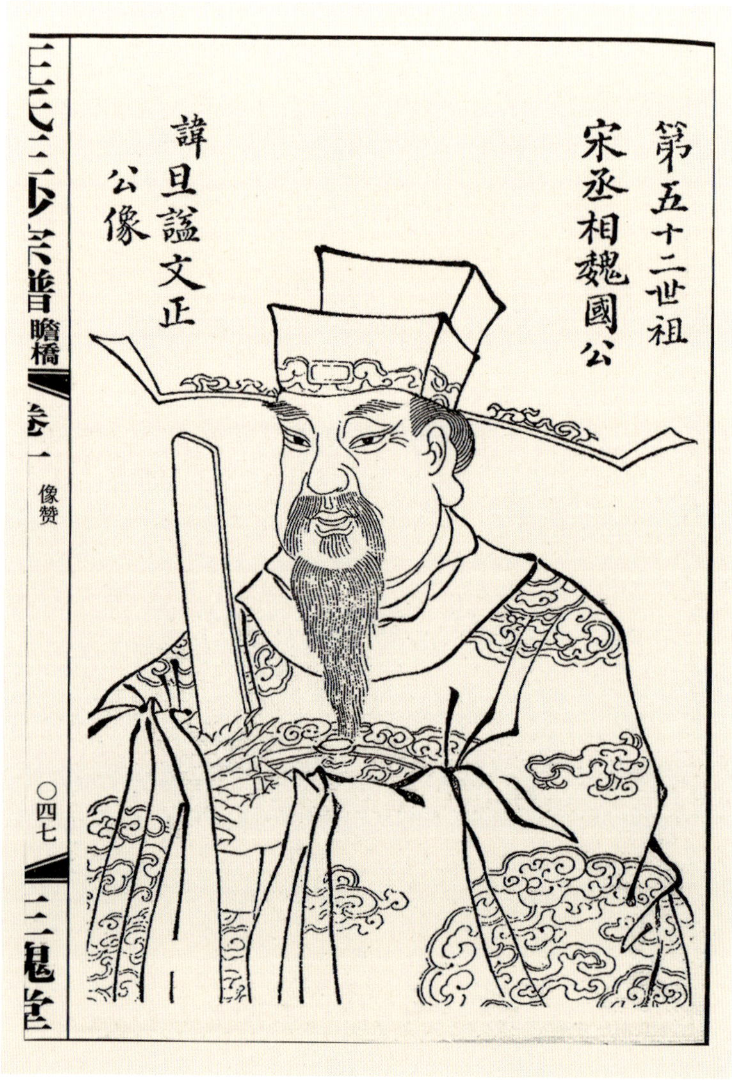

北宋王文正旦像

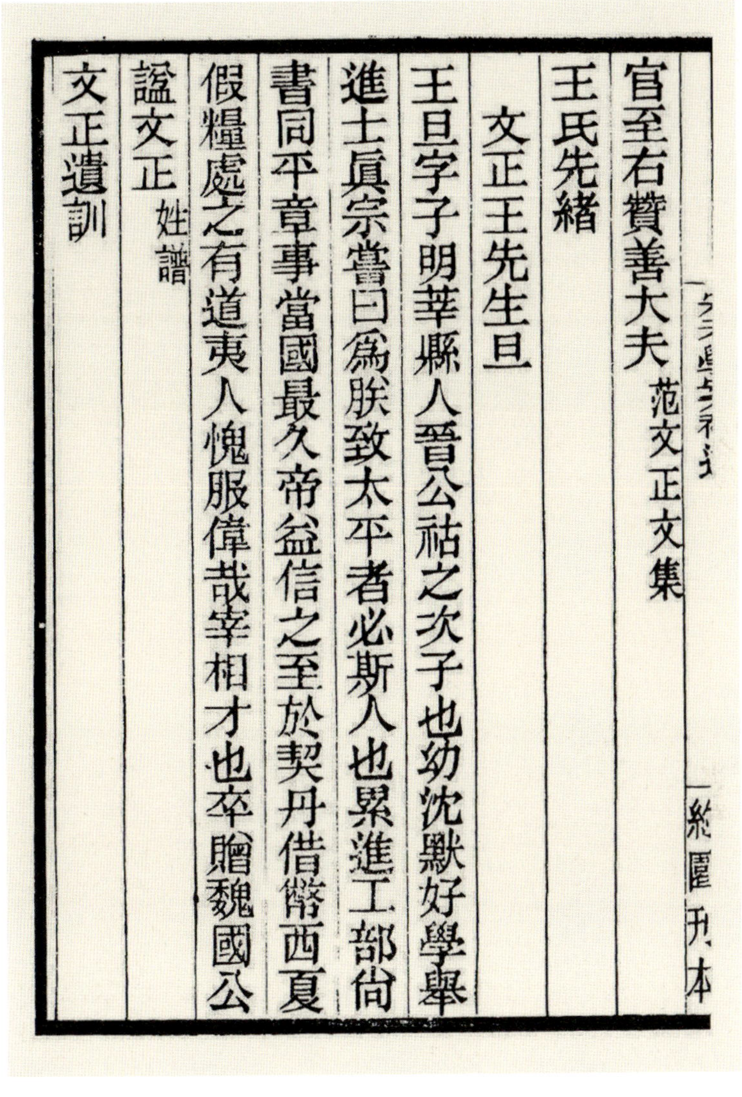
官至右贊善大夫 范文正文集

王氏先緒

文正王先生旦

王旦字子明莘縣人晉公祜之次子也幼沈默好學舉進士眞宗嘗曰爲朕致太平者必斯人也累進工部尚書同平章事當國最久帝益信之至於契丹借僭西夏假糧處之有道夷人愧服偉哉宰相才也卒贈魏國公謚文正 姓譜

文正遺訓

王文正遗训书影（《宋元学案补遗》）（吴建华摄）

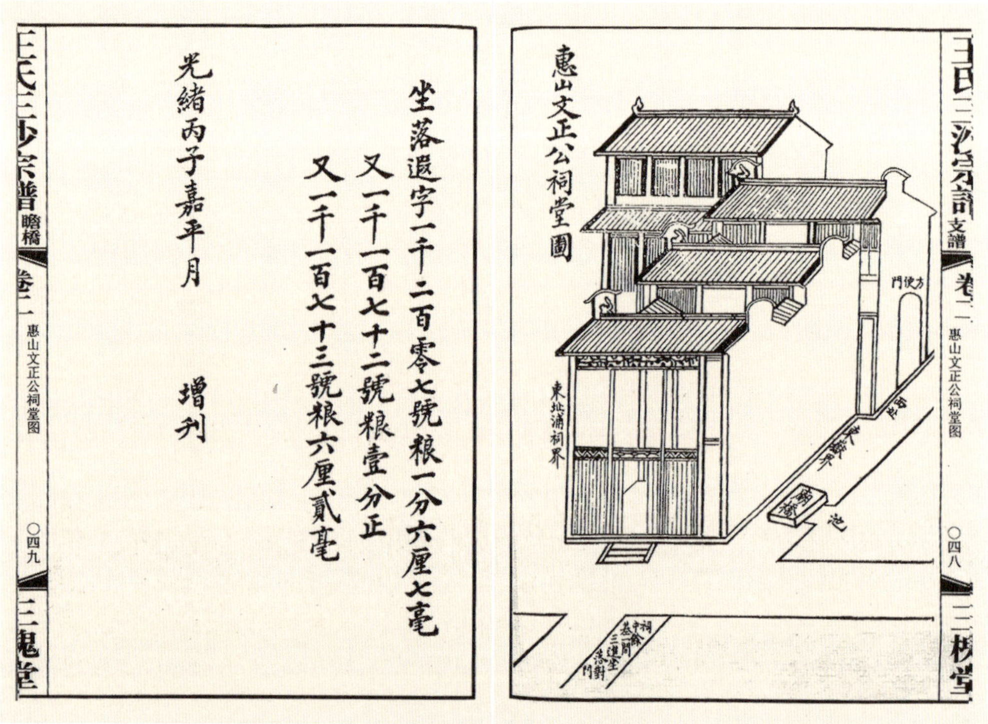

无锡惠山王文正公祠图

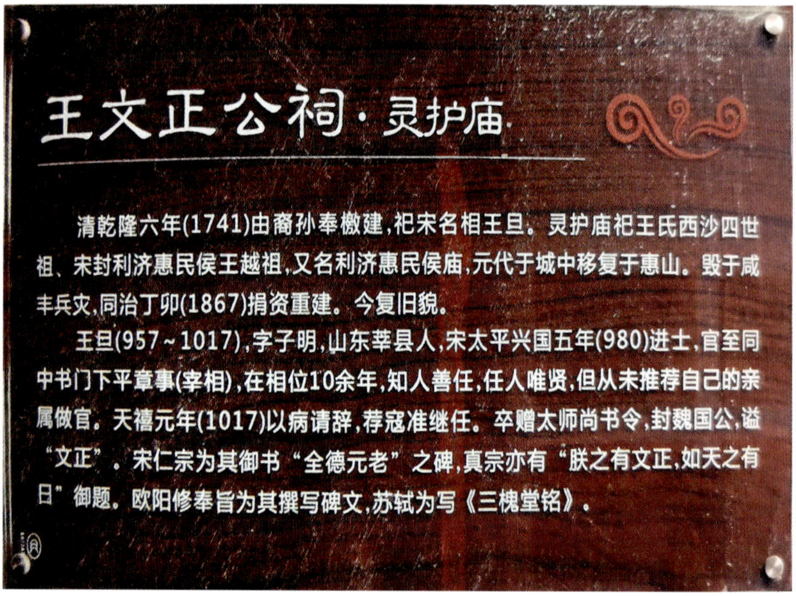

无锡惠山王文正公祠牌记（在全国文保单位惠山祠堂群）（吴建华摄）

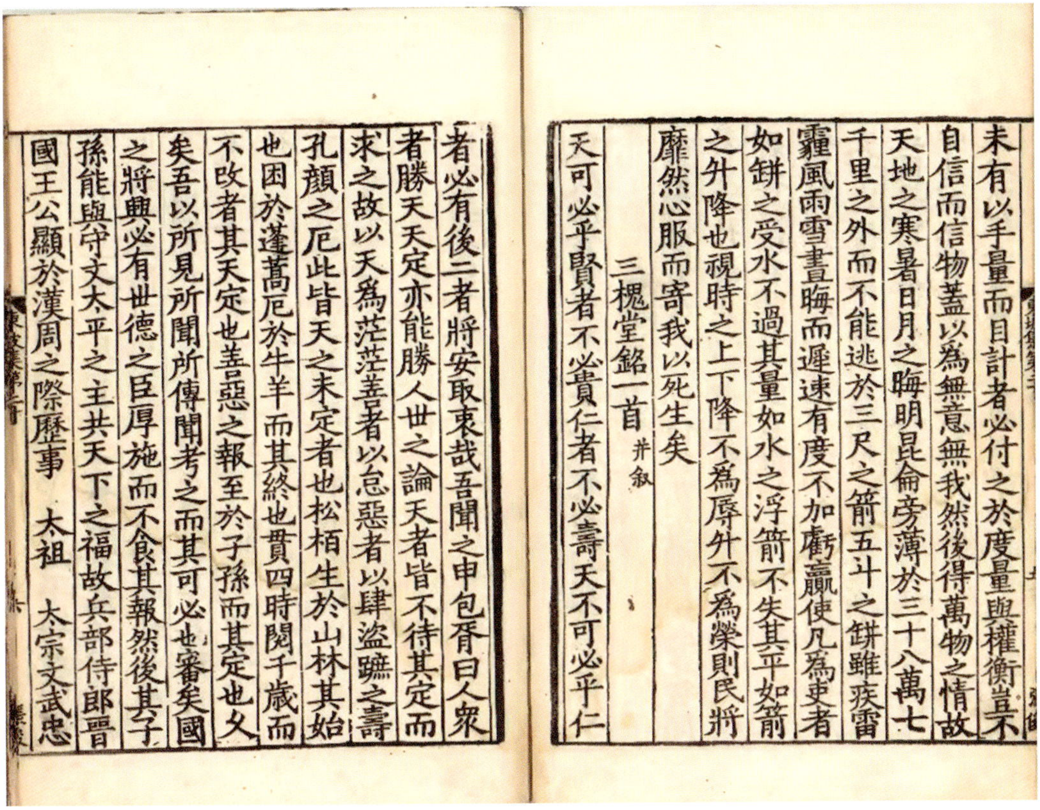

未有以手量而目計者必付之於度量與權衡豈不
自信而信物蓋以爲無意無我然後得萬物之情故
天地之寒暑日月之晦明昆侖旁薄於三十八萬七
千里之外而不能逃於三尺之箭五斗之缾雖疾雷
霾風雨雪晝晦而遲速有度不加虧贏使凡爲吏者
如缾之受水不過其量如水之浮箭不失其平如箭
之升降也視時之上下降不爲辱升不爲榮則民將
靡然心服而寄我以死生矣

三槐堂銘一首 并敘

天可必乎賢者不必貴仁者不必壽天不可必乎仁
者必有後二者將安取衷哉吾聞之申包胥曰人衆
者勝天天定亦能勝人世之論天者皆不待其定而
求之故以天爲茫茫善者以怠惡者以肆盜蹠之壽
孔顔之厄此皆天之未定者也松柏生於山林其始
也困於蓬蒿厄於牛羊而其終也貫四時閲千歲而
不改者其天定也善惡之報至於子孫而其定也久
矣吾以所見所聞所傳聞考之而其可必也審矣國
之將興必有世德之臣厚施而不食其報然後其子
孫能與守文太平之主共天下之福故兵部侍郎晋
國王公顯於漢周之際歷事　太祖　太宗文武忠

宋版苏轼《三槐堂铭》书影（吴建华摄）

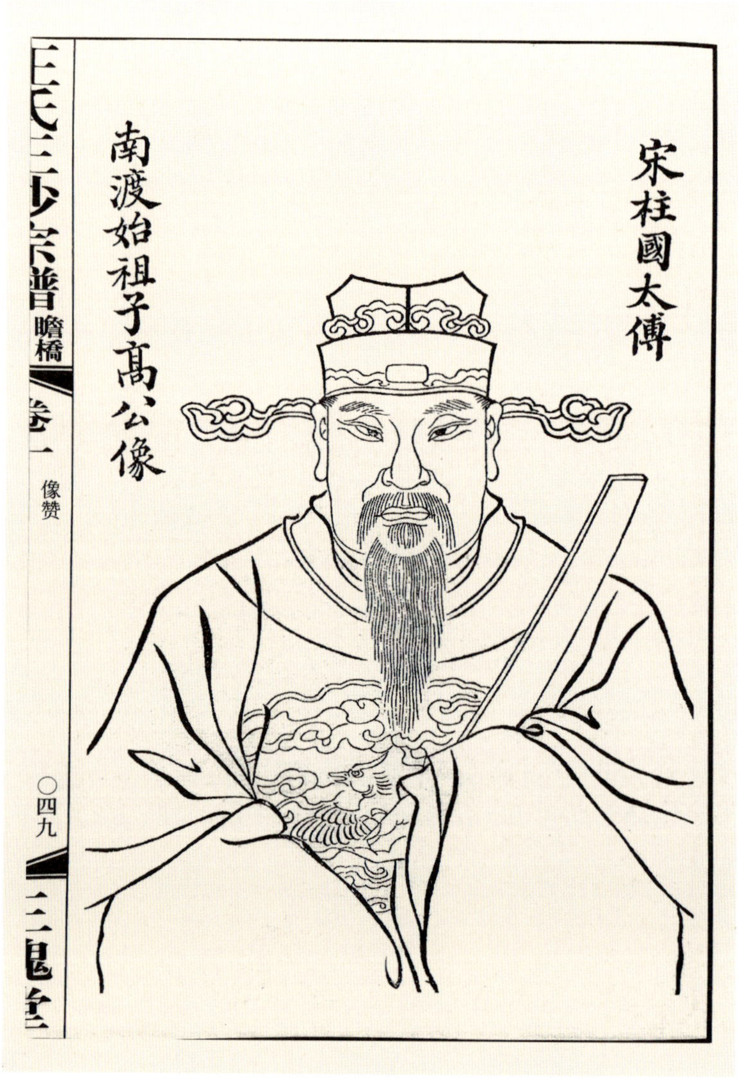

宋三槐南渡三沙始祖王皋像

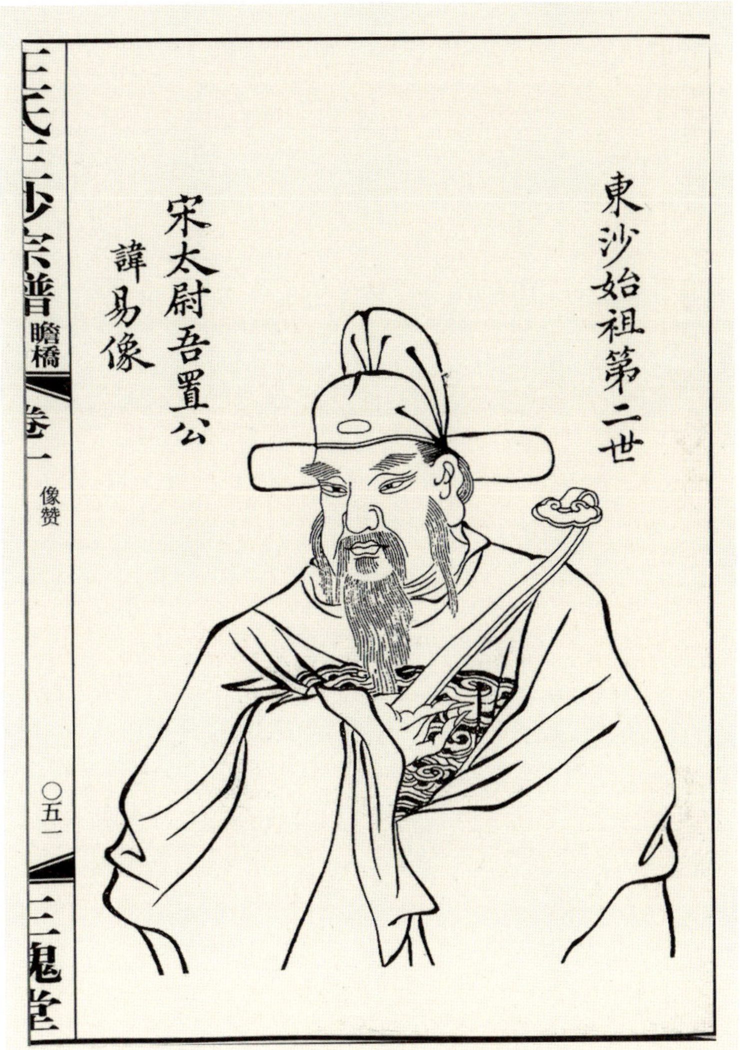

东沙始祖王易像

中沙始祖王铎像

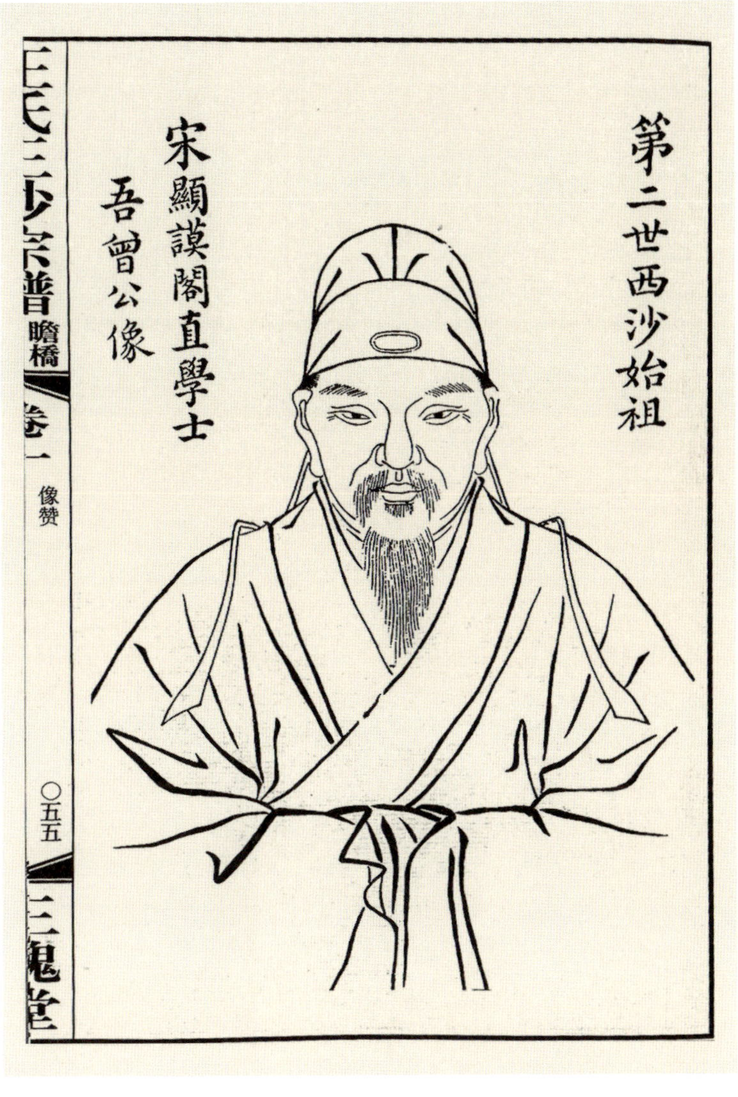

西沙始祖王胤像

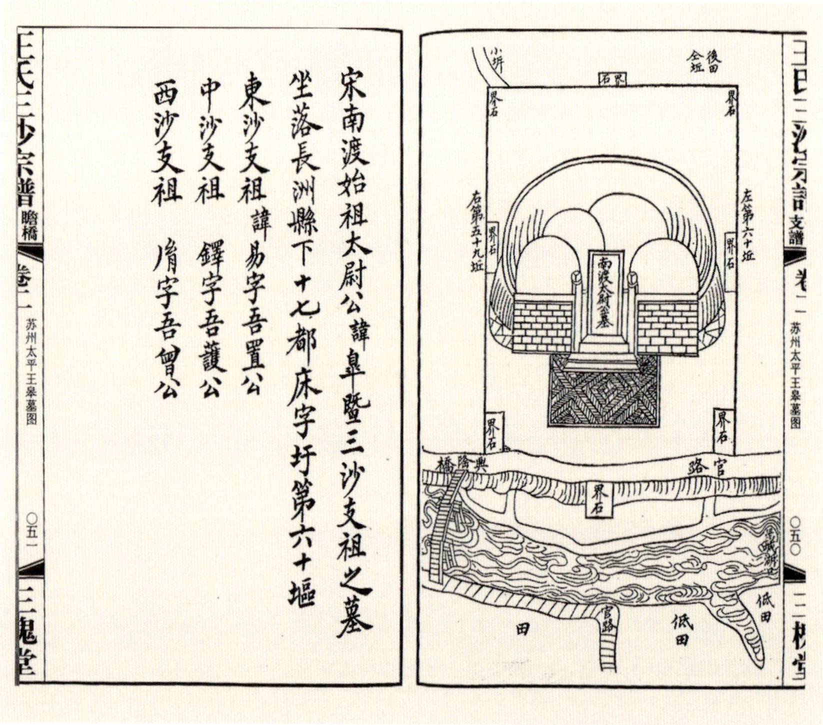

苏州太平荻溪王皋及三子三沙三支祖合墓图

苏州太平王皋墓（吴金生摄）

苏州太平太尉碑（吴建华摄）

苏州王皋墓文保碑（正面）
（吴建华摄）

苏州王皋墓文保碑（背面）
（吴建华摄）

苏州太平王氏宗祠
（今太平禅寺一部分）
“实面”踏石
（吴建华摄）

苏州太平王氏宗祠前银杏树（强文俐摄）

苏州太平王巷凤凰桥（吴金生摄）

凤凰桥文保碑（强文俐摄）

太仓王锡爵故居大学士第（强文俐摄）

太仓王锡爵故居文保碑（强文俐摄）

无锡瞻桥德溪桥（王诚觉摄）

德溪桥文保碑（王诚觉摄）

中沙武进礼嘉桥周陈王氏宗祠（王诚觉摄）

中沙武进礼嘉桥周陈王氏宗祠享堂三槐堂（王诚觉摄）

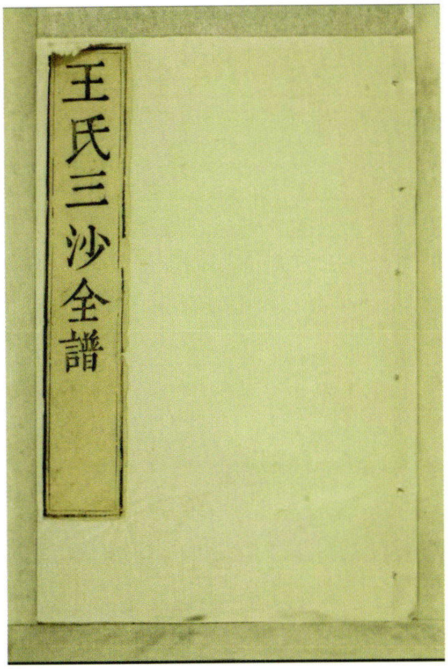

清乾隆《王氏三沙全谱》封面

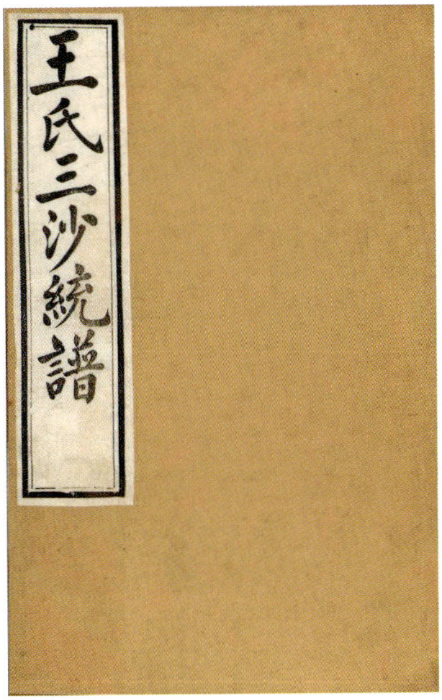

清光绪丙子（1876）
《王氏三沙统谱》封面

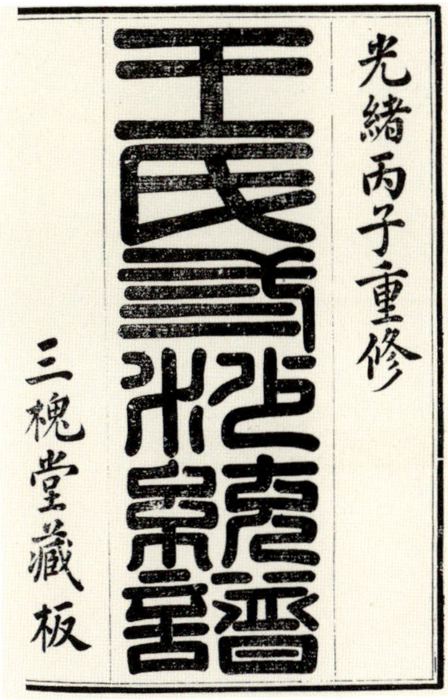

清光绪丙子（1876）
《王氏三沙统谱》书影

清光绪丙午（1906）
《王氏三沙统谱》书影

原苏州市三槐堂历史人物研究会会牌（吴建华摄）

苏州三槐堂三沙王氏家风馆揭牌仪式（吴建华摄）

苏州太平三槐堂三沙王氏家风馆（吴金生摄）

三槐堂

家風

序　言

三槐堂三沙王氏“实面”家风
——诚实做人　踏实做事

一个“实”字，从中原（今山东莘县、河南开封）三槐到江南（江、湖、海之间的原野）三沙，由王氏一脉相承，形成三槐三沙王氏践行的家训家风，走过了近千年的文化旅程。

一、一千零三十六年以前，王祐始创中华王氏三槐堂

北宋时期，太原王氏分立出三槐堂王氏。三槐堂并非以地望为堂号，而是与从大名府莘县（今山东省聊城市莘县）移居汴京的王祐（924—987）密切相关。王祐（也有作王祜），字景叔，于庭院手植三槐，坚定地说：“吾之后世，必有为三公者，此其所以志也。”① 其三子中的二郎王旦果然如其所愿，身居三公之列，仕至宰相。

《宋史》论王“祐，以百口明符彦卿无他志，且言以猜忌杀无辜者享国不长，因以杜太祖之他疑，又却卢多逊之倾赵普，以致被黜，仁者有后，宜乎子旦为宋元臣焉”，并说“自唐以来，翰林直学士与中书舍人对掌训辞，颂宣功德，箴谏阙失，不专为文墨之职也。宋兴，亦采词藻以备斯选”。② 王祐曾官中书舍人，说明他既有文才，又能直言，而直言无忌出其天性，又是其职责，可谓用得其人。

王祐为人天性耿直、厚道，既忠诚不欺，又秉持道义原则，极具政治才干，兼具高超文才，自己未能位列三公宰相之列，却为后世子孙开了个好头。“三槐”之名自此诞生，之后三槐王氏蒸蒸日上，持续发展。家训家风

① 《宋史》卷二百八十二，列传第四十一，王旦，中华书局 1977 年，第 9542-9543 页。

② 上引见《宋史》卷二百六十九，列传第二十八，中华书局 1977 年，第 9251 页。

的熏染，不啻一家一姓，也是中华姓氏的优秀精神文明遗产。

二、一千零六年以前，王旦与北宋三槐王氏的辉煌，贻留“文正遗训”

王旦（957—1017），字子明，大名府莘县人，卒谥文正。

“宋至真宗之世，号为盛治，而得人亦多”，号称“咸平之治”。王旦以进士为相十八年，《宋史》评论：“王旦当国最久，事至不胶，有谤不校，荐贤而不市恩，救罪辄宥而不费辞。澶渊之役，请于真宗曰：‘十日不捷，何以处之？’真宗答之曰：‘立太子。’契丹逾岁给而借币，西夏告民饥而假粮，皆一语定之，伟哉宰相才也。惟受王钦若之说，以遂天书之妄，斯则不及李沆尔”。①

王旦无论行己持家为族，还是为民为国，都卓荦可称，他将三槐王氏社会文化声誉的根基彻底夯实，也是后世三槐王氏包括三沙王氏在内高度认同且引为荣耀的先祖。他的具体事迹，在其子王素整理的《王文正公遗事》②里，保留丰富，基本可信，值得细细品读。

王文正留下遗训：“至孝”“至诚”，孝则诚，诚即实，就是实诚，由此奠定了三槐后人世代遵循的家训家风准则。

三、九百四十四年前，王巩请苏轼撰写《三槐堂铭》

王巩，王旦之孙，应是北宋三槐王氏中最有才气的文人，为人正直，风流倜傥，官位却不高。由于与苏轼、苏辙兄弟友情挚厚，受苏轼乌台诗案牵连，而遭受重谪。他历经磨难，洒脱不羁，英豪不改，为人钦重。王巩于宋神宗元丰二年（1079），请其老师兼挚友、时任湖州知州的苏轼为他家祠三槐堂题写《三槐堂铭》，使三槐堂名声斐然。清康熙年间绍兴人吴楚材、吴调侯又将此文选入《古文观止》，这一千古名篇于是更成为中华优秀文化宝库中的一颗璀璨明珠。

苏轼《三槐堂铭》文不长，最主要的是在其前“叙”里，讲述王祐、王旦、王素、王巩四代人的故事，说明以德传家，“仁者必有后”，子孙绵延，享福丰厚。已有验证的是王祐之德报，见于其子王旦为三公，居宰相，

---

① 上引均见《宋史》卷二百八十二，列传第四十一，王旦，中华书局 1977 年，第 9557-9558 页。

② 王素：《王文正公遗事》，张其凡、张睿点校，中华书局 2017 年。

诚为不虚。而王素之德报尚未得到验证，因而寄予其子孙以厚望。苏轼还以唐朝李栖筠相比王祐，说他“忠信仁厚”还不如王祐、王旦父子，因此三槐王氏福报“未艾”。可见，以德福报，在仕途上得到体现，似乎成了苏轼衡量福报的一个标准，而“忠信仁厚”则是积“德”的根源。这样的“世德之臣”与国家兴旺、太平盛世的出现互相匹配，或者是一种吉兆。

四、六百多年前，明国子监助教王梓拟定家规十六条

这为《王氏三沙全谱》（又称“统谱”），以及许多三沙王氏分支谱所收载。

五、三百二十九年前，清康熙三十三年（1694），邵阳知县，后任郑州知州的中沙荻扁王省，撰拟“五劝五戒”家训

六、三百一十五年前，康熙四十七年（1708），三沙王氏支派合祭共祖王皋，三槐家风绵延

东沙王原祁（王时敏之孙）、中沙王省、西沙状元王云锦等，汇聚三沙王氏，在苏州荻扁纪念三沙王氏始祖王皋，共作《太尉碑记》《祭太傅文》。王省还续修刊行中沙王氏支谱。

南宋建炎三年（1129），三槐南渡始祖王皋，定居荻扁，此后长达二十三年，卒后长眠阳澄湖畔。其三子分立三沙三支派：长子分居昆山沙头（后属太仓沙溪），仲子守荻扁老宅阳澄湖沙头，季子分徙无锡沙头，身后全部祔窆父茔。祖宅、祖茔、祖地俱在，迄今已八百九十四年，因而荻扁被三沙子孙奉为“周京”。

三槐意识在延续。一个显著标志是，三槐三沙分支的祠堂大都冠名“三槐堂”，其他也多与三槐相关，譬如“槐荫堂”“高槐远荫堂”，或者在三槐堂之下分堂，如“三槐堂天全堂”。

七、三百二十八年前，清康熙时模范教师王志宁“江南司教第一”，终身奉行“三好”诫

王志宁（1619—1695），西沙王氏长洲籍无锡人，苏州府长庠岁贡生，状元王云锦之父。他为塾师、为教官，与人交，不骛为高论，必举“做好人，行好事，读好书”三语为劝勉，其生平得力多不出此。

八、五百年以前至今，苏州太平桥中沙王氏宗祠进门踏石，镌刻“实面”二字

这“实面”踏石，位置鲜明，寓意独特，警示族人，进祠面祖，应该反躬自省：诚实做人，踏实做事，究竟做得如何？它强调一个“实”字，直接继承了三槐家训家风之“诚”。老实，指厚实。老诚，指老实诚恳。“实面”对自己、对祖宗、对别人，将从自己出发，自家庭、家族、社会到国家的处世准则，都包含在内。

从三槐到三沙，家训、家教、家风，方方面面，汇归于通俗易懂的一个“实”字。这是三槐家训家风的一线相承，并且不断凝练、提升，进行了通俗化表述。

九、当今国家开展“三严三实”教育，倡导“诚”信风尚

“三严三实”教育的具体内容是：既严以修身、严以用权、严以律己，又谋事要实、创业要实、做人要实。

“三实”的要求就是：做老实人，说老实话，干老实事。其基本点，在一个“实”字。实，体现在诚上，只有诚实可信，诚信立德，才能做到忠诚老实，廉洁奉公，为民治国。

“诚”信的基本要求是：诚实可信、表里如一、言行一致，体现于生活、生计、就业、创业各个方面，共有“二十四诚”。

三槐三沙王氏的“实面”家训家风，体现了优秀传统文化精神的千年传承。

南宋以来，江南的江湖海原野养育了迁徙而来的中原三槐三沙王氏，而三槐三沙王氏在新的家园，奉行三槐精神，践行三沙“实面”准则，“惟德之符”，世代绵延，贡献人力、财力、智力，推进了江南江湖海地区的开发与建设。三沙王氏因弘扬三槐家教家风而繁荣昌盛，人才灿若繁星，与发展成为我国人口、经济、文化和社会重镇的江南地区相得益彰，共生发展。

目录

第一章 三沙王氏的形成和发展

当今中华姓氏家训家风研究已经蔚然成风，经过民间、学界和党政三途齐心协力，共同推进，取得了丰硕成果，对学术研究和现实社会优良家风建设，以及社会与思想的稳定，都起到了良好效果。①

然而笔者注意到，作为中华王氏王姓非常重要的支派，三槐三沙王氏，其家训家风研究依旧缺乏。三沙王氏自南宋初发源于苏州，蔓延江浙各地，繁盛于江南，迄今蔚为大观，而其三槐家训一以贯之，形成了独特的“实面”家风。由于三沙王氏的文献浩瀚，非穷年累月沉浸其中，乐此不倦，难以清理出个头绪来，因此，尽管笔者心仪已久，却不敢贸然涉足。今因中共苏州市相城区纪委有意以三沙家训家风为题，开展党风廉政教育，受其委托，故而不揣谫陋，在个人原有家族家训家风研究基础上，又集中精力，花费了三年多时间，对三沙王氏文献检巡一番，现试作如下报告。不当之处，尚祈方家赐教指正。

在当今中华姓氏大家族之中，王氏人口之众可谓数一数二，这是中华姓氏人口历史长久发展的结果。

王姓作为中华姓氏巨姓有其古老的源流，由其重要分支太原王氏内生的北宋三槐王氏是非常著名的分支。北宋末，三槐

---

① 比较突出的研究成果，就专著而言，像家训史，有徐少锦、陈延斌的《中国家训史》（陕西人民出版社 2003 年），朱明勋的《中国家训史论稿》（巴蜀书社 2008 年）；家训资料及其研究，如楼含松主编的《中国历代家训集成》（浙江古籍出版社 2017 年）可谓集大成的家训汇编，赵振的《中国历代家训文献叙录》（齐鲁书社 2014 年）则工具导引性质很强；江南区域家训研究，如曾礼军的《江南望族家训研究》（中国社会科学出版社 2017 年），陈寿灿、杨云等的《以德齐家：浙江家风家训研究》（浙江工商大学出版社 2015 年），王卫平、李学如主编的《苏州家训选编》（苏州大学出版社 2016 年），本书编委会编著的《家国千年：苏州历史上的家风与家规》（中国方正出版社 2016 年）；等等。至于家族家训的通论与个案研究论文，优秀成果更是不胜枚举，于此恕不铺陈。

王氏南渡，定居苏州荻扁（今属江苏省苏州市相城区太平街道），开枝散叶，形成三槐三沙王氏，发展至今，已成为三槐王氏之中人口庞大、人才众多的重要支派。

清光绪二年丙子（1876）《王氏三沙全谱》（封面称“统谱”）认为，自己的祖宗源流出自后稷，得姓王子晋，源于文中子王通，始自王皋。在长达三千多年的王氏发展历程上，这些具有三沙王氏坐标作用的重要人物值得高度重视。①

三沙王氏系属北宋创立、繁盛于开封的三槐王氏。三槐王氏一般被认为源于太原王氏。太原王氏由周朝姬姓而来。周朝姬姓是黄帝后裔。

一、三沙王氏前缘

中华王姓出于黄帝，而来源多途，有多民族、多祖宗的支派，其中一支将得姓始祖推定为周朝王子晋，也是后世王姓最大族源。

（一）从黄帝到太原王氏

中华姓氏学是一门十分古老和复杂丰富的专门之学，历代不少学者名流留有研究专著。每个姓氏的历史文化都很丰富多彩。对于王氏王姓而言，唐代大文豪韩愈曾精辟概括其来源，可谓一言以蔽之：“王氏皆王者之后。”②也就是下文郑樵所言“天子之裔”。当然，这是指主流的汉族王姓而言。

1. 黄帝后裔

南宋著名史学家郑樵《通志》的精华内容为“二十略”，首列“氏族略”，可以说是中华姓氏研究的专篇，具有十分重要的姓氏学地位。他考述王氏，源于“以爵为氏”。

王氏。天子之裔也。所出不一，有姬姓之王，有妫姓之王，有子姓之

① 笔者数年来收集并反复阅读三沙王氏家谱近百部，内有卷帙庞大的乾隆、光绪《王氏三沙全谱》（封面题《王氏三沙统谱》，本文混称）三部和三沙各分支谱，包括民国以前老谱和新修谱，只见到江阴《绮山东沙王氏支谱》奉琅琊王王羲之为先祖，其余均将太原王与琅琊王分开，而自认出于太原三槐王。

② 韩愈：《韩昌黎全集》卷三十一《唐故江南西道观察使中大夫洪州刺史兼御史中丞上柱国赐紫金鱼袋赠左散骑常侍太原王公神道碑铭》，中国书店 1991 年据 1935 年世界书局本影印，第 401 页。

王，有虏姓之王。

若琅邪①、太原之王，则曰，周灵王太子晋，以直谏废为庶人，其子宗恭为司徒，时人号曰王家。

若京兆、河间之王，则曰，周文王第十五子毕公高之后毕万，封魏，后分晋为诸侯，至王假为秦所灭，子孙分散，时人号曰王家。

或言魏至昭王彤生无忌，封信陵君。信陵生间忧。间忧生卑子。秦灭魏，卑子逃于泰山，汉高帝召为中涓，封兰陵侯，时人以其王族也，谓之王家。

此皆姬姓之王也。

出于北海、陈留者，则曰舜之后也。其先齐诸田为秦所灭，齐人号为王家。此妫姓之王也。

出于汲郡者，则曰王子比干之后。此子姓之王也。

出于河南者，则为可类（一作频）氏；出于冯翊者，则为钳耳族；出于营州者，本高丽；出于安东者，本阿布思。此皆虏姓之王也。

以其所出既多，故王氏之族最为蕃盛云。②

郑樵对中华姓氏进行了通贯性研究，认为王氏有四大来源，即“有姬姓之王，有妫姓之王，有子姓之王，有虏姓之王”。

姬姓之王出自后稷，是黄帝嫡系，有三个来源：一是琅琊、太原之王，东周灵王太子晋之后；二是京兆、河间之王，周文王第十五子毕公高之后毕万的后裔；三是魏至昭王彤，生无忌，封为信陵君，后代姓王，就是魏公子信陵君之后。前者姓王在东周春秋战国时代，较早；后二者姓王则在秦汉之际，可前溯到周朝。除此之外，姬姓之王还有周平王孙赤、王子成（一作城）父③和周考王弟揭等人的后代。

妫姓之王出于北海、陈留，是虞舜之后。而虞舜在《史记》中写作黄帝后代。

子姓之王出于汲郡，是殷商王子比干之后，在《史记》，同样是黄帝之后。

以上三姓之王以后均成为中华汉族的王姓主干来源。除此之外，还有一些不

① 琅邪，即琅玡，也作琅琊。本文一般作琅琊。

② 郑樵：《通志·二十略·氏族略第四·以爵为氏》，王树民点校，中华书局 1995 年，第157 页。

③ 如唐代韩愈所称太原王氏王仲舒，见下文。

是来源于他们的种种汉族杂姓之王，在先秦就已存在，这是很正常的现象，只是不清楚其各自的先祖来源了，后世子孙很可能已掺入汉族主干王姓支派之中。①

虏姓之王，就是胡姓之王，即历史上的少数民族之王，至少有四个来源，如河南可类（一作频）氏，为鲜卑族；冯翊钳耳族，为羌族；营州高丽人，安东阿布思，是回纥人。其实，除了郑樵列举的此四种胡姓之王外，另有乌桓、匈奴、羯、氐、契丹、女真、蒙古、满族以及回族、布依族、白族等少数民族改王姓的。除了回族之外，这些少数民族认同与黄帝有关联。

此外，历史上赐姓、改姓、冒姓、换姓、收养和入赘为王姓的情况也时有发生。还有汉族复姓王子、王狄、王父（一作夫）、王官、王人、王史、王叔、王孙、王周等三十多个改为单姓王的，以及复姓有“王”字，如拓王、成王、乐王、西王、小王、威王、五王，在历史上逐渐消失不见的，极有可能也已改为王姓了。他们当然认同自己为黄帝之后裔。②

一般而言，王姓认同自己源于中华人文始祖黄帝。正是由于中华王姓来源之多，包括汉族和少数民族在内，在历史长河中涓涓汇入，以至于形成了上引郑樵所言“以其所出既多，故王氏之族最为蕃盛”的格局。这不仅是汉族王姓王氏发展的结果，也是中华民族融合的缩影。

2. 姬姓之王始祖后稷

姬姓之王发源于后稷。后稷名弃，善于种植谷物稷，唐尧时任农师。虞舜封他在邰（今陕西武功），号后稷，赐姓姬，后世推认为姬姓之王的始祖。

姬姓部落发展起来后，由古公亶父从豳（今陕西彬州、旬邑一带）迁徙至岐山。其孙周文王姬昌时部落力量不断壮大。文王之子周武王姬发，伐纣灭商，建立了大周王朝。

---

① 参见顾炎武：《日知录》卷二十三《氏族相传之讹》，陈垣校注，安徽大学出版社 2007 年，第 1249-1250 页。

② 以上参见达良：《中华姓氏通书 · 王姓》第一章“姓氏探源”，海南出版社 1993 年，第 1-52 页；王大良：《中华姓氏通史 · 王姓》第一章“王姓源流”，东方出版社 2000 年，第 13-64 页；王大良、王成：《中华王氏通书》第一章“王姓发源地寻根”，天地出版社 2015 年，第 3-44 页，此书对前二著有所增补；周祚绍、范学辉、何成、任思亮等：《历代王氏望族》第一章“源远流蕃，其姓故大——王姓源流概说”，山东人民出版社 1997 年，第 1-7 页；梁满仓：《中华姓氏谱 · 王姓卷》“源流篇”第一章“王姓长河五源头”，现代出版社、华艺出版社 2000 年，第 3-32 页。

三沙王氏《王氏生民初系之图》说：

王本姬姓，诞自后稷。先世新村、秀湖诸谱皆从稷始，明所自也。虽然，礼有尊降，诸侯不得祖天子，周世且然，况在后世乎？因条纪世次，自稷而下，至灵泄心，凡三十六世，别为一图，以见不敢远有所祖之义，亦以见不忍忘所自出之心，尊尊亲亲，庶有当乎？谨列图如左。①

按照《史记·三代世表第一》：黄帝生玄嚣；玄嚣生蟜极；蟜极生高辛；高辛生后稷，为周祖。以下自后稷到周灵王泄心的太子晋之前的世系，就是周朝王位传承世系。从黄帝到周武王代殷，十九世。不过三沙王氏宗谱抄录的旧谱显然比较低调，把“王”字都隐去了。参见表 1-1。②

表 1-1 王氏生民初系之图

世次	一世	二世	三世	四世	五世	六世
名	后稷	不窋【窋】	鞠	公刘	庆节	皇仆
世次	七世	八世	九世	十世	十一世	十二世
名	差弗	毁隃【渝】	公非	高圉	亚圉	公叔祖【公祖类】
世次	十三世	十四世	十五世	十六世	十七世	十八世
名	【太王】亶父	季历	文【王】昌	武【王】发	成【王】诵	康【王】钊
世次	十九世	二十世	二十一世	二十二世	二十三世	二十四世
名	照【昭王】瑕	穆【王】满	共緊 【恭王伊扈】	懿囏 【懿王坚】	夷【王】燮 【《史记》此前有孝王方，懿王弟】	厉【王】胡
世次	二十五世	二十六世	二十七世	二十八世	二十九世	三十世
名	宣【王】静	幽【王】宫涅	平【王】宜臼	桓【王】林	庄【王】佗	釐【王】胡齐
世次	三十一世	三十二世	三十三世	三十四世	三十五世	三十六世
名	惠【王】阆	襄【王】郑	倾【顷王】壬臣	匡【王】班	定【王】瑜	夷简【简王夷】
世次	三十七世					
名	灵【王】泄心	以下太子晋受姓为王，另叙一篇				

原注：此图从旧谱抄录。

资料来源：《王氏三沙全谱》卷首《王氏生民初系之图》，清光绪二年（1876）。查考《史记》卷十三《三代世表第一》、卷十四《十二诸侯年表第二》，凡［ ］之内均为依据《史记》订补。《史记·十二诸侯年表》自周宣王开始，没有周王名字，依照《中国历史年代简表》（文物出版社 2001 年第二版）核对。

---

① 《王氏三沙全谱》卷首《王氏生民初系之图》，暨阳裔孙士锦识，清光绪二年（1876）。因该书每篇文献都是单独标页，故无连续页码可标。本书其他家谱无标注页码的情况与此相同。

② 《史记》此前有孝王方，懿王弟。夷王燮，懿王子。孝王与夷王不是父子世系，三沙谱略去了孝王方。

3. 太原王氏得姓始祖王晋

周朝分西周（前1046—前771）和东周（前770—前256）。东周分为春秋（前770—前476）和战国（前475—前221）时期。春秋时周灵王泄心（前571—前545年在位）的太子名晋（约前565—前549）①，字子乔，姬姓，“幼有成（盛）德，聪明博达，温恭敦敏”②。因为对父亲直谏忤旨，被废为庶人，不到三年身亡，年仅17虚岁。

王晋卒后不久，周灵王驾崩，由王晋的弟弟贵即位，为周景王（前544—前520年在位）。王晋子宗敬后来官司徒，避周难于晋，家于平阳（今山西临汾西南），时人号为王家。因去姬姓，以王为氏，尊王晋为受姓始祖。以后，中华王姓很多人自认是王晋或王乔，也可以称为王子晋、王子乔的后裔。③ 其实，在史籍之中，还有同属姬姓甚至同属太原王氏却非王晋的后人，如周平王孙赤、王子成（城）父和周考王弟揭等人。因此，王子晋可称为姬姓太原王氏之一的得姓始祖。

周灵王太子晋在《国语》《楚辞》等典籍中确有其人，然而，作为后世姬姓之王之一的得姓之祖，应该是后来的推崇。东汉时期宗族发展，三国魏开始使用九品中正制选拔官员，讲究门第，评定名族，晋以后王氏开始编纂谱牒，推崇先祖，加上汉魏崇尚隐士、逸民风气，王晋遂成为理想的对象，也是琅琊王氏、太原王氏共推的得姓始祖。④

从王晋子孙开始，以王为标志，独立发展，秦汉时分为琅琊、太原支派，魏晋时分出东海等支派，南北朝隋唐以来分出中山、河东、河内、郯郡、开闽、三槐等著名支派，明清时更是开始向海外发展，迄今遍布海内

---

① 海外太原王氏联谊后援会：《太原王氏》，北岳文艺出版社1994年，第7-8页。

② 王符：《潜夫论笺校正·志氏姓第三十五》，汪继培笺，彭铎校正，中华书局1985年，第436页。

③ 王大良经过仔细研究辨析，认为东汉王符的观点误导后人，魏晋时期未被接受，反被否定，但欧阳修《新唐书·宰相世系表》沿用并新添了王晋子宗敬，被郑樵采纳。其实，王子晋或王子乔得氏（姓）王，属于正常之事。参见王大良、王成：《中华王氏通书》，天地出版社2015年，第45-47页、第157-163页。

④ 参见守屋美都雄：《六朝门阀：太原王氏家系考》，梁辰雪译，中西书局2020年（日文初版于1951年），第20-22页。

外，人数蔚为大观。①

传说王晋能够预卜生死，后来得道成仙，充满神秘色彩。最早记载这一传说的文献是后世冠名西汉著名学者刘向的《列仙传·王子乔》，说明东汉时王子乔传说已经广为流行。②

王子乔者，周灵王太子晋也。好吹笙作凤凰鸣。游伊、洛之间，道士浮邱公接以上嵩高山。三十余年后，求之于山上，见桓良，曰："告我家，七月七日待我于缑氏山巅。"至时，果乘白鹤驻山头。望之不得到。举手谢时人，数日而去。亦立祠于缑氏山下，及嵩山首焉。

妙哉王子，神游气爽，笙歌伊洛，拟音凤响，浮邱感应，接手俱上，挥策青崖，假翰独往。③

【译文】

王子乔，周灵王太子晋。喜好吹笙，作凤凰鸣叫。游于伊水、洛水之间，道士浮邱公接他上嵩山。三十余年后，人们到山上找他，他见桓良，说："告诉我家，七月七日到缑氏山顶等我。"到时，王子乔果然乘白鹤飞驻山头，人们可望不可即。他举手向时人致谢，过几天才离去。人们在缑氏山下及嵩山顶上立祠奉祀他。

奇妙啊王子乔，神游天地，气度爽朗。吹笙伊水、洛水间，拟音凤凰歌唱。浮邱公受到感应，接手同上嵩山。挥鞭策于青崖，乘仙鹤独来独往。

嵩高山即嵩山，与缑氏都在今河南。后世嵩山、缑岭吹笙、驾鹤升天等典故都与王子乔相关，呈现了王氏人文的鲜明特色。

尤其值得注意的是，唐武周圣历二年（699）二月初四，武则天嵩山封禅，进谒缑山升仙太子庙，撰写《升仙太子之碑》文，亲书这六字碑额，借以歌颂武周盛世。历经1324年，此碑依然完好地矗立在缑山之巅，既有历史价值，又是书法艺术珍品，已被列为全国重点文物保护单位。

---

① 参见王大良、王成：《中华王氏通书》，天地出版社2015年，第6-9页。

② 关于《列仙传》的作者及成书年代，学术界向来有所争议，分西汉末年刘向说、非刘向的东汉和魏晋中，共三种。今天基本认同刘向整理当时神仙传说而成，是我国第一部神仙传记。守屋美都雄：《六朝门阀：太原王氏家系考》，梁辰雪译，中西书局2020年，第17-20页。

③ 王叔岷：《列仙传校笺》卷上《王子乔》，中华书局2007年，第65、184页。

依据宋欧阳修《新唐书》，太原王氏与琅琊王氏都是王晋之后。

王晋，子宗敬，“八世孙错，为魏将军。生贲，为中大夫。贲生渝，为上将军。渝生息，为司寇。息生恢，封伊阳君。生元，元生颐，皆以中大夫召，不就。生翦，秦大将军。生贲，字典，武陵侯。生离，字明，武城侯。二子：元、威。元避秦乱，迁于琅邪，后徙临沂。四世孙吉，字子阳，汉谏大夫，始家皋虞，后徙临沂都乡南仁里。生骏，字伟山，御史大夫。二子：崇、游。”“至孝”王祥①、东晋“王与马，共天下”的王导均出于此。

太原王氏出自离次子威，汉扬州刺史，九世孙霸，字儒仲，居太原晋阳，后汉连聘不至。霸生咸，咸十九世孙泽，字季道，雁门太守。生昶，字文殊，魏司空、京陵穆侯。二子：浑、济。浑字玄冲，晋录尚书事、京陵元侯。生湛，字处冲，汝南内史。生承，字安期，镇东府从事中郎、蓝田县侯。生述，字怀祖，尚书令、蓝田简侯。生坦之，字文度，左卫将军、蓝田献侯。生愉，字茂和，江州刺史。生缉，散骑侍郎。生慧龙，后魏宁南将军、长社穆侯。生宝兴，龙骧将军。生琼，字世珍，镇东将军。四子：遵业、广业、延业、季和，号“四房王氏”。②

王晋之后到秦时，有大将军王翦，生子王贲，武陵侯。王贲生子王离，武城侯。王离生二子，长子王元，开启琅琊王氏；次子王威，开启太原王氏。

据研究，确切地说，是王威九世孙汉隐士王霸，迁居太原平阳，才是太原王氏第一人，被奉为立祠开族始祖。③ 王霸列于《后汉书·逸民传》，其先世不明。因为如有显赫家世，必定会写明。甚至也有人认为王霸也难以确信，可信的太原王氏祖先的上限，应该是东汉末年的晋阳王氏支派的王柔、王泽兄弟。但由于太原祁县王氏支派的王允为司徒，汉献帝时智杀董卓，说明太原王氏在东汉中期已经兴起。④ 如果再往前推溯，则由姬姓而来的太原王、琅琊王，都是王晋的后代。

---

① 江阴《绮山东沙王氏支谱》卷首专门画图叙述“二十四孝”王祥卧冰求鲤的故事，标题“至孝”，1949 年。

② 《新唐书》卷七十二中，表第十二中《宰相世系二中》，中华书局 1999 年简体字版，第 1981、2012 页。

③ 王大良、王成：《中华王氏通书》，天地出版社 2015 年，第 167 页。

④ 守屋美都雄：《六朝门阀：太原王氏家系考》，梁辰雪译，中西书局 2020 年，第 34-38 页。

4. 隋文中子王通

太原王氏主要有祁县支和晋阳支（此支唐朝灭亡之后衰落）。祁县王氏由东汉司徒王允开派。隋唐时期有人迁居龙门，以隋末儒学大家王通最负盛名。①

王通的远祖是汉征君②王霸，洁身不仕。十八代祖王殷，云中太守，家于祁，为太原祁人，以《春秋》《周易》训乡里，为子孙资。十四代祖王述，克播前烈，著《春秋义统》，公府征辟不就。九代祖王寓，遭怀、愍之难③，随西晋东迁江右。王寓生王罕，王罕生王秀，皆以文学显。王秀生二子，长王玄谟，次王玄则。王玄谟以将略升，王玄则以儒术进。

王玄则字彦法，即文中子六代祖，仕宋，历太仆、国子博士，常叹道："先君所贵者礼乐，不学者军旅，兄何为哉？"于是究道德，考经籍，谓"功业不可以小成"，故最终成为鸿儒；"卿相不可以苟处"，故最终成为博士；"先师之职也，不可坠"，故江左号"王先生"，受其道曰"王先生业"。于是大称儒门，世济其美。

王玄则生王通的江州府君④王焕，王焕生王虬。王虬始北事魏，太和中为并州刺史，家河汾，称晋阳穆公。穆公生同州刺史王彦，即王通三世祖、同州府君。王彦生济州刺史王一，称为安康献公。受田龙门，定居下来，精于礼。

安康献公生王通的铜川府君王隆，字伯高，即王通父，传王"先生之业"，教授门人千余。隋开皇（581—600）初，王隆以国子博士待诏云龙门。"时国家新有揖让之事，方以恭俭定天下。帝从容谓府君曰：'朕何如主也？'府君曰：'陛下聪明神武，得之于天，发号施令，不尽稽古，虽负尧、舜之姿，终以不学为累。'帝默然曰：'先生，朕之陆贾也，何以教朕？'府君承诏，著《兴衰要论》七篇。每奏，帝称善，然未甚达也。"后出为昌乐县令，迁猗氏、铜川县令，所治著称，秩满退归，遂不仕。故被称为铜川府君。⑤

① 王大良、王成：《中华王氏通书》，天地出版社 2015 年，第 168 页。

② 征君：征士，不就朝廷征辟的士人。

③ 指西晋怀、愍二帝时发生"永嘉之乱"，西晋灭亡，东晋建立。

④ 府君：敬称。

⑤ 以上王通先世综合了《文中子世家》，张沛《中说》（上海古籍出版社 2011 年，第 261-263 页）和尹协理、魏明《王通论》（中国社会科学出版社 1984 年，第 60-69 页）对此的考辨。

三沙王氏追溯先世，清乾隆时期《王氏三沙全谱》主纂王时霖、王时霈，嘉庆时期《东沙古塘王氏宗谱》主修王应辰，经过认真考辨，认为先世文献渺茫，世系断续，难以确立，因而尽删旧谱这方面的记述，转而确认从王通开始，形成三沙王氏的上代可信谱系，并且被一直相沿至今。其他三沙王氏分支独立修谱，大都采用这一说法，譬如苏州西沙皋桥支、江阴东沙唐沙支。

王时霖《王氏受姓图说》表识：

我王氏发源自后稷，受姓自（王）子晋，得派自太原，迄乎龙门（王通）肇兴，太傅（王皋）南渡，子姓累累若若，不可胜数。夫诸侯不得祖天子，大夫不得祖诸侯，子晋以上无论，已受姓而后，名贤辈出，而周秦汉魏下及六朝，千余年来，播迁转徙不知凡几，兼之琅琊、太原两派混淆，残编断简，若存若亡，莫可究诘，而好事者又从而穿凿附会，扬其波，随其流，而家世益紊，故得姓之筌蹄、嫡传之宗派，不敢略也，亦存之以图而已。若夫世次、爵里之失真，遗文旧乘之互异，则从史氏阙文之例，略而不书，以俟能者考核而订正焉。①

王时霈《王氏世系统宗正表》说：

王氏之姓，受之子晋，百世之宗也，则冠之于图。

三沙之派，衍自太傅（王皋），肇族之宗也，则著之于表。

若太子晋以下、太傅而上，中历数朝，而前有所继，后有所开，功德崇而世次信，凿然而无所疑者，则无如文中子（王通）。

盖自汉魏以来迄于六代，家称太原，户号琅琊，王氏子姓纷纭庞杂，文献之无征，久矣，而《中说》首篇推陈家学，太仆（王玄则）、江州、晋阳、安康、铜川之业，昭然揭日星而行，庶几善则归亲，比于史迁之自序，亦我王家世表之渊源也。

又六世而徙汴京，更八传而迁吴会，中间朝散（王勃）、丹阳、中丞（王仲舒）之济美，晋国（王祐）、文正（王旦）、懿敏（王素）、太原之克家，炳炳麟麟，光远有耀，龙门（王通）之理学，实有以垂裕于无穷焉。故太

---

① 《王氏三沙全谱》卷首，王时霖：《王氏受姓图说》，清光绪二年（1876）。

原之绪，启之者缑岭（王子乔），衍之者荻川（王皋），而河汾（王通）其中权①也。谨从宋儒之论，可考者则表之，故世表自文中子（王通）始云。②

王时霈所做认真客观的王氏来源考辨，试图传承又革新，真正纂修三沙王氏一家信史，从中可以看到乾嘉朴学审慎严谨、崇尚实事求是的学风，在王氏族人考订自己家谱事实上面具有真切体现。

我王氏发源于后稷，受姓于子晋，别派于太原，分支于三沙，千百年来，子孙繁衍，虽荒江野集、孤村小市，必有三沙后人聚庐而处焉。然其谱牒散佚，家自为乘，而旧谱所载舛谬不伦者，鲜能考核而厘订之，甚至踵诬习陋，比于稗野之荒唐而不可训，身其后者乌可以不辨？③

乾隆九年（1744），王时霖《王氏三沙全谱》手定凡例十则，第一条明白宣称：

旧谱自后稷始，秦汉六朝以下数十世，载籍失据，舛谬甚多，兹据可考者，以文中子为始祖。其上世次失考、爵里互异者，概传疑示慎，不敢附会云。④

从现存乾隆《王氏三沙全谱》可以看到如此纂修的态度和做法，得到后人续修时的高度认同。嘉庆时期，江阴古塘进士王应辰从新繁知县归田后纂修宗谱，考论王时霖兄弟乾隆元年丙辰（1736）谱，记述嘉庆癸酉（十八年，1813）谱《宗谱辨略》一则，非常兴奋地说：

吾宗之谱向祖子晋，第仍旧说。自子晋而下，历周秦汉魏六朝隋唐五代至晋国公（王祐），为世五十有五，作为系表，断续无常，不足当识者之一哂。是谱扫而空之，一洗从前陋习，为之称快者久之。⑤

他为古塘谱谨撰凡例十六则，第二、第三条是：

旧谱首列生民初系，始后稷及周世家，本乖体制，今概从删，其说具详考辨，览之昭若发蒙。

---

① 中权：中军，主将，中枢。

② 《王氏三沙全谱》卷首，王时霈：《王氏世系统宗正表》，清光绪二年（1876）。

③ 《王氏三沙全谱》卷首，王时霈：《王氏世系考辨》，清光绪二年（1876）。

④ 《王氏三沙全谱》卷首，王时霖：《凡例十则》，清光绪二年（1876）。

⑤ 《王氏三沙全谱》卷首，王应辰：《宗谱辨略》，清光绪二年（1876）。

旧谱自子晋公而下，迄于隋唐，列为世表，穿凿附会，贻笑方家，今一并删却，谨遵全谱，断自文中子始为一世，良非妄作。①

不过，从光绪丙子统谱汇集旧谱资料的情况来看，此种观点尽管存在，还是照旧抄录了旧谱，包括世系、世表，供后人阅读，自作评判和采纳。像苏州西沙皋桥分支谱，就从文中子一世祖开始排起了，一直到皋桥始迁祖另起。

王士锦《王氏太原合谱前编》说：

吾宗系满天下，支分派别，各宗所祖，莫不以始迁为一世，于义为近，顾溯所自出，其始皆一人之身也。寻水木而忘源本，其可乎？盖王氏自（太）子晋受姓，至汉，（王）元封琅琊、（王）威封太原，二派特著。吾宗太原也。今或采史传，或本世家，或按旧谱，自受姓洎宋南渡，为世五十有五，所云本支百世、贻厥孙谋者，其在此矣，用诠次系表如左。②

西沙王氏江阴桐岐谱以文中子为一世祖。

子姓繁昌，蔚为望族。九世孙佩兰公创造谱牒，以咸霖公始迁峒岐，为峒岐第一世祖，而以上之渊源世表推文中子为第一世祖。其最上者若周太子晋为受姓之祖则略而不详，此阙疑征信之义也。后之继而修者，代不乏人。同治庚午（九年，1870），十五世孙瑞良，偕族人重为修辑，体例新而规模备，洵为一家信史。③

西沙苏州皋桥谱继承乾隆《王氏三沙全谱》的做法，自修支谱，支祖尊奉文中子。

清光绪六年（1880）九月初十日，时年67岁的吴县西沙皋桥支九世裔孙王文英记述道：

我太原王氏系出姬姓后稷后。从前有三沙老谱，兵燹后无复存者。老谱以后稷为一世始祖，十五世至周西伯，三十七世至周灵王之子晋，字子乔，以爵为氏，始姓王，实系王氏始祖焉。七十八世至隋文中子，姓王盖四十二世矣，又为我王氏支祖一世焉。

……我年渐老，恐后我而生者但知有支谱，欲上溯而无考，我尚能记

① 《王氏三沙全谱》卷首，王应辰：《凡例十六则》，清光绪二年（1876）。
② 《王氏三沙全谱》卷首，王士锦：《王氏太原合谱前编》，清光绪二年（1876）。
③ 江阴桐岐《西沙王氏宗谱》卷首，吴观周序，清光绪二十五年（1899）。

忆，加以参考，急为叙述，以备序入家乘，庶几可追溯自来焉。①

从王晋到王皋，共五十五世，现将其传承名字摘录如下表：

表 1-2 王氏合谱太原前编

世次	一世	二世	三世	四世	五世	
名	晋	宗敬	仕黷	智瑜	恙	
世次	六世	七世	八世	九世	十世	
名	亢	颖	荣	错	蹪	
世次	十一世	十二世	十三世	十四世	十五世	
名	愦	息	恢	蒻	贲	
世次	十六世	十七世	十八世	十九世	二十世	
名	离	元,开琅琊派				
		威,开太原派	忠	曜	吉	
世次	二十一世	二十二世	二十三世	二十四世	二十五世	
名	骏	崇	符	霸	烈	
世次	二十六世	二十七世	二十八世	二十九世	三十世	
名	殷	仪	履初	傑	宏	
					泽	
					柔	
			履复			
世次	三十世	三十一世	三十二世	三十三世	三十四世	三十五世
名	宏	侔	默	佑	峤	淡
				寓	罕	秀
						蕤
	泽	袓	浑	尚		
				济	卓	
					聿	
				澄		
				汶		
			沦			
			深			
			湛	承	述	坦之
						虔之
						祎之
	柔	机	沉	浚		

① 西沙苏州《太原王氏皋桥支谱·生民初系之图附录》，民国十年（1921）。

续表

世次	三十五世	三十六世	三十七世	三十八世	三十九世	四十世
名	淡	度世				
	秀	元【玄】谟	深	天生	茂	贞秀
			宽			
			瞻			
		元【玄】载				
		元【玄】邈				
		元【玄】则	焕	虬	彦	傑
		元【玄】中				
	坦之	恺				
		愉				
		国宝				
		忱	敬宏	熙	浩	恭
			宏之	煦		
世次	四十世	四十一世	四十二世	四十三世	四十四世	四十五世
名	傑	隆	通	福郊	元睐	景肃
				福畤	勮	
					勔	
					勃	
					助	
					劼	
					劝	
			凝			
			绩			
			静			
		仲华				
		珪				
世次	四十五世	四十六世	四十七世	四十八世	四十九世	五十世
名	景肃	政	仲舒	哲	言	彻
				初		
				镇		
				宏		
				泰		
				复		
				回		

续表

世次	五十世	五十一世	五十二世	五十三世	五十四世	五十五世
名	彻	祐	懿	睦		
			旦	雍	恰	
					整	
				冲		
				素	厚	
					固	
					常	
					巩	皋
			旭	质	崧	
					规	
					复	
				端		

资料来源：《王氏三沙全谱》卷首，清光绪二年（1876）。

若是依照王晋生卒年，约前565—前549年，到王皋（1081—1156），从王晋公元前549年卒到1081年王皋出生，共1630年，传55世，平均每世间隔30.19年，基本符合人口生殖规律，也与古称三十年为一“世”相合，总数应该可信。世系却存在问题，很多正史上的历史名人被串接在一家，编为父子祖孙。譬如，与前述《新唐书》王氏世次相比，差异也太大，几乎令人无所适从。因而，三沙王氏纂修者提出质疑，经过详细考订之后，认为内有不少荒谬不经之处，于是果断舍弃。不过，也有仍将这份传世家谱世系抄录的。这份三沙王皋之前历代传承王氏世表姑且存录。清乾隆时三沙王氏选定从文中子开始，到王祐开创三槐堂王氏支派，立为可信，影响了后来三沙王氏修谱。像三沙王氏统谱及东沙古塘、东沙筑塘、西沙桐岐、西沙吴县皋桥等支谱都以文中子为一世祖，另立世系。不过，这里将王仲舒作为王言之祖、王哲作为其父，目前也似乎难以证明可以成立。①

中华谱系学起源古老，传承悠久，与另一门同样悠久古老的姓氏学糅合在一起。谱系的真实传承与姓氏的模拟看似相同，其实有较大的区别。我们

① 韩愈认为王仲舒出于王子成父，见韩愈：《韩昌黎全集》卷三十一《唐故江南西道观察使中大夫洪州刺史兼御史中丞上柱国赐紫金鱼袋赠左散骑常侍太原王公神道碑铭》，中国书店1991年据1935年世界书局本影印，第401页。王子成父早于王子晋。

只有尽量寻找其一致和真实性，实事求是，又切忌误判，才能在历史资料呈现的真实面前，得出科学的结论。

中华儿女，每一个人都希望清楚地知道自己的祖源和先世发展线索，最好一代不落下，清晰无疑，其实真的很难做到。在周代宗法制时代，也只要求嫡长子大宗一系传承，小宗五世则迁，何况在宗法制瓦解之后，经过贵族宗族和庶民宗族时代，从宋代以来，都以小宗为法，以纂修宗谱的形式联谊族人，传承历史记忆，并且由此上升到国家民族团结的层面。

以三沙王氏子孙而言，在情感上何尝不是希图自身自黄帝、后稷、王子晋下来，一脉相承无阙。就像王时霖，字万傒，号蒉原，在经过修谱考订世系的努力之后，出于史征阙略的无奈，只得选择以文中子为始祖的结论。可是在他五十知天命的年龄，“放歌示纶如弟”王时霈，透露的真情实感，还是把中华王氏放在总体上考虑的：

吾年五十鬓发丝，百不如意嗟衰迟。兔园册子日束缚，昏星朝旭恒唔咿。
瘦岁舌耕苦不给，拥书枯坐双眉低。闲闲小圃倚城角，长镵白木还敷治。
羲和六驭鞭迫疾，短绠难汲深涟漪。侧身宇宙眇投契，赖有予季和埙篪。
竭来端忧共三叹，茫茫坠绪空裘箕。吾宗本出王子晋，嵩高缑岭开宏基。
琅琊太原辟两干，南辕北辙纷而歧。太原名世代有作，河汾崛起天人师。
有唐风雅冠四杰，祥符相业铭钟彝。清虚主人伦比绝，文酒旷荡长淋漓。
靖康之季丁板荡，虞渊赤日旋沦胥。太傅一呼疮痍起，晶晶大节凌虹霓。
荻川偃卧好风月，三沙衍派累累棋。吾祖西沙世儒者，道南绝学徽音嗣。
触奸拟操朱云剑，放逐直走罗源西。坎壈弥炼姜桂性，投老卜宅归梁溪。
自锡涉江又数世，芳流永并长江澌。琴斋姝子被旄旃，石渠中隐传歌诗。
先子风流自掩映，擘窠大笔朝临池。桓桓祖业竟如此，后劲学步今伊谁？
我曹颓唐久伏枥，中夜起舞听鸣鸡。神明之胄必有后，天定胜人当其时。
乌衣子弟旧家物，森森玉树交柯枝。老大努力宜自奋，怀古遥集心神怡。
喧呶薄俗任狡狯，白衣苍狗成斯须。相看一笑破孤愤，长空淡寂星河移。
呼童破瓮满斟酌，紫荆花下同酣嬉。①

---

① 《王氏三沙全谱》卷首《蒉原公诗》，清光绪二年（1876）。

隋朝大儒文中子王通，被誉为上接孔孟儒学的大学者，在中国儒学史上地位非常显著，成为“隋唐儒学变革的先行者、理学思想的发端者”①，即是隋唐韩愈、李翱之前“儒学变革的先行者”，宋明理学之前“理学思想的发端者”。明代嘉靖九年（1530），王通被增祀孔庙，说明他的儒学学术地位已得到后世公认。然而，其著作《中说》和其门人杜淹所撰《文中子世家》，历来存在疑窦。经过考订研究，文中子其人的存在是毋容置疑的，《中说》作为文中子的弟子听讲记录的汇集，体例类似《论语》，可能是其弟王凝初编、其子王福畤再编的，因而其人其著其家世的一些事实细节，确实应该审慎，不能盲目全信。②

王通，字仲淹，隋河东郡龙门县通化镇（今属山西省运城市万荣县通化镇）③ 人。生于北周大象二年（580 年，一据《文中子世家》作隋开皇四年，584 年），卒于隋大业十三年（617）。门人私谥为文中子。

王通生于世宦儒学之家，家学渊源深厚，从小受到儒学深刻影响，聪慧，“有四方之志”，游历问学，并勤奋苦学，“不解衣者六岁，其精志如此”，以高第考中秀才。隋文帝仁寿三年（603），王通慨然有济苍生之心，西游长安，见隋文帝。隋文帝坐太极殿召见，因奏《太平策》十二策，“尊王道，推霸略，稽今验古，恢恢乎运天下于指掌矣。帝大悦曰：‘得生几晚矣，天以生赐朕也。’下其议于公卿，公卿不悦。时将有萧墙之衅”，王通知谋不用，作《东征之歌》而归。“帝闻而再征之，不至。四年，帝崩。”其间王通应该出任蜀郡司户书佐、蜀王侍读，然后归乡。

隋炀帝大业元年（605），“一征又不至，辞以疾”。“乃续《诗》《书》，正《礼》《乐》，修《元经》，赞《易》道，九年而六经大就”，完成了续述

---

① 尹协理、魏明：《王通论》，中国社会科学出版社 1984 年，第 238 页。

② 详见守屋美都雄：《六朝门阀：太原王氏家系考》，梁辰雪译，中西书局 2020 年，第 151-167 页；尹协理、魏明：《王通论》，中国社会科学出版社 1984 年，第 1-83 页。

③ 尹协理、魏明：《王通论》，中国社会科学出版社 1984 年，第 1 页；张沛：《中说》，上海古籍出版社 2011 年，第 1 页，作万春乡，其实是王通墓葬地。因运城市万荣县通化镇与河津市（县级市）小梁乡毗邻，王通所在家乡唐代划归绛州，故常常被误作河津人。隋唐绛州的行政区划变化频繁，像王通之孙著名诗人王勃，新旧《唐书》均作绛州龙门人，以此将其先祖王通故里隋朝河东郡龙门县也说成绛州龙门，是有不妥。实际上，他们所在地现今属于万荣县通化镇，称为王通与弟王绩、孙王勃“三王故里”。

孔子六经事业，称为《王氏六经》，共675篇，其中，“《礼论》二十五篇，列为十卷。《乐论》二十篇，列为十卷。《续书》一百五十篇，列为二十五卷。《续诗》三百六十篇，列为十卷。《元经》五十篇，列为十五卷。《赞易》七十篇，列为十卷”。以后大力讲学，“门人自远而至”。“如往来受业者，不可胜数，盖千余人。隋季，文中子之教兴于河汾，雍雍如也。”而王通讲学时间不长，卒于大业十三年（617），英年三十八岁。①

清顾炎武作《咏文中子》诗，给予王通高度评价：

“五国②并时亡，世道当一变。扫地而更新，三王功可见。鼓琴歌有虞，钓者知其善。区区山泽间，道足开南面。天步③未回旋，九州待龙战。空有济世心，生不逢尧禅。何必会风云？弟子皆英彦。俗吏不知人，寥落《儒林传》④。”⑤

王通著作等身，可惜留传至今比较可靠的仅有《中说》，分王道、天地、事君、周公、问易、礼乐、述史、魏相、立命、关朗十篇。由此可见其学术“宗旨是以明王道为己任，希望重兴孔子之学，重振孔子之业”。他的学术贡献，在政治思想上，具有恢复王道之志，提出仁政思想，包括以中道为政的根本原则；正主庇民，以天下为心；推诚与赏罚结合；官以授德；少敛息役；以及仁德才能胜战等战争思想；推崇周公，评论历代仁政等；第一个站在儒学立场上提出“三教可一”，归于儒，这是改造儒学的新方向。在哲学思想上，具有朴素唯物主义的天人观、认识论和辩证法思想，在自然观上，对以董仲舒为代表的天人感应说进行了抨击，使哲学意识形态由天人感应论向理学天理论迈进了一步。在历史发展观上，以道的主宰代替了天的主宰，成为理学天理史观的前奏。在伦理观上，主张复礼，提出了穷理尽性和主静

① 以上王通事迹综合了《文中子世家》，张沛：《中说》（上海古籍出版社2011年，第261-263页）和尹协理、魏明《王通论》（中国社会科学出版社1984年，第69-83页）对此的考辨。

② 五国：指晋、宋、齐、梁、陈。

③ 步：行。

④ 《儒林传》：指《隋书·儒林传》文中子无专传。

⑤ 顾炎武：《顾亭林诗文集·亭林诗集》卷四《述古》之三，中华书局1983年，第384页；顾炎武：《顾亭林诗集汇注》卷五《述古》之三，王蘧常辑注，吴丕绩标校，上海古籍出版社2006年，第1011-1014页。

的修养方法，开了理学某些重要范畴的先河。“正是由于王通的学说具有开创性的意义，所以当时即有‘王孔子’之称，后世更有‘河汾道统’之誉。”

王通生于南北朝乱世、隋朝统一之初，没有得到重用。隋炀帝时朝纲日败，他转而放弃入仕，潜心著述和讲学，开创河汾学派。河汾指黄河与汾河，王通家在龙门，处于河汾交汇地带，隐居设教讲学，盛时门下千人。这种做法仿佛孔子。他拥有清算天人感应论、援佛入儒和提出理学的儒学变革者的地位，影响了宋明儒学的发展。他的仁政方案在唐宋明清时期基本得到了实现。①

5. 初唐“四杰”王勃

王通有三子：王福郊（福奖）、王福祚、王福畤。② 幼子王福畤，唐武后朝以子贵，累转泽州长史，卒。王福畤有六子，第三子王勃，③ 就是初唐诗人“四杰”之首、撰写《滕王阁序》这一中国文学名篇的天才作家。

王勃（650—676），字子安，绛州龙门人。

王勃六岁就解属文，构思无滞，词情英迈。九岁得颜师古注《汉书》而读，作《指瑕》以擿抉④其失误。唐高宗麟德（664—665）初，刘祥道巡行关内，王勃上书自陈，刘祥道上表于朝。王勃应幽素科试高第，年未及冠，授朝散郎。

唐高宗乾封（666—668）初，王勃诣阙上《宸游东岳颂》。当时东都造乾元殿，他又上《乾元殿颂》。沛王李贤听闻其名，召为沛府修撰，论次《平台秘略》。书成，非常爱重他。此时，诸王斗鸡，互有胜负，王勃戏作《檄英王鸡文》。唐高宗阅览后，发怒说：“据此是交构⑤之渐。”即日斥责王勃出府。

王勃已被废，客游剑南。曾登葛愦山旷望，慨然思念诸葛亮的功绩，赋

---

① 对于王通思想的研究，详见尹协理、魏明：《王通论》，中国社会科学出版社 1984 年，第 73、107-275 页。

② 尹协理、魏明：《王通论》，中国社会科学出版社 1984 年，第 66-69 页；守屋美都雄：《六朝门阀：太原王氏家系考》，梁辰雪译，中西书局 2020 年，第 166 页。《文中子世家》中所记仅有二子：福郊、福畤。

③ 《旧唐书》卷一百九十上，列传第一百四十上《文苑上》王勃，兄勮、勔，中华书局 1975 年，第 5005 页。

④ 擿抉：挑剔。

⑤ 交构：相互构陷。

诗见情。

许久，王勃听闻虢州多药草，求补参军。到任后，他恃才傲物，为同僚共嫉。官奴曹达犯罪，藏匿王勃处所，王勃又惧怕事情泄露，于是杀了曹达。事发，王勃当诛，正好大赦除名。

当时，王勃父王福畤为雍州司户参军，坐王勃事，降为交趾县令。王勃有孝心，又愧对父亲受了自己的牵连，时时痛心疾首。唐高宗上元二年（675），王勃不远千山万水，前往交趾省父。道出江中，为《采莲赋》以见心意，其辞极美。夏初，王勃见到父亲，百感交集。八月回归，渡南海溺水，惊悸而卒，年二十九①。王福畤忍悲含痛，把他安葬在蓝江左岸（今越南义安省宜禄县宜春乡），当地人立祠、雕红木像纪念他。②

当初，王勃道出钟陵，九月九日，都督大宴滕王阁，隔宿先命其婿作序以夸耀宾客，因出纸笔遍请宾客撰文，没人敢当，至王勃，泛然③不辞。都督愤怒，起来更衣，遣吏伺觇王勃撰文就通报。一再报，语辞更奇，于是矍然④说：“天才也！”请便成文，极欢而罢。王勃属文，初不精思，先磨墨数升，则酣饮，引被覆面仰卧，到睡醒，援笔成篇，不易一字，当时人称王勃为“腹稿”。

王勃尤喜著书。撰《周易发挥》五卷及《次论》等书数部。王勃亡后，并多遗失，有文集三十卷。王勃聪警绝众，对推步历算尤精。

起初，王勃祖王通，隋末居白牛溪教授，门人极多。曾起汉、魏尽晋，作书百二十篇，以续古《尚书》。后其序亡，有录无书的有十篇，王勃补完缺逸，定著二十五篇。曾说人子不可不知医，当时长安曹元有秘术，王勃跟从他游历，尽得其要。曾读《易》，夜梦好像有人告诉他说：“《易》有太极，子勉思之。”睡醒而作《易发挥》数篇，至《晋卦》，正好生病而停止。

王勃曾作《大唐千岁历》，说唐德灵长千年，不合承周、隋短祚。其论

---

① 此据《新唐书》，《旧唐书》作二十八，实际二十七。

② 《王勃墓在越南》，源于王充闾 2004 年《人民文学》刊文访越始知，见 https://www.ycpeace.gov.cn/a/wenyuan/biaolihedong/20190123/5891.html。

③ 泛然：随便、漫不经心。

④ 矍然：惊视的样子

大旨说："以土王者，五十代而一千年；金王者，四十九代而九百年；水王者，二十代而六百年；木王者，三十代而八百年；火王者，二十代而七百年。此天地之常期，符历之数也。自黄帝至汉，并是五运真主。五行已遍，土运复归，唐德承之，宜矣。魏、晋至于周、隋，咸非正统，五行之沴气①也，故不可承之。"

武后时，李嗣真请以周、汉为二王后②，而废周、隋。唐中宗再用周、隋。唐玄宗天宝（742—756）中，太平日久，上言人大多以诡异进献，有崔昌采用王勃旧说，上《五行应运历》，请承周、汉，废周、隋为闰，右相李林甫亦相赞佑。群集公卿商议可否，集贤学士卫包、起居舍人阎伯玙上表说："都堂集议之夕，四星聚于尾，天意昭然矣。"于是唐玄宗下诏以唐承汉，黜隋以前帝王，废介、酅公，尊周、汉为二王后，以商为三恪③，京城起周武王、汉高祖庙。授崔昌太子赞善大夫、卫包司虞员外郎。杨国忠为右相，自称隋宗，建议复用魏为三恪，周、隋为二王后，酅、介二公复旧封，贬崔昌乌雷尉、卫包夜郎尉、阎伯玙涪川尉。

王勃兄王勮，弟王助，都第进士。

王勮，弱冠进士登第，累除太子典膳丞。武周长寿（692—694）中，擢为凤阁舍人。当时寿春王李成器、衡阳王李成义等五王初出阁，同日授册。有司撰仪注，忘载册文。等到百僚在列，才觉悟礼仪阙失未备，宰相相顾失色。王勮立召书吏五人，各令执笔，口占分写，一时俱毕，词理典赡，人皆叹服。不久加弘文馆学士，兼知天官侍郎。

此前裴行俭典选，见王勮与苏味道，说："二子者，皆铨衡才。"至此语得验证。王勮颇任权势，交结非类。素来与刘思礼友善，用为箕州刺史。武周万岁通天二年（697），綦连耀谋逆事败泄，王勮坐与綦连耀友善，并弟王勔及王助一并伏诛。

王勔累官至泾州刺史。唐中宗神龙（705—707）初，有诏追复王勮、王勔官位。

---

① 沴气：恶气。

② 二王后：新朝建立后封前两朝王族的后裔。

③ 三恪：周朝新立，封前代三王朝的子孙，给以王侯名号，称三恪，以示敬重，后代承袭其制。

王助，字子功，七岁丧母哀号，邻里感泣。居父忧，哀毁骨立。服除，为监察御史里行。

起初，王勃与兄王勔、王勮，才藻相类，都著才名。其父王福畤友杜易简常称其：“此王氏三珠树也。”其后王助、王劼又以文显。王劼早卒。王福畤少子王劝亦有文采。王福畤曾惊诧韩思彦，韩思彦戏说：“武子有马癖，君有誉儿癖，王家癖何多邪？”王福畤让王助出其文，韩思彦说：“生子若是，可夸也。”

李敬玄尤重杨炯、卢照邻、骆宾王与王勃四人，认为必当显贵。裴行俭说：“士之致远，先器识而后文艺。勃等虽有文才，而浮躁浅露，岂享爵禄之器耶！杨子沉静，应至令长，余得令终为幸。”果如其言。

杨炯与王勃、卢照邻、骆宾王以文词齐名，海内称为王、杨、卢、骆，亦号为“四杰”。杨炯闻说，对人道：“吾愧在卢前，耻居王后。”当时议论的人亦以为如此。

其后崔融、李峤、张说都重视“四杰”文章。崔融说：“王勃文章宏逸，有绝尘之迹，固非常流所及。炯（盈川）与照邻可以企之，盈川之言信矣。”张说说：“杨盈川文思如悬河注水，酌之不竭，既优于卢，亦不减王。‘耻居王后’，信然；‘愧在卢前’，谦也。”①

6. 太原王仲舒刺史捐建苏州宝带桥

唐代著名文学家韩愈撰写王仲舒碑铭，称王仲舒是王子成父之后，也是太原王氏。顾炎武觉得“此语却有斟酌”②。

王仲舒曾任苏州刺史，捐资兴建城东南宝带桥，解决民生交通问题，至今成为苏州大运河上一处亮丽的名胜古迹，为苏州士民津津乐道，永载史册。《王氏三沙全谱》尊奉王仲舒为文中子之后、三槐王氏之先祖。虽然他在《旧唐书》入《文苑》，因而对他在苏州的政绩只字未提，《新唐书》中

---

① 以上引文与事实据《旧唐书》卷一百九十上，列传第一百四十上《文苑上》杨炯；王勃，兄勮、勔，中华书局 1975 年，第 5003–5006 页；《新唐书》卷二百一，列传第一百二十六《文艺上》王勃、勮、助；杨炯，中华书局 1975 年，第 5739–5741 页。

② 参见顾炎武：《日知录》卷二十三《氏族相传之讹》，陈垣校注，安徽大学出版社 2007 年，第 1250 页。

他则入大臣本传，不入《文苑》，还是非常简略地提到了他在苏州的政绩，并且基本上依据王仲舒之友韩愈所撰墓志铭写成。现在将此三者加以综合，录存其事迹如下，以作志念。

王仲舒（762—823），字弘中，并州祁（《旧唐书》作太原）人。年少孤贫，奉母客江南，以孝闻名。嗜学工文，不就乡举。凡与结交，必为知名之士，与梁肃、杨凭交游，有文称。

唐德宗贞元十年（794），王仲舒贤良方正高第，拜左拾遗。裴延龄领度支，矫诞①大言，中伤良善。唐德宗想用裴延龄为相，王仲舒与阳城交章谏说不可。后来入阁②，唐德宗看宰相指着说："是岂王仲舒邪？"

很快改为右补阙，迁礼部考功员外郎。他奏议详雅，省中信服他的能力。坐累为连州司户参军，再徙荆南节度参谋，得五品服。

唐宪宗元和五年（810），召为吏部员外郎，不久，知制诰。王仲舒文思温雅，制诰所出，人都传写。

京兆尹杨凭为中丞李夷简弹劾，贬为临贺尉，无人敢过其家。王仲舒与杨凭友善，屡次前去存问，打算直言为杨凭辩冤，说李夷简掎摭③杨凭的罪状，结果王仲舒坐贬为峡州刺史，母丧解官。

服满，为婺州刺史。婺州瘟疫干旱，人口迁徙死亡几乎一空；居停五年，里闾人口加增完复，就此加金紫服。转徙苏州，将房屋变为用瓦，隔绝火灾；筑堤松江为路，绝阻滞；秋夏赋调，曾经与人民约定日期交付，不用官吏上门打扰就能自办，"政成为天下守之最"。

唐穆宗立，每次说王仲舒文章可思，最宜为诰命，有古风。召为中书舍人。已至，王仲舒顾视同列大都为新进少年，平居不乐，说："岂可复治笔研于其间哉！吾久弃外，周知俗病利，得治之，不自愧。"宰相听闻，除授他为洪州刺史、御史中丞、江南西道观察使。

当初，江西前例，征榷酒利比其他州多十分之八，因此民人私酿，每年抵死不绝，稻谷数斛交易斗酒。王仲舒罢榷酤钱九十万。吏坐失官息钱三十

---

① 矫诞：诡诈虚妄。
② 阁：宫殿小门。唐时御便殿称入阁。
③ 掎摭：指摘。

万，全部家产不能偿还，王仲舒焚烧簿书，脱去其枷械不问。水旱，民赋不能征交入官，王仲舒感叹道：“我当减燕乐他用，可乎！”出官钱二千万（二万贯），代贫户输税。有作佛老法、兴浮屠祠屋的人，都驱逐出境。

唐穆宗长庆三年（823）冬，王仲舒卒于官，年六十二。朝廷赠左散骑常侍，谥为成。

王仲舒崇尚义概，所居急民废置，自为科条，起初似乎烦密，久而都称其便。①

（二）北宋三槐王氏的成立与辉煌

北宋时期，太原王氏分立出三槐王氏。它不是以地望为堂号，而是由从大名莘县移居汴京的王祐②（924—987，字景叔）在庭院手植三槐而得名，说：“吾之后世，必有为三公者，此其所以志也。”③ 其三子中的二郎王旦果然身居三公之列，官至宰相。

王祐上推祖上，以其祖王言，后周黎阳令，为三槐王氏之祖。王言父，按照一种说法，可能是王乾，一位没有名气的普通人。④ 而《宋史》说王祐父王彻，举后唐状元，官至左拾遗。这二代事迹极少。真正的三槐始祖是开创者王祐。⑤

---

① 以上引文与事实据《旧唐书》卷一百九十下，列传第一百四十下《文苑下》王仲舒，中华书局 1975 年，第 5058-5059 页；《新唐书》卷一百六十一，列传第八十六，王仲舒，中华书局 1975 年，第 4985-4986 页；韩愈：《韩昌黎全集》卷三十一《碑志八》《唐故江南西道观察使中大夫洪州刺史兼御史中丞上柱国赐紫金鱼袋赠左散骑常侍太原王公神道碑铭》，中国书店 1991 年据 1935 年世界书局本影印，第 401-403 页。

② 北宋以来，王祐，又作王祜。《宋史》王祐、王祜皆有，统一为王祐，见《宋史》，中华书局 1977 年，《校勘记》，第 9251、9558 页。当代宋史专家程应镠考证之后作王祜，目前被许多论著采用。见李贵录：《北宋三槐王氏家族研究》，齐鲁书社 2004 年，第 23 页。历来三槐王氏宗谱多作王祐，此处和本书沿袭，依旧作王祐。

③ 《宋史》卷二百八十二，列传第四十一，王旦，中华书局 1977 年，第 9542-9543 页。

④ 李贵录：《北宋三槐王氏家族研究》，齐鲁书社 2004 年，第 21 页；王大良、王成：《中华王氏通书》，天地出版社 2015 年，第 252 页。

⑤ 《宋史》卷二百六十九，列传第二十八，王祐，中华书局 1977 年，第 9242 页；卷二百八十二，列传第四十一，王旦，中华书局 1977 年，第 9542 页。开封三槐堂历史沿革及北宋三槐王氏发展，可参见周宝珠《开封三槐王氏清风誉满天下》，宋军令、李玉洁《开封三槐堂遗址考论》，张明华《三槐王氏的形成与发展》，张浩《从三槐堂到三教堂》，均载陈国桢主编：《古都开封》第八集《三槐堂文化专集》，北京燕山出版社 2014 年，第 9-16、16-20、20-25、26-29 页。

至于三槐王氏的上源，目前至少有六种说法，即始祖王言出自琅琊王氏，为唐昭宗宰相王抟第四子；出自琅琊王氏，起源唐代，莘县尉王练六世孙王言；琅琊王氏，晋王羲之后代，唐名臣王冕为王言的父亲；出于太原王氏；太原祁县王氏分支河汾龙门王氏之后，隋末文中子王通的后代；唐代王乾的后代。①

1. 三槐王氏始创者王祐

王祐年少笃志词学，生性倜傥，有俊气。后晋天福（936—944）中，以书信见桑维翰。桑维翰称其藻丽，王祐由此名闻京师。邺帅杜重威召辟他为观察支使。后汉（947—950）初年，杜重威移镇睢阳，反侧不自安，王祐曾劝告他不反汉，不听。王祐坐此贬为沁州司户参军，因之作书贻赠乡友，以明志向，辞气俊迈，人多称道。王祐仕后周，历任魏县、南乐二县令。

宋太祖代后周，即位，王祐拜监察御史，由魏县移知光州，迁殿中侍御史。乾德三年（965），知制诰。六年（968），加集贤院修撰，转户部员外郎。

宋太祖征伐太原，已渡黄河。各州餉馈②汇集上党城中，车乘塞路。宋太祖听闻，将以稽留治罪转运使。赵普说："六师方至，而转运使以获罪闻，敌必谓储峙③不充，有以窥我矣，非威远之道也。俾能治剧者往莅其州，足矣。"即命王祐知潞州。等王祐到任后，馈餉无乏，道路亦无壅塞。大军班师，召他还朝。

正好节度使符彦卿镇守大名，颇不治理。宋太祖以王祐取代他，使他审察符彦卿动静，对他说："此卿故乡，所谓昼锦者也。"王祐以全家百口担保，明辨符彦卿无罪，而且说："五代之君，多因猜忌杀无辜，故享国不永，愿陛下以为戒。"符彦卿由此获免，故世谓王祐有阴德。

继而因用兵岭表，徙王祐知襄州。湖湘平，移知潭州。召还，摄判吏部铨政。当时，左司员外郎侯陟自扬州还，再判铨选，王祐判门下省，侯陟所注拟官员，王祐多予驳正。卢多逊与侯陟友善，侯陟因而向他陈诉，卢多逊

---

① 王大良、王成：《中华王氏通书》，天地出版社 2015 年，第 249–252 页。

② 餉馈：军粮。

③ 储峙：储备。

素来厌恶王祐不比附自己，于是王祐出为镇国军行军司马。

宋太宗太平兴国（976—984）初，王祐移知河中府。入朝为左司员外郎，拜中书舍人，充史馆修撰。不久，知开封府，以病请告。宋太宗说王祐文章、清节兼著，特拜兵部侍郎。月余卒，寿六十四。

当初，王祐掌管诰命，正是卢多逊为学士，阴谋倾轧赵普，卢多逊多次讽劝王祐比附自己，王祐不从。一日，王祐以唐朝宇文融排挤张说的事情劝释他，卢多逊滋生不悦。等到赵普再入朝，卢多逊果然败贬，与宇文融事情颇相类似，识者佩服王祐有先见之明。

王祐子三人：王懿、王旦、王旭。《宋史》王旦自有传，王懿、王旭及其子王质，均附王祐传。

起初，王祐知贡举，多有拔擢寒俊。后为宰相的毕士安，状元、后任尚书的柴成务，都是他所取的，后来与其子王旦同入两制①，位居中书。②

《宋史》论王“祐，以百口明符彦卿无他志，且言以猜忌杀无辜者享国不长，因以杜太祖之他疑，又却卢多逊之倾赵普，以致被黜，仁者有后，宜乎子旦为宋元臣焉”，并说“自唐以来，翰林直学士与中书舍人对掌训辞，颂宣功德，箴谏阙失，不专为文墨之职也。宋兴，亦采词藻以备斯选”。③王祐曾官中书舍人，说明他既有文才，又能直言，而直言无忌出于其天性，又是其职责，可谓用得其人。

王祐为人天性耿直、厚道，既忠不欺，又讲道义原则，极有政治才干，兼具高超文才，自己未能位列三公宰相之列，却为后世子孙开了个好头。三槐之名自此诞生，之后三槐王氏蒸蒸日上，持续发展。家训家风熏染，不啻一家一姓，也是中华姓氏的优秀精神文明遗产。④

2. 王旦与北宋三槐王氏的辉煌

王旦（957—1017），字子明，大名莘人。

---

① 两制：内制和外制的合称，指翰林学士和中书舍人。

② 以上引文与事实据《宋史》卷二百六十九，列传第二十八，王祐，子旭，孙质，中华书局1977年，第9242–9243页。

③ 《宋史》卷二百六十九，列传第二十八，中华书局1977年，第9251页。

④ 北宋三槐王氏世系，详见李贵录：《北宋三槐王氏家族研究》，齐鲁书社2004年，第19–52页。

在《宋史》王旦传中，特别概括了其父王祐的事迹，可以与上述王祐本传兼看。“父祐，尚书兵部侍郎，以文章显于汉、周之际，事太祖、太宗为名臣。尝谕杜重威使无反汉，拒卢多逊害赵普之谋，以百口明符彦卿无罪，世多称其阴德。”

与上述《宋史》论赞的一致之处，在于特别强调王祐行政光明正大，做人心地无私，一出于仁，积德而阴默不现，不求回报，即为阴德，从而实际上福庇后世。其最直接体现就是造就其子王旦辉煌的一生，并奠定三槐堂王氏一脉传承的雄厚根基，包括以后再在三槐王氏里盛开三沙王氏奇葩。

王旦幼时沉默，好学有文。王祐器重他，说：“此儿当至公相。”宋太宗太平兴国五年（980），王旦进士及第，二十四岁，授大理评事、知平江县。平江县廨旧传有物怪暴戾，居住多不安宁。王旦将至前夕，守吏听闻群鬼啸呼：“相君（宰相）至矣，当避去。”自此绝迹。就地改王旦为将作监丞。赵昌言为转运使，以威望自任，属吏屏畏①，进入王旦辖境，称扬其善政，嫁女与他为妻。王旦更替还朝，命监潭州银场。何承矩典守潭州，推荐王旦入朝为著作佐郎，预编《文苑英华·诗类》。迁殿中丞、通判郑州。王旦上表请建天下常平仓，以塞兼并之路。徙知濠州。

宋太宗淳化（990—994）初，王禹偁荐举王旦才能，任他为转运使。驿召至京，王旦不乐意吏职，献文召试，命直史馆。二年（991），拜右正言、知制诰。

当初，王祐以宿名②长久掌管制书诰命，王旦不到十年继续其任，时论为美。钱若水有鉴人伦之长，见到王旦说：“真宰相器也。”与他同列，常常说：“王君凌霄耸壑，栋梁之材，贵不可涯，非吾所及。”李沆与王旦是进士同年生，亦推重他为远大之器。明年（992），王旦与苏易简同知贡举，加虞部员外郎、同判吏部流内铨、知考课院。赵昌言参与机务，王旦避岳父嫌，引唐独孤郁、权德舆故事辞职。宋太宗嘉赏其识体，改礼部郎中、集贤殿修撰。赵昌言出知凤翔，即日以王旦知制诰，仍兼修撰、判院事，面赐金紫，

① 屏畏：惊畏。
② 宿名：素来的名望。

选择牯犀带荣宠他，又令冠西阁。宋太宗至道元年（995），知理检院。二年（996），进兵部郎中。

宋真宗即位（998），拜王旦中书舍人。隔数月，为翰林学士兼知审官院、通进银台封驳司。宋真宗素贤王旦，王旦曾奏事退下，宋真宗目送他说：“为朕致太平者，必斯人也。”钱若水罢枢务，得对苑中，宋真宗询访近臣可用之人，钱若水说：“旦有德望，堪任大事。”宋真宗说：“此固朕心所属也。”宋真宗咸平三年（1000），王旦又知贡举，锁宿旬日，拜给事中、同知枢密院事。这时王旦四十四岁，从此开始参与国政。第二年（1001），王旦以工部侍郎参知政事。

宋真宗景德元年（1004），契丹侵犯宋境，王旦从幸澶州。雍王赵元份留守东京，遇暴疾，命王旦驰还，权留守事。王旦说：“愿宣寇准，臣有所陈。”寇准至，王旦奏道：“十日之间未有捷报，时当如何？”宋真宗沉默许久，说：“立皇太子。”王旦既已至京，直入禁中，下令极严，使人不得传播。等宋真宗驾还东京，王旦子弟及家人都迎接郊外，忽闻后面有驺御①呵斥声，惊奇一看，是王旦。二年（1005），加尚书左丞。三年（1006），拜工部尚书、同中书门下平章事、集贤殿大学士、监修两朝国史。这年王旦五十岁，拜相，正式主掌国政。

契丹已接受澶渊之盟，寇准居为己功，有自得之色，宋真宗亦自得意。王钦若忌恨寇准，要倾轧他，从容进言说：“此《春秋》城下之盟也，诸侯犹耻之，而陛下以为功，臣窃不取。”宋真宗愀然道：“为之奈何？”王钦若忖度宋真宗厌兵，随即谬说：“陛下以兵取幽燕，乃可涤耻。”宋真宗说：“河朔生灵始免兵革，朕安能为此？可思其次。”王钦若说：“唯有封禅泰山，可以镇服四海，夸示外国。然自古封禅，当得天瑞希世绝伦之事，然后可尔。”一会儿又说：“天瑞安可必得？前代盖有以人力为之者，惟人主深信而崇之，以明示天下，则与天瑞无异也。”宋真宗思索好久，才认可，而心里忌惮王旦反对，说：“王旦得无不可乎？”王钦若说：“臣得以圣意喻之，宜无不可。”他乘间隙向王旦说，王旦黾勉而从。宋真宗犹且犹豫，没有筹

① 驺御：驾驭车马的人。

商之人。正巧临幸秘阁，骤然问杜镐说：“古所谓河出图、洛出书，果何事耶?”杜镐是老儒，不测其意旨，漫应他说：“此圣人以神道设教尔。”宋真宗由此意决。于是召王旦饮，极欢，赐予尊酒，说：“此酒极佳，归与妻孥共之。”王旦归家发看，都是珠子。由此凡天书、封禅等事，王旦不再异议。

宋真宗大中祥符（1008—1016）初，王旦为天书仪仗使，随从封禅泰山，为大礼使，进中书侍郎兼刑部尚书。受诏撰《封祀坛颂》，加兵部尚书。四年（1011），祀汾阴，又为大礼使，迁右仆射、昭文馆大学士。仍撰《祠坛颂》，将再进秩，王旦恳辞得免，止加功臣。很快，兼门下侍郎、玉清昭应宫使。五年（1012），为玉清奉圣像大礼使。景灵宫建造，又为朝修使。七年（1014），刻天书，兼刻玉使，宋真宗选御厩三马赐予他。玉清昭应宫建成，拜司空。京师赐酺①，王旦因惨恤②不赴会，宋真宗赐诗导意③。《国史》修成，迁司空。王旦为天书使，每有大礼，就奉天书以行，恒常邑邑④不乐。凡柄用十八年，为相仅一纪⑤。

正是契丹修和、西夏誓守故地，二边兵罢不用时，宋真宗以无事治天下。王旦谓祖宗之法具在，务行故事，慎所变改。久而久之宋真宗更信任他，言无不听。凡大臣有所请，必定说：“王旦以为如何?”王旦与人寡言笑，默坐终日，到奏事时，群臣异同不一，王旦徐缓一言以定。归家，或不去冠带，入静室独坐，家人不敢见他。王旦弟以此问赵安仁，赵安仁说：“方议事，公不欲行而未决，此必忧朝廷矣。”

宋真宗曾示二府⑥自作《喜雨诗》，王旦袖归说：“上诗有一字误写，莫进入改却否?”王钦若说：“此亦无害。”而密奏此事。宋真宗愠怒，对王旦说：“昨日诗有误字，何不来奏?”王旦说：“臣得诗未暇再阅，有失上陈。”惶惧再拜谢，众臣都拜，独有枢密马知节不拜，具实上奏，且说：“王旦略不辨，真宰相器也。”宋真宗看王旦而笑。天下大蝗灾，使人在野外得死蝗，

---

① 酺：会聚饮酒。
② 惨恤：居丧。
③ 导意：致意。
④ 邑邑：忧愁不乐。
⑤ 一纪：十二年。
⑥ 二府：政府、枢府。

宋真宗以此示大臣。明日，执政便袖死蝗进说：“蝗实死矣，请示于朝，率百官贺。”王旦独不认可。后数日，才奏事，飞蝗蔽天，宋真宗看王旦说：“使百官方贺，而蝗如此，岂不为天下笑耶？”

宫禁火灾，王旦驰入。宋真宗说：“两朝所积，朕不妄费，一朝殆尽，诚可惜也。”王旦对道：“陛下富有天下，财帛不足忧，所虑者政令赏罚之不当。臣备位宰府，天灾如此，臣当罢免。”继而上表待罪，宋真宗于是降诏罪己，允许中外封事上言得失。后有说荣王宫火所延，非天灾，请置狱案弹劾，当坐死者百余人。王旦独自请求道：“始火时，陛下已罪己诏天下，臣等皆上章待罪。今反归咎于人，何以示信？且火虽有迹，宁知非天谴耶？”当坐者均获免。

日者①上书讲宫禁事，坐诛。籍其家，得朝士与他往还占问吉凶之说。宋真宗发怒，要付御史询问情状。王旦说：“此人之常情，且语不及朝廷，不足罪。”宋真宗怒不消解，王旦因自取曾经占问的书信，进言：“臣少贱时，不免为此。必以为罪，愿并臣付狱。”宋真宗说：“此事已发，何可免？”王旦说：“臣为宰相执国法，岂可自为之，幸于不发而以罪人？”宋真宗怒意消解。王旦至中书，全部焚烧所得的书信。一会儿又后悔，驰速拿取，而已经焚毁了。由此大家都免罪。

宋仁宗为皇太子，太子谕德见王旦，称赞太子学书有法。王旦说：“谕德之职，止于是耶？”张士逊又称赞太子书法，王旦说：“太子不在应举，选学士不在学书。”

契丹奏请在岁币外另给钱币。王旦说：“东封②甚近，车驾将出，彼以此探朝廷之意耳。”宋真宗说：“何以答之？”王旦说：“止当以微物而轻之。”于是以岁给三十万物内各借三万，仍谕次年额内剔除。契丹得谕后，大为惭愧。次年，又下有司：“契丹所借金币六万，事属微末，今仍依常数与之，后不为比。”西夏赵德明说民饥，求粮百万斛。大臣都说：“德明新纳誓而敢违，请以诏责之。”宋真宗以此问王旦，王旦请敕有司备粟百万于京

① 日者：占候卜筮的人。
② 东封：东去泰山封禅。

师，而诏赵德明来取。赵德明得诏，惭愧拜谢说："朝廷有人。"

寇准数次揭短王旦，王旦专门称赞寇准。宋真宗对王旦说："卿虽称其美，彼专谈卿恶。"王旦说："理固当然。臣在相位久，政事阙失必多。准对陛下无所隐，益见其忠直，此臣所以重准也。"宋真宗以此更以王旦为贤。中书有事送密院，违反诏格，寇准在密院，以此事上闻。王旦被责，只是拜谢，堂吏都被罚。不逾月，密院有事送中书，亦违反诏格，堂吏欣然呈送王旦，王旦令送还密院。寇准大为惭愧，见王旦说："同年，甚得许大度量?"王旦不答。寇准罢枢密使，托人私求为使相①，王旦惊诧说："将相之任，岂可求耶！吾不受私请。"寇准深以为憾。后来除授寇准为武胜军节度使、同中书门下平章事。寇准入见拜谢说："非陛下知臣，安能至此?"宋真宗详道这正是王旦推荐的。寇准愧叹，以为不可及。寇准在藩镇，生辰造山棚大宴，又服用僭侈，为人所奏。宋真宗怒，对王旦说："寇准每事欲效朕，可乎?"王旦徐徐对道："准诚贤能，无如呆②何?"宋真宗怒意才解，说："然，此正是呆尔。"于是不问。

翰林学士陈彭年呈上政府科场条目，王旦投掷于地说："内翰得官几日，乃欲隔截天下进士耶?"陈彭年惶恐而退。当时向敏中同在中书，取出陈彭年所留文字，王旦瞑目取纸封住。向敏中请他一览，王旦说："不过兴建符瑞图进尔。"后来陈彭年与王曾、张知白参预政事，同对王旦说："每奏事，其间有不经上览者，公批旨奉行，恐人言之以为不可。"王旦逊谢而已。一日奏对，王旦退，王曾等稍留，宋真宗惊奇说："有何事不与王旦来?"他们都以前事相对。宋真宗说："旦在朕左右多年，朕察之无毫发私。自东封后，朕谕以小事一面奉行，卿等谨奉之。"王曾等退而愧谢。王旦说："正赖诸公规益。"略不介意。

宋真宗想让王钦若做宰相，王旦说："钦若遭逢陛下，恩礼已隆，且乞留之枢密，两府亦均。臣见祖宗朝未尝有南人当国者，虽古称立贤无方，然须贤士乃可。臣为宰相，不敢沮抑人，此亦公议也。"宋真宗于是止住。王

---

① 唐代中期，凡为宰相必称为同中书门下平章事，故称加同中书门下平章事官衔的节度使为使相。宋初因袭，以亲王、留守、节度使加侍中、中书令、同平章事，都为使相，实际上不主政事。

② 呆：痴呆。

旦殁后，王钦若始为大用，告诉人说：“为王公迟我十年作宰相。”王钦若与陈尧叟、马知节同在枢府，因奏事忿争。宋真宗召王旦至，王钦若犹喧哗不已。马知节流涕道：“愿与钦若同下御史府。”王旦叱责王钦若使他退下。宋真宗大怒，命付王钦若下狱。王旦从容说：“钦若等恃陛下厚顾，上烦谴诃，当行朝典。愿且还内，来日取旨。”明日，召王旦上前问他，王旦说：“钦若等当黜，未知坐以何罪？”宋真宗说：“坐忿争无礼。”王旦说：“陛下奄有天下，使大臣坐忿争无礼之罪，或闻外国，恐无以威远。”宋真宗说：“卿意如何？”王旦说：“愿至中书，召钦若等宣示陛下含容之意，且戒约之。俟少间，罢之未晚也。”宋真宗说：“非卿之言，朕固难忍。”后月余，王钦若等都被罢免。

王旦曾与杨亿评品人物。杨亿说：“丁谓久远当何如？”王旦说：“才则才矣，语道则未。他日在上位，使有德者助之，庶得终吉；若独当权，必为身累尔。”后丁谓果如此言。

王旦为兖州景灵宫朝修使，内臣周怀政同行，或乘间请见，王旦必等侍从者全到，冠带出见于堂皇，白事而退。后周怀政因事败，才知王旦远虑。内臣刘承规以忠谨得幸，将病死，求为节度使。宋真宗告诉王旦说：“承规待此以瞑目。”王旦坚执不可，说：“他日将有求为枢密使者，奈何？”于是止住。自是内臣官不过留后。

王旦为相，宾客满堂，无敢以私请托。他观察可与言语及素来知名的人，数月后，召见交谈，询访四方利病，或使疏其言而上献。观察有才人所长，密籍其名，其人再来，不见。每有差遣除授，先密疏四三人姓名相请，所用之人宋真宗以笔点出。同列不知，争有所用，惟王旦所用，奏入无不可。丁谓以此数次诋毁王旦，宋真宗却更加倚重王旦。

已故参政李穆子李行简，以将作监丞家居，有贤行，迁太子中允。使者不知其宅，宋真宗命就中书问王旦，人们始知李行简为王旦推荐。凡是王旦推荐的，都是人们未曾知道的。王旦殁后，史官修《真宗实录》，得内出奏章，始知朝士不少由王旦所荐。

谏议大夫张师德两诣王旦门，不得见，意为被人诋毁，因而告诉向敏中，为他从容明了。到议论知制诰，王旦说：“可惜张师德。”向敏中问他，王旦说："累于上前言师德名家子，有士行，不意两及吾门。状元及第，荣进素定，但当静以待之尔。若复奔竞，使无阶而入者当如何也。"向敏中启告张师德的意思，王旦说："旦处安得有人敢轻毁人？但师德后进，待我薄尔。"向敏中坚称："适有阙，望公弗遗。"王旦说："第缓之，使师德知，聊以戒贪进、激薄俗也。"

石普知许州不法，朝议要就此弹劾他。王旦说："普武人，不明典宪，恐恃薄效，妄有生事。必须重行，乞召归置狱。"于是下御史按罪，一日而狱案具备。议论的人以为不屈国法而保全武臣，真是国体。

薛奎为江淮发运使，辞别王旦，王旦无他语，但言"东南民力竭矣"。薛奎退而道："真宰相之言也。"

张士逊为江西转运使，辞别王旦求教，王旦说："朝廷榷利至矣。"张士逊多次担任转运使，思想王旦之言，未尝求利。识者说："此运使识大体。"

张咏知成都，召还，以任中正代替他，言者①以为不可。宋真宗问王旦，对道："非中正不能守咏之规。他人往，妄有变更矣。"

李迪、贾边享有时名，举进士，李迪以赋落韵，贾边以《当仁不让于师论》以"师"为"众"，与注疏异，都不预选。主文奏乞收试，王旦说："（李）迪虽犯不考，然出于不意，其过可略。（贾）边特立异说，将令后生务为穿凿，渐不可长。"于是收录李迪而黜落贾边。

王旦任事长久，有人诽谤他，则引咎不辨。至于别人有过失，虽人主盛怒，可辨者辨，必得而后已。

王旦素羸多疾，自东鲁复命，连年请求解职，宋真宗优诏褒答，接着面谕，委任无贰。宋真宗天禧（1017—1021）初，进位太保，为兖州太极观奉上宝册使，又加太尉兼侍中，五日一赴起居，入中书，遇军国重事，不限时日，入预参决。王旦更加畏避，上疏恳辞，又托同列奏白。宋真宗重违其意，止加封邑。一日，独对滋福殿，宋真宗说："朕方以大事托卿，而卿疾如此。"因命皇太子出拜，王旦惶恐走避，太子跟随而拜他。王旦说："太子盛德，必任陛下事。"因此推荐可为大臣的十余人，其后不至宰相仅李及、

① 言者：谏官。

凌策二人，亦为名臣。王旦又求避位，宋真宗目睹其形状憔瘁，悯然允许。以太尉领玉清昭应宫使，给宰相半俸。

起初，王旦以宰相兼使，至罢相，犹领使，朝廷专置使自王旦开始。不久，又命肩舆入禁廷，让其子王雍与直省吏挟扶，见于延和殿。宋真宗说：“卿今疾亟，万一有不讳，使朕以天下事付之谁乎？”王旦说：“知臣莫若君，惟明主择之。”再三问，不对。当时张咏、马亮都是尚书，宋真宗历问①二人，亦不对。因说：“试以卿意言之。”王旦强起，举笏说：“以臣之愚，莫如寇准。”宋真宗说：“准性刚褊②，卿更思其次。”王旦说：“他人，臣所不知也。臣病困，不能久侍。”于是辞退。后来王旦殁年余，竟用寇准为相。

王旦病重，宋真宗遣内侍问候，一日或三四次。宋真宗自己亲手和药，并薯蓣粥相赐。王旦与杨亿素来厚谊，延至卧室内，请撰遗表，而且说：“忝为宰辅，不可以将尽之言，为宗亲求官；止叙生平遭遇。愿日亲庶政，进用贤士，少减焦劳之意。”仍戒子弟：“我家盛名清德，当务俭素，保守门风，不得事于泰侈，勿为厚葬以金宝置柩中。”表上，宋真宗感叹，于是临幸其第，赐白金（银）五千两。王旦作奏辞退，稿末，自加四句说：“益惧多藏，况无所用，见欲散施，以息咎殃。”随即命人舁③至内阏④，诏不许。还至家门，王旦已薨，年六十一。

宋真宗亲临其丧，哀恸，废朝三日，赠王旦太师、尚书令、魏国公，谥文正，又别次⑤发哀⑥。后数日，张旻赴镇河阳，按例宜应饮饯，因王旦故，不举乐。录用王旦子、弟、侄、外孙、门客、常从，授官十数人。诸子服除，又各进一官。后来，宋真宗听闻王旦奏稿自加四句，取视，泣下好久。王旦有文集二十卷。

宋仁宗即位，在乾兴（1022）初，下诏王旦配享宋真宗庙廷。到建碑

---

① 历问：遍问。
② 褊：狭小。
③ 舁：抬。
④ 内阏：宫禁内的小门。
⑤ 别次：别第。正宅以外的住所。
⑥ 发哀：举行哀悼仪式。

时，宋仁宗篆其首："全德元老之碑"。

王旦事奉寡嫂有礼，与弟王旭友爱极笃。婚姻不求门阀。被服质素，家人想要以缯锦装饰毡席，不许。有卖玉带的人，弟以为佳美，呈送王旦，王旦命他系上，说："还见佳否？"弟说："系之安得自见？"王旦说："自负重而使观者称好，无乃劳乎！"亟亟还掉。故王旦所服止于赐带。家人未尝见其发怒，饮食不精洁，但不食而已。尝试以少许埃墨①投入羹中，王旦只啖饭，问他为何不啜羹，则道："我偶不喜肉。"后又投埃墨到饭里，则说："吾今日不喜饭，可别具粥。"王旦不置田宅，说："子孙当各念自立，何必田宅，徒使争财为不义尔。"宋真宗因其所居简陋，想要整治，王旦以先人旧庐为辞，才止住。宅门坏，主修人彻底更新，暂时在廊庑下开启侧门出入。王旦至侧门，据马鞍俯身过去，门成又由宅门过，都不过问。

三子：王雍，国子博士；王冲，左赞善大夫；王素，别有传。

《宋史》评论王旦："宋至真宗之世，号为盛治，而得人亦多"，号称咸平之治。"王旦当国最久，事至不胶，有谤不校，荐贤而不市恩，救罪辄宥而不费辞。澶渊之役，请于真宗曰：'十日不捷，何以处之？'真宗答之曰：'立太子。'契丹逾岁给而借币，西夏告民饥而假粮，皆一语定之，伟哉宰相才也。惟受王钦若之说，以遂天书之妄，斯则不及李沆尔。"②

王旦无论行己持家为族，还是为民为国，都卓荦可称，诚为一代伟人，将三槐王氏的社会文化声誉的根基彻底夯实，也是后世三槐王氏包括三沙王氏在内高度认同与深感荣耀的先祖。其具体事迹，在其子王素整理的《王文正公遗事》③ 里，基本可信，值得细细品读。

王旦兄王懿，字文德。励志为学，举进士。曾知袁州，有政绩。卒，年四十九。

王旦弟王旭，字仲明。严于治内，恕以接物，尤笃友谊。以恩荫补太祝。曾知缑氏县。当时邻邑官多贪猥，民有"永宁三镬，缑氏一镰（廉）"

---

① 埃墨：烟灰。

② 以上引文与事实据《宋史》卷二百八十二，列传第四十一，王旦，中华书局 1977 年，第 9542-9553、9557-9558 页。

③ 王素：《王文正公遗事》，张其凡、张睿点校，中华书局 2017 年。

之谣。又知雍丘县。

宋真宗为京尹时，素闻王旭能干，及践阼①（997），王旭三迁至殿中丞。自二兄王旦居宰府，王旭以避嫌不任职。王矩曾推荐王旭材堪治剧，宋真宗召王旦，对他说：“前代弟兄同居要地者多矣，朝廷任才，岂以卿故屈之邪？”命授京府推官，王旦固辞，改判南曹。由判国子监出知颍州，荒政修举。

宋真宗大中祥符（1008—1016）后，王旦已薨，王旭扬历中外，卓有政绩，由兵部郎中出知应天府。卒，寿六十八。

王懿子王睦，王旭子王质，都是王祐孙子、王旦侄子，能任其官。

王质，字子野。年少谨厚淳约，力学问，师事杨亿，杨亿叹以为英妙。伯父王旦见其所为文，嗟嗟称赏。以恩荫补太常寺奉礼郎。后献文召试，赐进士及第，被荐为馆阁校勘，改集贤校理，累迁尚书祠部员外郎。丁父忧，与诸弟饭脱粟茹蔬终丧。

通判苏州。州守黄宗旦年少于王质，曾因争事，黄宗旦说：“少年乃与丈人抗邪？”王质说：“事有当争，职也。”最终不为屈从。黄宗旦获得偷盗铸钱百余人，下狱治罪，退告王质说：“吾以术钩致得之。”喜见于色。王质说：“以术钩人置之死而又喜，仁者之政固如是乎？”黄宗旦惭沮②，为薄治其罪。

王质还朝，判尚书刑部、吏部南曹。知蔡州。州人岁时祭祀吴元济庙，王质说：“安有逆丑而庙食于民者？”扑毁，更立狄仁杰、李愬像为祠祭祀，蔡人一直号为“双庙”。

王质以本曹郎中召为开封府推官。当时，兄王雍为三司判官，王质不想兄弟并居省府，恳辞，得知寿州，徙庐州。有盗杀其徒，并携带其资财逃遁，被王质捕得。王质论盗当死，大理以谓法不当死。王质道：“盗杀其徒，自首者原之，所以疑坏其党，且许之自新，此法意也。今杀人取资而捕获，贷之，岂法意乎？”疏上，不报。降监舒州灵仙观。王质于是采古今炼形摄

① 践阼：登基。
② 惭沮：羞愧沮丧。

生之术，撰《宝元总录》百卷。逾年，韩琦知审刑院，奏请盗杀其徒，非自首者勿原，著为令。于是郑戬、叶清臣都说王质非罪，且称其材。起知泰州，迁度支郎中，徙荆湖北路转运使。

王质曾摄江陵府事，有人上诉民约婚后延期，民言贫无资以办，故违约。王质问其费几何，出私钱给予使其完婚。吏捕得偷衣盗，盗叩头说："平生不为过，迫饥寒而至于此。"王质命取衣予其穿着，遣去。

此后又加王质史馆修撰、同判吏部流内铨。擢天章阁待制，出知陕州，卒。

王质家世富贵，兄弟习为骄侈，而王质克己好善，自奉简素如寒士，不喜畜财，至不能自给。起初，王旦为中书舍人，家贫，与昆弟贷人息钱，违期，以所乘马抵偿。王质阅书得故券，召子弟出示说："此吾家素风，尔曹当毋忘也。"范仲淹贬饶州，朝廷治朋党正急，王质独自载酒往饯。有人诮呵王质，王质说："范公贤者，得为之党，幸矣。"世人以此更以王质为贤。①

王旦兄弟子侄，虽为富贵之家，凛凛秉志，尤有理智，不忘俭素，无愧三槐家教家风嫡系传承。世代延续到南渡之后，这一优良传统又成了三沙王氏家教家风。

3. "庆历四谏"王素

三槐堂传到第三代，有王旦的三个儿子，都走仕途，家声不坠，尤其以王素名气最大。而王素是三槐南渡后形成的三沙王氏的直系先祖。

王素（1007—1073），字仲仪，太尉王旦季子。其父卒时（1017），推恩授官，才十一岁。后赐进士出身（1027），二十一岁正式入仕，官至屯田员外郎。御史中丞孔道辅荐为侍御史。孔道辅被贬，王素出知鄂州。宋仁宗思念其贤明，擢知谏院。王素正当壮年，遇事有感而发。曾经说："今中外无名之费，倍蓰于前，请省其非急者。"恰逢皇子生，将进百僚官级，惠赏各军。王素争执说："今西夏畔涣，契丹要求，县官之须，且日急矣。宜留爵

① 以上引文与事实据《宋史》卷二百六十九，列传第二十八，王祐，子旭，孙质，中华书局1977年，第9243-9245页。

秩以赏战功，储金缯以佐边费。”前议于是停止。

京师干旱，王素请宋仁宗到郊外祈祷求雨。宋仁宗说：“太史言月二日当雨，今将以旦日出祷。”王素说：“臣非太史，然度是日必不雨。”宋仁宗询问缘故，说：“陛下知其且雨而祷之，应天不以诚，故臣知不雨。”宋仁宗说：“然则明日诣醴泉观。”王素说：“醴泉之近，犹外朝耳，岂惮暑不远出邪？”宋仁宗悚然。更改诏令为前诣西太一宫，谏官原本不在随属跟车之间，于是命王素扈从。此日极其炽热，埃氛翳空，等舆驾返还，未迫近城，天上大雷电而下雨。

王德用进献二女子，王素论列此事。宋仁宗说：“朕真宗皇帝之子，卿王旦之子，有世旧，非他人比也。德用实进女，然已事朕左右，奈何？”王素说：“臣之忧正恐在左右尔。”宋仁宗听后动容，立即下命遣出二女。

赐王素银绯，擢天章阁待制、淮南都转运按察使。当时新置按察使，大多类似以苛刻为明察。王素独不发擿细故，即有贪刻之人，必绳治穷竟，所以下吏既爱戴又畏惧他。改知渭州，因坐市木河东，有扰民情状，降华州。又夺职徙汝州。不久还任故职，迁龙图阁直学士。

起初，原州蒋偕建议修筑大虫巉堡，宣抚使听从。工役未备，敌人伺间要击，不得完工。蒋偕恐惧，来归请死。王素说：“若罪偕，乃是堕敌计。”责成蒋偕使他毕力自效。总管狄青说：“偕往益败，不可遣。”王素说：“偕败则总管行。总管败，素即行矣。”狄青不敢再说话，蒋偕最后筑城而还。以王素为枢密直学士知开封府。宋仁宗至和（1054—1056）秋，大雨，蔡河裂堤，河水入城，诏军吏阻隔朱雀门。王素说：“皇上不豫，兵民庐舍多覆压，众心怦怦然，奈何更塞门以动众。”违诏停止这工役，水亦没酿成灾害。

出知定州、成都府。以前，牙校每年输送酒坊钱以供厨传，日日加增，输送人转而窘困。王素将它一切裁约掉。铁钱布满两蜀，而鼓铸不止，钱币更加轻贱，商贾不行。王素命罢铸十年，以便平衡物价。凡为政，务合人情，蜀人纪其条目，号称《王公异断》。再知开封。王素以王旦三公子，少年知名，出入侍从将帅，长久了颇为鞅鞅①，厌倦剧烦，事情多有卤莽不治，

① 鞅鞅：郁郁不乐。

盗贼数次发生。御史纠弹其过失，王素出知许州。

宋英宗治平（1064—1067）初，西夏入侵静边砦。召拜王素端明殿学士，再知渭州，于是三镇、泾原蕃夷故老都欢呼庆贺，等王素莅任，来敌解退而去。王素拓展渭州西南城，疏浚城隍三周，积粟可支十年。属羌奉土地来献，全部增募为弓箭手。行陈①出入之法，王素亲自督训。渭州居室原旧穿土而成，西夏人入侵，老幼多被焚死，王素修筑八堡让他们居住。王素部众由两巡检领属，人们不得自便。王素说："是岂募民兵意邪？"听任他们散耕田里，有警则聚，故士气感奋，精悍为他道莫及。曾宴堂上，边民相传寇至，惊慌入城。诸将说："使奸人亦从而入，将必为内应，合拒勿内。"王素说："若拒之东去，关中必摇。吾在此，敌必不敢犯我，此当有奸言。"于是下令："敢称寇至者斩。"过会儿，候骑②从西而来，人们传言果然虚妄，诸将都佩服王素英明。

调换为澶州观察使、知成德军，改青州观察使。宋神宗熙宁（1068—1077）初，王素还朝，以学士知太原府。汾河大涨漫溢，王素说："若坏平晋，遂灌州城矣。"亟亟命令具备舟楫，筑堤捍卫。一夕，河水骤然冲至，人们赖此平安。入朝知通进、银台司，转工部尚书，仍以故职致仕。故事，虽三公致仕，亦不带职。朝廷正更新法制，王素首次以学士就第。卒，年六十七，谥懿敏。子巩，从子靖，从孙震，《宋史》都有传。

《宋史》论说："蔡襄、王素、余靖，皆昭陵贤御史也。襄数论治体，推韩琦、范仲淹之贤。素请罢不急之赏，论仁宗纳二女子为非。靖黜夏竦、王举正为不可用。盖仁宗锐于求治，数君子提纲振纪而扶持之，卒成庆历之治，良有以也。夫襄精于民事，吏不敢欺；靖用兵蛮徼，卒收功名；素在西边多惠政，其尹开封，虽颇厌烦剧，再为渭州，边民老幼，至相率称贺，其惠之在民者，深矣哉。"③

王素一生四十五年仕途，早年任谏官，与余靖（1000—1064）、欧阳修

---

① 陈：通阵。

② 候骑：侦察骑兵。

③ 以上引文与事实据《宋史》卷三百二十，列传第七十九，王素，从子靖，从孙震，中华书局 1977 年，第 10402-10404、10415 页。

（1007—1072）、蔡襄（1012—1067），敢于谏议，称“庆历四谏”，促进庆历新政推行，又历任地方达三十多年，转任多处地方主政大员，颇具行政、财政、军事实干才能，有见识，有魄力，临危安定，决断不乱，建立惠民实政，口碑极佳，难得有犯过失，加上带有世家子弟风度，曾经有所处罚，但基本上仕途顺坦，身居高位，以端明殿学士、工部尚书善终，谥懿敏，① 进一步夯实了其祖其父以来三槐传家的良好名声。

4. 王巩与苏轼《三槐堂铭》

王巩（1048—1117），王素第四子。有隽才，长于诗，跟从苏轼游。苏轼守徐州，王巩前往访问，与宾客游泗水，登魋山，吹笛饮酒，乘月而归。苏轼在黄楼上等待他，对王巩说：“李太白死，世无此乐三百年矣。”苏轼得罪，王巩亦窜放宾州。数岁得还，豪气不少挫。后历宗正丞，以跌荡傲世，每次除授官职，即受谏官议论，因而官位终归不显。②

王巩应是北宋三槐王氏最有才气的文人，为人正直，风流倜傥，官位却不高。由于与苏轼、苏辙兄弟友情挚厚，受苏轼乌台诗案牵连，而遭受重谪。历经磨难，洒脱不羁，英豪不改，为人钦重。宋神宗元丰二年（1079），苏轼任湖州知州时，王巩请其为家祠三槐堂题写《三槐堂铭》，三槐堂因此而名声斐然。而《三槐堂铭》则成为千古名篇，清康熙年间被绍兴人吴楚材、吴调侯选入《古文观止》③，愈加令妇孺皆知，传遍天下，成为中华优秀文化宝库中的一颗璀璨明珠。

苏轼《三槐堂铭并叙》：

天可必乎？贤者不必贵，仁者不必寿。天不可必乎？仁者必有后。二者将安取衷哉？吾闻之申包胥曰：“人众④者胜天，天定亦能胜人。”世之论天者，皆不待其定而求之，故以天为茫茫。善者以怠，恶者以肆，盗跖之寿，孔颜之厄，此皆天之未定者也。松柏生于山林，其始也困于蓬蒿，厄于牛羊，而其终也，贯四时阅千岁而不改者，其天定也。善恶之报，至于子孙，

① 参见李贵录：《北宋三槐王氏家族研究》，齐鲁书社 2004 年，第 97-120 页。
② 《宋史》卷三百二十，列传第七十九，王素，中华书局 1977 年，第 10405 页。
③ 吴楚材、吴调侯选：《古文观止》卷之十一，中华书局 1959 年，第 511-513 页。
④ 《古文观止》作定。

而其定也久矣。吾以所见所闻所传闻考之，而其可必也审矣。

国之将兴，必有世德之臣，厚施而不食其报，然后其子孙能与守文太平之主共天下之福。故兵部侍郎晋国王公显于汉、周之际，历事太祖、太宗，文武忠孝，天下望以为相，而公卒以直道不容于时。盖尝手植三槐于庭曰："吾子孙必有为三公者。"已而其子魏国文正公相真宗皇帝于景德、祥符之间朝廷清明天下无事之时，享其福禄荣名者十有八年。今夫寓物于人，明日而取之，有得有否。而晋公修德于身，责报于天，取必于数十年之后，如持左契，交手相付。吾是以知天之果可必也。

吾不及见魏公，而见其子懿敏公，以直谏事仁宗皇帝，出入侍从将帅三十余年，位不满其德。天将复兴王氏也欤？何其子孙之多贤也。世有以晋公比李栖筠者，其雄才直气，真不相上下，而栖筠之子吉甫，其孙德裕，功名富贵，略与王氏等，而忠信①仁厚，不及魏公父子。由此观之，王氏之福盖未艾也。

懿敏公之子巩与吾游，好德而文，以世其家，吾是以录之。铭曰：

呜呼休哉！

魏公之业，与槐俱萌。封植之勤，必世乃成。既相真宗，四方砥平。

归视其家，槐阴满庭。吾侪小人，朝不及夕。相时射利，皇恤厥德。

庶几侥幸，不种而获。不有君子，其何能国。王城之东，晋公所庐。

郁郁三槐，惟德之符。

呜呼休哉！②

苏轼《三槐堂铭》文不长，最主要的是在其前"叙"里，讲述了王祐、王旦、王素、王巩，共四代人的故事，说明以德传家，"仁者必有后"，子孙绵延，享福丰厚。已有验证的是王祐之德报，见于其子王旦为三公，居宰相，诚为不虚。而王素之德报尚未得到验证，因而寄予其子孙以厚望。苏轼并且以唐朝李栖筠相比于王祐，说其"忠信仁厚"还不如王祐、王旦父子，因此三槐王氏福报"未艾"。可见，以德福报，在仕途上得到体现，似乎已

① 《古文观止》作恕。

② 《苏轼文集》卷十九《铭》，中华书局 1986 年，第 570-572 页。

成为苏轼衡量福报的一个标准，而“忠信仁厚”则是积“德”的根源。这样的“世德之臣”与国家兴旺、太平盛世的出现互相匹配，或者是一种吉兆。

三槐王氏并非郡望，在北宋开始形成，却能在后世中华姓氏传承之中异军突起，人口繁多，引人注目，与人们的高度认同和选择密切关联，其中最重要的内涵就是，人们普遍希望与人为善、积德相报。虽然这是幽冥之中难以测量验证的事，往往事后关联才得以判断，但实际上，德报乃人力作用的结果，体现了传统中国社会和谐运行、良性发展的理想状态中的人际关系，因而并非虚妄之言。

三槐王氏子孙秉承三槐精神，“忠信仁厚”，以德待人，以德传世，形成优良的家教家风，这在王旦文正遗训中得到了充分体现，显然，这正是传统社会儒家主流思想意识的体现。即使子孙不能在仕途上兴旺发达，在做人做事上奉行“忠信仁厚”，也是可以长保家道延续的内在动力。

5. 北宋三槐王氏群星灿烂及其特色

三槐王氏在北宋时期成为人才辈出、仕途极盛的官宦望族①，也是前继太原王、琅琊王在汉唐辉煌之后又一个中华王氏发展的高峰，不过已经不同于汉唐的门阀士族时代，而进入庶民科举宗族的时代了，其主要依靠自身的努力，契合时代风云际会，有所作为，为国为民，因而为天下钦仰。

北宋三槐王氏的人才特色和家风特点，在当今学者李贵录、王大良与王成的论著里得到了很好的研究。

李贵录研究北宋三槐王氏，认为“作为一个大家族，其兴旺发达令人羡慕。其治家之道和优秀的家族传统”，可以总结为三点，作为内在恒常之道：

一是重视教育。三槐王氏子弟中进士者极多，虽然大多未能显达，但也代有闻人，保持了箕裘不坠的大家风范。南宋迄于明清，虽家族成员迁徙各地，而门风如故，人才极多。另一方面，由于受到良好的教育，三槐王氏子弟大都学有所成，有些人还有著述和诗歌创作。在《宋史》中立传的就有十

① 有关北宋三槐王氏人才，详见李贵录：《北宋三槐王氏家族研究》，齐鲁书社2004年，第53-188页。

余人。

二是为人正直。王祐、王旦、王素、王质、王古、王巩等人，都有一样的具体表现。

三是居官清廉，均有政绩。这方面的记载很多。王旦任岳州平江县令，直到明代，其祠堂依然存在，受人享祭不绝，这显然与王旦的惠政有极大的关系，只是缺乏史料，不知他在平江县做了什么好事。王质在荆南任上，劝和婆媳，并给他们衣物、食品，给因寒冷而偷衣服的小偷衣服。在陕州知府任上仅有一年就去世了，却赢得了百姓爱戴。当他的灵柩东归时，百姓哭送于道，这是对他官声的最好评价。王素在知成都府及太原、定州任上，都有不俗的政绩。在离开定州时，百姓拦住他的去路，希望他继续留任。①

王大良、王成"两宋时期三槐王氏家族特征论"认为，三槐王氏作为一个在唐末五代时期兴起的王姓支派，入宋以后因缘际会，经第三代王祜②的刻意经营，以第四代王旦的位极人臣为标志达到鼎盛，此后又有各代中的王旭、王素、王质、王巩、王靖、王古、王震、王伦、王枏等人不断为巩固家族地位做出贡献，从而使三槐王氏作为宋代的政治世家而久盛不衰，也成就了三槐王氏在整个王姓中的声名。至于它能够后来居上的原因，或者说它在两宋时期呈现出的家族特征，其实早已被前人所关注，譬如苏轼就曾指出，三槐王氏有忠、恕、仁、厚四大特征，"忠"指爱国敬业，"恕"指宽宏处世，"仁"指亲民重民，"厚"指厚德载物。

概括起来，两宋三槐王氏在以下五个方面特色鲜明。

第一，忠孝传家，家风敦厚。

按照中国的传统道德观念，衡量一个家族的家风、门风，首先离不开"忠""孝"二字，其中爱国爱民为忠，敬事父母为孝，只有在家孝敬父母的人，才可能在进入官场后忠于国家、勤政为民。三槐王氏一向就有"忠、孝传家"的优良家风。

第四代的王旦虽贵为宰相，在家中既不苟言笑又和气待人，事寡嫂彬彬

---

① 以上引文与论述参见李贵录：《北宋三槐王氏家族研究》，齐鲁书社 2004 年，第 229-230 页。

② 王大良、王成行文中王祐均作王祜，此沿用不改，下同。

有礼，对幼弟爱护备至。女婿去蜀中任职，他把女儿接回家中居住，并叮嘱女婿在外安心为朝廷效命，勿以妻小为念。他位居宰辅时本来有很多机会可为家人谋取私利，但他从不如此。其弟王旭为了避嫌而耽误了前途，也甘愿屈居低位。① 王旦还始终宽以待人，从不言人之过。家人几次故意试他，在饭菜中掺入不洁的东西，他连句埋怨的话也不说，只是不吃那不洁的饭菜而已。

王旦的侄子王质受他的影响，“为人至孝至睦”，被范仲淹评价为“厚于宗族，每拳拳焉，忧乐同之”。王旦之子王素调任边帅，当时王旦已故，王旦夫人赵氏年迈，王素之子尚幼，家中无人照顾，王质得知后毫不犹豫地上书朝廷，请求代王素守边。上书未获准，他又让自己的儿子王规随王素赴任，一路照应，自己把照顾王素家人的重担全部接了下来。

他的弟弟王端曾经十多年不被升迁，当有次轮到他升官时，他就请求朝廷把机会让给弟弟，这样做尽管有私让国家官位之嫌，但也实实在在反映了三槐王氏的优良家风。

正是因为三槐王氏有这样的家风作为基础，家族成员在从政为官时才会把家风推而广之，由小家而及大家，如王祜忠君爱国、王旦人称“贤相”、王旭“严于治内，恕以接物，尤笃友义”、王伦主动以身报国。

第二，人才济济，以才报国。

从第一代王言开始，三槐王氏就是一个人才辈出的家族，族中子弟走的是一条以自己的才能报效祖国的道路。

王言之子王彻“举进士第一”，参加科考的文章“体物可嘉，属辞甚妙，细披制作，最异侪流”，成为士林瞩目的状元，也为族中子弟树立了典范。

自此直到南宋末年，三槐族中“代有显人”，如王祜，“笃志于词学，性倜傥有俊气”，十六岁“名闻京师”，出仕后“辞气俊迈”“雄文直道，名重海内”“时人望之为相”。王懿自幼“励志为学”，后来考中进士，才气和政声都为世人称道。王旦自幼“好学有文”，二十三岁进士及第，被认为是“栋梁之材，贵不可涯”，终于成为一代名相。此外，王旭、王素、王质、王端、王古、王震等人也都以勤奋好学、才气过人而知名，或进士及第，或德

① 王旦避岳父之嫌而辞官也是如此。

才兼备，才华和品德都为朝野所公认。由于族中子弟历代都是笃志于学，因而“诗书传家”成为三槐王氏的一种家风。

有这样的家风作为基础，加上族中子弟大都聪颖过人，于是造就了三槐王氏一代又一代英才，为国家输送了从政为官的优秀人才。在宋朝三槐王氏家族几乎代代都有人在朝为官。他们大都是凭才进入，只有极少数人靠祖功荫封为官，从没有以权谋官或花钱买官的现象。见于记载的仅有的两次大规模荫封王氏子弟也是事出有因，其中之一是宰相王旦有大功于国，为了加以表彰，宋真宗在他去世时下诏“录其子、弟、侄、外孙、门客、常从，授官者十数人。诸子服除，又各进一官”。另一次是王伦为国捐躯后，“孝宗访求其孙未禄者三人官之”。这些除是皇恩浩荡的缘故外，特别的荫封也是三槐王氏祖先用心血和生命为家族换来的荣光。

第三，勤政务实，忠于职守。

三槐王氏子弟为官，不论官职高低都能恪尽职守，勉力而为。

王祐任大名知府时受命查处符彦卿不法事件，本奉命行事即可，但他忠于职守，坚持以事实为依据，甚至以全家人的性命担保符彦卿。此举虽违背了宋太祖本意，以致他失宠遭贬，但澄清了事实，保住了符彦卿性命，还为他赢得了更高的威望。

王旦一生任职朝内外，一向勤政务实，以国家社稷为重，“端重坚正，明达国体，接物若甚和易，而风仪峻整。当官莅事，庄厉不可犯”，甚至重病弥留之际仍在为国家大事进言，真可谓鞠躬尽瘁、至死不渝。

王旭任颍州知州时“荒政修举”，后“扬历中外，卓有政绩”。

王素任谏官时，敢于坚持原则，连皇帝的过失也敢直言指正，毫不考虑自身得失，因而被誉为“庆历四谏”之首。他任成都知府时，针对一方时弊，大胆减赋限铸，调整物价，按照百姓的要求整顿市场、处理政务，民心大悦。蜀中百姓把他的政绩一一记录下来，编成《王公异断》一书，正是对他政绩的肯定。他任渭州知州时，加固城池，蓄积粮草，招募弓箭手，习演阵法，很快把一个边陲荒州治理得兵强粮多、城固民安，原来常来滋扰的西夏兵从此再也不敢轻举妄动。他调离时，百姓甚至“迎马首环泣，终日不得去”。任太原知府时，正逢汾河涨水，他下车伊始就征夫调船，筑堤固坝，终于守住堤防，避免了酿成更大水患。

王靖在山西长子县任职时亲自阅读案卷、查找证据，使盗贼一个个认罪伏法。后来转任开封府推官，也一如既往，发奸捕盗，使一些久侦不破的案件顺利告破。任广南转运使时，严整军备，广安边民，政绩卓著。有一次，外界谣传交趾人将要作乱，宋神宗竟放心地安慰朝中大臣说：“王靖在，彼可无念。”对他完全信任。

王古受命到淮、浙一带赈济灾民时，为百姓主持公道，将贪赃枉法的张若济下狱治罪，并罢免了失职渎职的转运使王廷老、张靓，百姓称快，民心大悦。

王伦在国家危急时挺身而出，主动“上书申志”“涉万死一生，往来虎口者数四”，最后慷慨赴死，为国捐躯。

王懿任袁州知州时“有政绩”，王睦“能其官”，无不兢兢业业。

据《宋史》记载，当时三槐王氏有八人在任职时去世，其鞠躬尽瘁、公而忘私的精神的确令人感佩。

第四，体恤民情，造福百姓。

三槐王氏为官，不论任职何地，心里总是牵挂着百姓。

王旦当朝为相，常常劝诫下属，要把百姓放在心上。有人到江淮一带任职，他告诫以“东南民力竭矣”“朝廷榷利至矣”，意思都是要他们注意体察民情，不要只顾求利，要想法减轻百姓负担。

王素任谏官时发觉朝廷开支失控，便连连上书皇帝，说这样的花费必将掏空国库，耗尽民力，使国家和百姓都不堪忍受。皇帝采纳了他的意见，连皇子出生时的庆贺赏赐也一概从简。他在任渭州知州时百姓欢喜相庆，任满离职时百姓洒泪留恋，迁延数日不能成行，与百姓的关系已到了水乳交融的程度。

王质在任荆湖北路转运使时发现一户人家因无钱给儿子操办婚事以致违背婚约，与女家发生了纠纷。他在问清所需银两后拿出自己的俸银帮他们办了婚事。知寿州时，当地治安混乱，百姓不堪其扰。他上任伊始便按律断狱，扶弱抑强，结果“州人大服”。

三槐王氏为官之人体恤民情，有时还表现在对下属的态度上。

宰相王旦不仅爱民，对同僚和属下也十分关照。

有一年，皇宫的一个侍婢因害怕自己盗卖金器的行为被发觉，便放火把宫室烧毁。后来肇事者被处死，但按照惯例，主管人员或知情不报者都要被追究责任，牵涉一百多人。宋真宗在盛怒之下打算将多人斩首。王旦则以为罪犯已受到惩罚，相关大臣也都承担了责任，如再追究更多人，势必失去民心，于是极言劝谏宋真宗，最终使他改变了想法，一百多人因此得以幸免。

有个占卜师因议论宫中事情被判处死刑，抄家时发现了许多大臣向他询问吉凶的书信，宋真宗知道后大怒，要把这些人交御史问罪。王旦则认为这样做不妥，说占卜吉凶是为了趋吉避凶，乃人之常情，自己年轻时也这样做过，如果要治罪，自己也该被惩办。宋真宗听了才明白其中的道理，下令把一干官员都赦免了。等回到中书省，王旦又立刻让人把抄出的书信焚毁。后来有人想借此事打击对手，终因缺少证据而未得逞。他爱护属下至此，可谓煞费苦心。

第五，清正廉洁，不谋私利。

三槐王氏具有世代清廉的传统家风。这种家风表现在族中的大部分为官者身上。

宰相王旦长期处于权要之地，又深得宋真宗信任，受贿敛财的机会很多，但他始终远离财富。史书说他“为相，宾客满堂，无敢以私请”，说明他不徇私情的清廉品格已为众人所熟知。

他贵显后仍住在原来的旧房子里，简陋得连宋真宗都看不下去，打算让工部帮他改建，但他坚辞不受。后来宅门坍塌，他也只找来工匠修葺，动工时出入不便，他毫无怨言。家中被服用具也都是旧物，椅上的毡垫破得几乎不能再用，家人怕来了客人闹笑话，想用绸布包起来，他坚决不同意，说“垫乃坐物，不为看”。

他为官几十年，除朝廷俸禄和皇上赏赐外不收任何人的东西，终生只娶一妻赵氏，坚持不纳妾，不蓄声妓。晚年时，宋真宗为了有人能更好地照顾他而特赐一妾，他因君命难违而不得已接纳下来，但心中却常常不安。

他也不为子孙置买田宅，认为“子孙当各念自立，何必田宅，徒使争财为不义尔”。

王旦晚年病重时，宋真宗知他清廉，特赐白金五千两为他治病，王旦则让人将白金送回，并附言“益惧多藏，况无所用。见欲散施，以息咎殃”。宋真宗又命人抬回，刚到门口他已咽气。

王旦临终前仍不忘告诫子孙清白自守，留下遗嘱：“我家盛名清德，当务俭素，保守门风，不得事于泰侈，勿为厚葬以金宝置柩中。子孙出仕须廉平、忠厚，若以理去官，归来祭享，祖宗食之。”这种清正品德至死不渝，的确难能可贵。三槐王氏在他影响下，廉能之人代有所出。

王旭任缑氏知县时清廉如水，王质任地方官期间“举族蔬食数年，未尝食肉”，都是其中的佼佼者。

王质有次在清理家中往来文书时，发现王旦因家贫以马作抵押向人借贷的债券，便把子侄们叫来，教育他们不要忘记贫苦，应该自觉保持清俭家风。事情传到宰相范仲淹那里，也叹服王质“弗骄弗华，以贫为宝，终生不贪，不治生业”的品德。

三槐王氏中从政为官之人，无论官职大小，从不利用权力之便为自己或亲故谋取私利。这点以宰相王旦的所作所为最受人称道。王旦仕至显宦之后，他女婿苏耆凭自己的学问通过了会试，参加殿试时，宋真宗不知他与苏耆的关系，问他可否选取此人，他不置可否，结果苏耆落选。他另一女婿韩亿，献文应试，才华受到宋真宗赏识，打算召试加官。他知道后，代为推辞，结果韩亿被派到边远的蜀地任职。等他病重时，请好友杨亿代写遗表，按惯例应该在遗表中写上请求照顾亲属的内容，但他一概不许提为亲友求官之事，只表示希望皇上勤政爱民、任用贤良、把国家治理好。他去世时，其次子王冲还担任着候补水部员外郎职务。可见，他对官德的维护，真是至死不渝。

“总之，两宋时期三槐王氏的家族特征，最基本的应该是诗礼传家、人才辈出、累世官宦，然后再在此基础上表现为其他与从政为官的品德和修养有关的特征，整个家族都有一种世传不衰的优良品质。这种品质，也决定了其家族的知名度和影响力。”①

---

① 以上引文与论述均见王大良、王成：《中华王氏通书》，天地出版社 2015 年，第 273－278 页；王大良：《关于宋太尉王皋及三槐王氏二房的几个问题》，载《首届太平桥民间文化旅游节暨王皋生平事迹研讨会纪念册》，2009 年，第 59—73 页，将王旦作为三槐二房论述，其两宋时期的五大房支特征同于前书所及。

6. 北宋三槐王氏人口增长

依据三槐王氏家谱和李贵录的研究，笔者将三槐王氏前十世人口统计出来，大约如下：

表 1-3　北宋三槐王氏世代人口增长表（1—10 世）

世代	男子数	增长率/%	女儿数	附注	备注
第一世	1			尊奉始祖王言	其余人数不详
第二世	2	100		长子王彻	次子入三槐王氏旁支，另谱。
第三世	2	0		长子王祐，实际始祖	次子入三槐王氏旁支，另谱。
第四世	4	100	1		
第五世	11(10)	175(150)	8		
第六世	35	218. 18(250)	9		
第七世	78(77)	122. 86(120)	10		1. 有一子无名,故未列。 2. 可能漏王巩早死 2 子。 3. 女儿数记载很少,不全。
第八世	95(91)	21. 79(23. 38) (16. 67;18. 18)			女儿无记载
第九世	82(79)	- 13. 68 (- 9. 89) (-16. 84;-13. 19)	2		女儿记载不全,一为宋徽宗皇后,一嫁赵氏宗室才记录。
第十世	74(68)	-9. 76(-6. 33) (-17. 07;-13. 92)	4		女儿记载不全
总计		38. 4(36. 9)			

资料来源：按照王立申（三十五世）：《莘县三槐王氏宗谱》统计，见世界王氏网，2014-06-01 11:41:40，http://www.wwdoa.com/2014/0601/15826.html。该谱采用了清王庸敬《三槐王氏通谱》等记录与考订。

说明：

1. 此是笔者按照每一世代出生的子、女数统计。( ) 之内为原谱世代男子数。

2. 自第七世王皋南渡江南定居苏州长洲获扁开始形成的三沙王氏三房的男子数也被载入此谱。

3. 据李贵录考订资料统计，得知王言生子王彻，王彻生子二人：祜、祉。“三槐王氏的第一代，当推王祜”。由他开始的三槐王氏第二代，是他的儿子三人，第三代九人，第四代二十八人，第五代六十八人，第六代至少四十人。得到结论：“从王祜开始，才传五代，三槐王氏已发展为百余人的大家族。”（李贵录：《北宋三槐王氏家族研究》，齐鲁书社 2004 年，第 21-52 页）这些世代人口数据与表格之内的同世代人口数据相比，偏少。

由上表得知，三槐王氏从王言一人开始，到第十世，北宋三槐王氏男性人口在70人左右，平均男子世代增长37%—38%，比较符合一般每世代人口增长最快就在三分之一（33%）左右的比率①。然而，其第九、第十世出现了比较严重的负增长，是否由于记载的缘故，抑或就是真实情况所致，值得再另作考析。

二、三沙王氏形成

三沙王氏出于黄帝姬姓，以周王子晋为得姓始祖，以隋文中子王通为始祖，至北宋末，开封三槐太傅王皋南渡，定居苏州荻扁，子孙分散居住，形成三沙王氏，支分派别，奉王皋为三沙王氏始祖。

（一）三沙王氏三分支

南宋高宗建炎三年（1129）三月，殿帅府太尉王皋护送孟太后南渡，随宋高宗往临安，驻跸平江府（今苏州）。在不断迁移中，王皋深感全家随军行动不便，就向宋高宗请假三天，安置家眷。他驾小船在苏州城周围察访安家之地。当到达益地乡荻扁村（今苏州市相城区太平街道旺巷村。本为王巷，衍变为旺巷）时，看到该“地土沃、泉丰，乃定居焉”②，于是选址于此，起屋安家，自己轻装上阵，继续护送宋高宗南行。宋高宗绍兴三年（1133），王皋辞官隐居荻扁家中。绍兴二十六年（1156）九月十七日在家病逝，前后安居荻扁二十四年。墓葬于离家不远的长洲县益地乡下十七都床字圩东（今苏州市相城区太平街道旺巷村里河潭兴隆桥西旁），其三个儿子均葬于此。

长子王易，字吾置，袭授太尉，徙昆山沙头（今苏州太仓沙溪镇），为东沙支祖；仲子王铎，字吾护，官任检校尚书郎，守荻扁父业，在阳澄湖沙头，为中沙支祖；三子王胤，字吾曾，官任显谟阁直学士，徙无锡沙头，为西沙支祖。东、中、西沙三支祖合称三沙王氏。

---

① 吴建华：《明清江南人口社会史研究》，群言出版社2005年，第68、71页。

② 《王氏三沙全谱》卷首《始祖世德传·四四公》，清光绪二年（1876）。

太平成为南渡三沙王氏祖地，王皋就是三槐堂南渡三沙王氏始祖。

北宋末，都城汴京的三槐王氏王皋南渡长江，定居苏州荻扁，于是成为祖宅地。这是以苏州地理方位为中心的，由王皋三子分居，后世逐渐形成东、中、西三大支派。三沙王氏继续高扬三槐大旗，编纂《王氏三沙全谱》，仍名三槐堂（少数用槐荫堂等），而非三沙堂。因此，从三槐王氏到三沙王氏，谱系一线相承。汴京槐堂、荻川三沙，分属三沙王氏的两个阶段，均是三槐堂王氏，作为中华三槐王氏的重大分支。后世称“荻扁周京”：“荻扁，吾宗之周京也”①，视荻扁为三沙王氏的“周京”，体现出对其祖居地的尊崇，呈现了荻扁作为三沙王氏中心的凝聚力。

以下为三沙王氏世系简单脉络：

黄帝……（周）后稷……周灵王太子王晋（字子乔，第1世）……（秦）王威（第17世，太原王氏始祖）……（隋）王通（第42世，文中子）……

——（后唐）王言（第49世，黎阳令，入居今山东莘县，葬群贤堡，宋封许国公，尊为三槐王氏始祖）

——（后晋）王彻（第50世，后唐状元，左拾遗，宋封鲁国公）

——（北宋）王祐（第51世，兵部侍郎，居汴京，宋封晋国公，实际三槐王氏始祖）

——王旦（第52世，进士，宰相，谥文正，宋封魏国公）

——王素（第53世，进士，工部尚书，谥懿敏）

——王巩（第54世，字定国，太常博士）

——（南宋）王皋（第55世，王巩四子，官殿帅府太尉、柱国、太傅，移居并安葬于长洲荻扁，为三沙王氏始祖）

——王易（第56世，字吾置，王皋长子，官太尉，袭柱国、太傅，徙居昆山沙头，为东沙支祖，葬荻扁父茔）

——王铎（第56世，字吾护，王皋次子，官检校尚书郎，守荻扁父业，阳澄湖边沙头，为中沙支祖，葬荻扁父茔）

——王胤（第56世，字吾曾，王皋三子，官任显谟阁直学士，徙居无

① 《王氏三沙全谱》卷首，王时霈：《中沙荻扁派白鹿支世系表》，清光绪二年（1876）。

锡沙头（今无锡市滨湖区雪浪街道南泉社区），为西沙支祖，葬荻扁父茔）

（二）三沙王氏始祖王皋

王皋的事迹不见于《宋史》等正史记载，但三沙王氏家谱中转载了南宋吴县人、官至参知政事的著名诗人范成大所撰的《太傅公传》，以后的苏州地方史志对王皋也有些记录，张英霖称苏州人没有忘记王皋①。

无论史料记载的情况如何，都掩盖不了其曾经有过的非凡人生。因为三沙王氏子孙繁盛，三槐王氏家风一线传承光大，都恭奉其为三槐王氏南渡的三沙王氏始祖。

范成大撰王皋《太傅公传》：

公讳皋，字子高，汴之开封人。以太师、中书令、魏国文正公旦为曾祖，以工部尚书、懿敏公素为祖，而懿敏之四子、太常公巩，则公父也。太常坐苏轼诗案，贬海上，生公贬所。

公幼岐嶷，修体丰干，棱棱然具丰骨。及长，气节激烈，以忠孝自矢。时太常公自海上召还，益旷放，跌宕诗酒，与诸名士游，唱和赠答无虚日。公独博涉典籍，多读经济书，毅然以天下事为己任。

政和七年（1117），以荐拜少府监，寻迁殿中丞。道君皇帝（宋徽宗）录用名臣子孙，迁右谏议、吏部郎中、权判开封府。

靖康之季，金逆南犯，入汴京，议立异姓王。时雍（同拥）以张邦昌名入议状，公与张叔夜持不署名，且移书金营，请立太子。金将粘没喝闻公名，以兵劫之，令之拜，公厉声斥曰：“吾王文正公子孙，岂拜贼耶！死即死耳，异姓必不可立。”大呼者数，金人色沮。

先是，哲宗皇帝后孟氏，为群小所拘（构）陷，以祷祠事坐诬，废，居瑶华宫。及二帝北狩，金人卒册张邦昌为楚帝，使主社稷。金人退，邦昌方僭伪号。公谓之曰：“赵氏不可绝，大位不可假，宫禁不可处，勤王兵且至，丧无日矣。元祐皇后在，盍奉之，庶免咎戾？”邦昌不可。公以大义反复折之，至数百言。会吕好问、马绅亦上书邦昌，极论顺逆利害，邦昌气夺，遂

① 参见张英霖：《关于王皋事迹的史料探索》，载《首届太平桥民间文化旅游节暨王皋生平事迹研讨会纪念册》，2009年，第44-53页。

率诸臣奉皇后垂帘东京。公招集离散，缮备城郭，以图后举。康王抅（构）在济州，兵势大集。公白太后，颁诏示中外，令康王即位。其略云：历年二百，人未知兵；传序九君，世无失德。虽举国有北辕之衅，而敷天同左袒之心，乃眷贤王，越居旧服。汉家之厄十世，宜光武之中兴；献公之子九人，惟重耳其尚在，兹乃天意夫，岂人谋？

靖康二年（1127）五月，康王即位于应天，改元建炎。使使告太后。公喜曰："天下有主矣。"因白太后撤帘，遣侍御史吕好问以手书诣应天。时上治兵扬州，遣副都指挥郭仲荀诣东京奉迎太后。太后遂如扬州，带甲满野，道路梗塞。公遂举室扈跸南下，与仲荀戎服侍左右。后至扬州，上迎谒道左，后涕泣慰劳。上亦悲不自胜，群臣感动，有泣下者。公以戎服见上，上旧习闻公名，温语奖谕，礼赐有加，遂拜殿帅府太尉。寻上奉太后还建康行在，称隆祐太后。赐公第宅一所，以奖成劳。

绍兴三年（1133），从驾幸明州。扈从统制苗傅、刘正彦作乱，劫上传位太子，请隆祐太后临朝。公愤甚，以力不能讨，遂星驰如平江，会张浚、吕颐浩师勤王。苗傅、刘正彦南走，上复位，论反正功，晋柱国、太傅，仍赐公世秩。公感激涕零，屡乞自效。

金使以太上皇帝手书至，公恸哭失声，亟请上出师，复中原，迎二帝，而柄人且主和议，请定都临安，除行在二字。公怫然曰："西湖一洼水，何足济天下事乎？吾亦从此逝矣！"遂弃官，隐苏之荻扁家焉。故旧僚佐，屏不与交接。尝葛巾野服，从小奚奴，治舴艋，往来吴山越水间，与樵夫、渔父相狎侮，罕有知其为隐官者。上念其功，数强起之，辞疾不拜。寻以寿终。

公生于元丰四年辛酉（1081）二月初二日，卒于绍兴二十六年丙子（1156）九月十七日，葬苏之益地乡十七都东。

原配赵氏，继邢氏，俱累赠国夫人。子男三人：易，袭授太尉；铎，尚书郎；胤，官显谟阁直学士。

公性鲠直，与人言，侃侃不少贬，同列多不甚协。归田后，国史少书其功，其勋业无得而称焉，乃因其少子胤之请，而为之传。

论曰：往予尝入史馆，靖康、建炎间以功书者何多也，曾未有齿及王公者。及公家荻川，与石湖相望，乐数晨夕，因得详公之生平。《易》曰："遁世无闷，有功而不伐。"其王公也欤？孟子云："尽信书，不如无书。"盖史氏之诬也久矣。①

从这份传记中，可知王皋天性耿直，光明磊落，在二宋国难家亡之际，挺身而出，爱国忠义，深深以王文正子孙为荣，临危不惧，历经坎坷，保宋室，斥叛逆，助平叛，大是大非分明，与投降派势不两立，宁愿归隐退居，立身清明，传家清贫，也不趋炎附势，谄媚求荣，以至于遗臭万年。这一立身处世的正举，无疑深刻烙印在三沙王氏子孙的心灵深处，成为三沙王氏家教家风的根基，任凭时代风云变幻，三沙王氏均有承载中华优秀文化精华的闪光之处，出现英豪人物、正人君子，这也是三沙王氏能够独立发展壮大的内在基因。

《王氏三沙全谱》也有《始祖世德传》，估计是元末明初王允和开始就传下来了，其中称王皋为"四四公"，"南渡一世祖也，世居汴东开封府开封县新里乡大边村"②，与迄今所知的开封三槐故宅与祖茔地都是一致的。

三、三沙王氏繁盛

人口与人才是衡量一个望族的基础。三沙王氏自王皋开始，经过十代繁

---

① 《王氏三沙全谱》卷首，范成大：《太傅公传》，清光绪二年（1876）。此传独存三沙谱，许多三沙支谱载录传承。范成大（1126—1193），绍兴二十四年（1154）中进士，历官史馆、参知政事，归石湖，与王皋最有可能的交集只有中进士后的两年之内，参见富寿荪标校《范石湖集》前言，上海古籍出版社 2006 年，第 1-2 页。张英霖认为，王皋在二宋之际，在开封时官职不高；担任殿帅府太尉，也是虚衔荣阶，没有实权，故而《宋史》无传也属于正常。惟有子孙世代记述其功勋事迹。参见张英霖：《关于王皋事迹的史料探索》，载《首届太平桥民间文化旅游节暨王皋生平事迹研讨会纪念册》，2009 年，第 44-53 页。

王皋有三子，无女儿，更无女婿秦桧。具体学术考辨见梁白泉：《初议王唤其人》，《三槐堂文史研究》第 3 期，1996 年。王听兰则进一步申辩，认为误传王皋女儿王氏嫁秦桧，极大地影响了王皋的声誉及其墓地作为文物保护单位的合法保护。见王听兰《王皋的丰功伟绩与坎坷经历 呼吁加强对王皋遗迹文物的保护》，载《首届太平桥民间文化旅游节暨王皋生平事迹研讨会纪念册》，2009 年，第 27-34 页。又可参见陆永文《关于宋太尉王皋墓遗迹简介》，《三槐堂文史研究》创刊号，1995 年，第 19-20 页。

② 《王氏三沙全谱》卷首，《始祖世德传 · 四四公》，清光绪二年（1876）。

衍，人口已经具有规模。

（一）三沙王氏人口增长（1—11 世）

根据光绪二年丙子（1876）《王氏三沙全谱》第一到第十一世的总世表，我们统计出了三沙王氏世代人口增长情况。

表 1-4　三沙王氏世代人口增长表（1—11 世）

世代	男子数/人	增长率/%	世代	男子数/人	增长率/%
第一世	1		第七世	45	21.62
第二世	3	200	第八世	66	46.67
第三世	8	166.67	第九世	71	7.58
第四世	18	125	第十世	84	18.31
第五世	31	72.22	第十一世	116	38.1
第六世	37	19.35	总计（第一至十一世）	480	43.64

资料来源：王钟《王氏三沙全谱》“宋南渡王氏三沙全谱世系表”，清光绪二年(1876)，第 1-26 页。

说明：第三世有女儿 3 人，第十世有女儿 5 人，第十一世有女儿 3 人，其他均未记载。

从王皋一人之身开始，到第十世，男性总人口为 84 人，开创了一个新的三沙王氏时代。与王祐创始三槐、上托其祖王言相比，具有极大的相似性(84 人∶74 人)，传统中国社会的人口增长规律由此可见一斑。从第一到第十一世，三沙王氏男性人口的世代增长平均为 43.64%，不仅超过了一般每代增加三分之一（33%）的认识，而且高于上文所得北宋三槐王氏世代男子人口增长，的确是很快的。

三槐王氏在第十世之后的世代男性人口增长，包括三槐三沙王氏在内，其总数之庞大，可想而知。而三沙王氏世代男性人口的稳步增长，其数量从光绪丙子统谱上参与的宗支来看，也可窥见其一斑了。

三沙王氏人口的基数持续增大，决定了其人才兴起的数量多少和家声壮大的潜力，同时使其支派分立愈加增多。

（二）三沙王氏支派繁衍

由已知的信息可知，自南宋到晚清时，三沙王氏至少分布在江浙十七邑，实际上不止。从光绪时期丙子（1876）和丙午（1906）三沙王氏两次所修的《王氏三沙全谱》来看，三沙王氏支派林立，星罗棋布。

依据清光绪丙午《王氏三沙全谱》所记三沙王氏各记派总目（支派名目详见下文），可以作出如下统计表。

表 1-5　三沙王氏 1906 年已修未修支派数量表

名称	已修支数	已修率/%	未修支数	未修率/%	共计支数
东沙支派	63	61.76	39	38.24	102
中沙支派	33	61.11	21	38.89	54
西沙支派	151	85.31	26	14.69	177
共计	247	74.17	86	25.83	333

资料来源：王慰祖：《王氏三沙全谱》，清光绪三十二年（1906）。

清宣统辛亥（1911）初夏，西沙二十六世裔孙王慰祖作《王氏三沙支派已修未修总目考》，说："道光乙酉（五年，1825）旧乘计百七十余支，汇而合修者百有十支，其未修各支则附列于后。迨咸丰乙卯（五年，1855）续修，得一百三十余支，皆八十帙。光绪丙子（二年，1876）则已加至二百余支，为卷百二十四。是牒发端于光绪丙午（三十二年，1906），告成于宣统辛亥（三年，1911），细查乾嘉道咸老谱，悉力搜罗，则又加详焉。统计编入者三百有余支，为帙一百七十，而未修各支则择其彰彰可考者，亦酌为添列，以便将来易于稽核，至踵事增华，获成全帙，一无遗漏之憾，尚望后之君子以补余之不逮焉。"①

① 《王氏三沙全谱》卷首，王慰祖：《王氏三沙支派已修未修总目考》（清宣统三年，1911），清光绪三十二年（1906）。清光绪二年（1876）中沙宜兴《荆邑堰口王氏宗谱》明确记载，苏州吴县洞庭东山莫釐王鏊家族、太仓娄东王锡爵家族，都是三沙王氏分支。太仓王原祁在清康熙年间以东沙王氏身份，和中沙王省、西沙王云锦一起参与对王皋祭祖、立碑的活动，表明认同王锡爵家族的东沙王氏来源，本书因而一起汇入研究。然而，该支没有参与过《王氏三沙全谱》汇纂，现存宗谱有清乾隆时期王瑸进士修谱和民国续补稿本，王瑸质疑自己的王皋东沙后裔来源，认为混淆了自己祖上的元季南迁与北宋末南迁。见抄本《娄东太原王氏宗谱图卷》，乾隆三十四年（1769）十五世孙王宾（瑸）：《凡例》。此书承张嫣楠助访而得，志此鸣谢。莫釐王氏历次修谱至今，对于自己的祖源一直恪守明成化年间王鏊父子初修宗谱时的慎重做法，认为先人于北宋末自开封南迁洞庭东山，不及西山，而上世不知，没有参与汇入《王氏三沙全谱》。

据此数据和上表 1906 年的统计数，我们可以做出清代三沙王氏支派增加情况的统计。

表 1-6　清代三沙王氏支派增加统计表

纪年	公元	支数	增加率/%	汇修支数	增加率/%	谱帙【册】数	增加率/%
乾隆		不详		不详		不详	
道光乙酉	1825	170+	—	110	—	80	—
咸丰乙卯	1855	130+	-23.5	不详	—	80	0
光绪丙子	1876	284	118.46	224	—	124	55
光绪丙午	1906	333	17.25	247	10.27	170	37.1

资料来源：王慰祖：《王氏三沙全谱》，清光绪三十二年（1906）。

具体参与和未参与三沙王氏统谱纂修的分支，1906 年《王氏三沙全谱》有二十六世裔孙王慰祖编辑的记载，经过分别核对，情况如下：

东沙记派已修 63 支，未修 39 支，共 102 支。

已修支派：

（1）长泾九曲桥支。

（2）南汀河安家巷支。

（3）王墅湾徙崔家湾支。

（4）古塘各支。

（5）古塘分杨家圩支。

（6）古塘分仓桥娄巷支。

（7）古塘杨家圩分林庄支。

（8）华塘江阴中街支。

（9）古塘分瑶岸、曹庄、上车场、锡城华德桥、中市桥、西唐市。

（10）五牧下塘后杨村支。

（11）万岁桥牌楼下、吴巷头、柴家坝、下沿巷支。

（12）万岁桥分渡马桥、北涸小坝桥、富安山下西村、顾山邓家衖、跨塘桥王市庄、常熟港下、油车王巷、北涸街、无锡北塘接官亭后。

（13）蓉湖三塘支。

（14）常熟山塘支。

（15）筑塘南山头支。

（16）社埄支。

（17）菱岸支。

（18）菱岸分王典桥支。

（19）黄泥埄支。

（20）瞻桥各支。

（21）瞻桥分张泾桥、田里四房、包家小桥、江阴巷石柱下。

（22）天授乡庄前支。

（23）天授乡唐巷支。

（24）新安徐甲子巷、旺相桥、风吹渡、金陵回锡、张六叉桥、王板桥河南巷。

（25）新安王板桥、金邑薛家渡、溪西、梅村、高氏桥、陆庄桥蒋巷、华大房庄、姑苏回锡华大房庄、王巷上湾里、岸泾头、三房桥、西庄巷、塘上三房桥。

（26）新安蒋洞桥、陆庄桥王克绍巷、溪东、溪西前张巷、大树下毛巷、溪东邢仓桥、溪东墩上。

（27）顾码头支。

（28）射弓嘴支。

（29）白沙圩杨巷支。

（30）堰头东湖塘支。

（31）杜家桥王家巷支。

（32）曹庄支。

（33）前山东坊庄支。

（34）清水洞桥支。

（35）栏杆桥西庄河头支。

（36）顾山庵西支。

（37）宛山荡南浦巷支。

（38）常熟祈村迁夏庄支。

（39）大河头石塘湾支。

（40）富安山下支。

（41）下高奚村支。

（42）历村景巷支。

（43）安阳山上阳庄支。

（44）长寿高头支。

（45）西漳小园王家岩（宕）支。

（46）寺头西坝支。

（47）王家峰支。

（48）钱桥支。

（49）青苔河支。

（50）鹅湖支。

（51）鹅湖分苏团桥支。

（52）金邑北门长安桥支。

（53）后竹场合分回龙桥支。

（54）后竹场分西漳牌楼下支。

（55）水沟头陈巷支。

（56）甘露镇支。

（57）甘露镇分常郡东仓桥、锡邑城内书院弄、锡城北门外后祈里毛祥弄。

（58）太仓迁虞支。

（59）徽州迁回常熟支。

（60）陆家桥徙索三房巷支。

（61）界泾分圩家坝、段塘桥虎家巷、羊尖、王家小桥、带钩桥。

（62）常熟卢庄支。

(63) 唐沙各支。

以下未修：

(1) 昆山沙头支。

(2) 长沙山南滗支。

(3) 太仓在城头支。

(4) 东西两洞庭支。

(5) 太仓半泾支（在太仓州东北十五里）。

(6) 木渎镇支。

(7) 常熟尤泾支。

(8) 阳邑龙潭支（在芙蓉圩鳌鱼背上，近横山桥，即东帚）。

以上"本朝"（清朝）未合。

(9) 界泾支。

(10) 菱岸分黄泥坝支。

(11) 前旺西小陈巷支。

(12) 北渚河南村支。

(13) 砂山万安桥支（祠在华墅）。

以下两次未修：

(14) 斜坝头支。

(15) 江阴横河支（宝池支之通称）。

(16) 江阴马嘶镇尧泾支。

(17) 筑塘南北祠尧泾华墅、王庄支。

(18) 江阴华塘、蓉湖、在城合支。

(19) 常邑东河下支。

(20) 兴隆桥支。

(21) 江邑唐沙各分支。

以下四次未修：

(22) 龙潭头分支。

(23) 宜邑后庄支。

(24) 苏郡关北九图圩支。

（25）江阴夏港镇支。

（26）阳邑虞桥石牌头支（与洛阳相近）。

（27）江阴葫桥镇一堡王家村支。

（28）江北泰州支。

（29）江阴大昆巷支（祠在南门外）。

（30）常州芙塘桥滩上王家及何留墅支。

（31）常熟昆湖滩七星桥、徐家浜支。

（32）常熟西门外烧香浜支。

（33）昆山莼菜桥支。

（34）苏州广福葛舍桥支。

（35）如皋刘家沙支。

（36）望亭支。

（37）江阴横河檐头巷河湖支。

（38）江阴谢家桥黄泥坝支。

（39）浒墅关支。

中沙记派已修33支，未修21支，共54支。

已修分支：

（1）荻溪老基支。

（2）荻扁派陈家桥支。

（3）荻扁派蠡墅镇支。

（4）鸿山北支。

（5）陶店桥支。

（6）（梅里）湾桥支分大踏渡、南河桥后房巷、砑石塘泾湾、曹祥巷、陈家湾、周巷、王家桥、三家村。

（7）湾桥家镇、王家坝、白丹山、章家巷、北蒋巷、王家河头、大河头、袁家巷、胶山后大河头。

（8）鸿山南王石衖支①。

---

① 即鸿山南王宅街。

（9）湾桥派顾庄支。

（10）湾桥派北观庄支。

（11）湖塘里王家村支。

（12）郭舍派水潭本巷、澄塘坝、王七房、锦阁村、湾背塘岸、金家桥、戴家湾。

（13）郭舍派徐巷、梅头巷、女平桥、跖墓本巷、省渡桥、省渡桥分长泾东街、省渡桥分墙东、省渡桥分九曲桥、省渡桥分北涸东街。

（14）郭舍派长寿支。

（15）六区桥田舍头大房、二房、双车垛、河头三房、新谷圩。

（16）六区桥黄渎岸、高埄头、高沟村、南街。

（17）湾桥派江阴后塍、怀仁乡年余荡桥。

（18）宜邑祝科支。

（19）荆溪川埠支。

（20）荻扁派厚桥支。

（21）啸傲泾彦洋公支。

（22）荆邑堰口支。

（23）宜邑洋堰支。

（24）横泾旗杆下支。

（25）石桥头范巷支。

（26）蕫塘桥西村支。

（27）走马塘支。

（28）板村西仓头支。

（29）荆邑上城圩支。

（30）阳湖礼嘉桥支。

（31）江邑季庄支。

（32）江邑朱家冲支。

（33）江邑白鹿支。

以下未修：

（1）吴县西华支（在窑里对岸太湖边）。

（2）常郡在城支。

（3）苏州黄埭镇陆安庄教车里支。

以上“本朝”未合。

（4）荆邑谢庄支。

（5）靖江东双港支。

（6）五木北濮巷支。

（7）宜兴尖圩及龙亭支。

以下两三次未修：

（8）宜邑梧村支。

（9）崇明居家镇支。

（10）白鹿派常熟福兴沙、福东沙支。

（11）方海渡支。

（12）泰兴古塘支。

（13）江邑清化支。

（14）宜邑滆南支。

（15）阳湖南宅及大蒲岸支。

（16）江邑南桥支。

（17）阳邑张墅支。

（18）江邑华墅支。

（19）常熟梅李碧溪市支。

（20）宜邑管场村支。

（21）望亭绰干桥铁匠浜支。

西沙记派已修151支，未修26支，共177支。

已修支派：

（1）开化沙头派六店桥青庵堂浜、颜巷、坊桥仙河头、王浜兜、方泉大房庄上、桥头、尚库桥西泾头、庄上、北龚支。

（2）方泉二房、三房、小三房支。

（3）鱼行桥支。

（4）王宅嘴支。

（5）南津下支。

（6）堂前支。

（7）白茆支。

（8）烧香浜支。

（9）东浜头支。

（10）马浪头徒杨浜兜崔巷支。

（11）方湖寺后支。

（12）方湖寺后底水车头支。

（13）西章村分李家桥支。

（14）毛坟桥邵湾里支。

（15）苏郡常邑金墅支。

（16）漆塘支。

（17）更楼桥殷巷大坟头支。

（18）河潭桥后洪王家庄支。

（19）走马埄支分横浜兜支。

（20）梁塘桥支。

（21）万思桥支分北七房支。

（22）青祈南塘支。

（23）杨（扬）名青祁支。

（24）张桥港合祝埭桥、北桥头、陈姓桥朝西巷、蒋洞桥乌金浜、毛坟桥郁巷、关家桥、万泾桥、船车浜、坳西坊前、画师桥李巷、蒋巷寺前、陈姓桥、西泾头、新安老人桥支。

（25）北庄西巷支。

（26）秀才浜合山东下张巷、宋巷、西吴（湖）塘大溪桥、东湾里、席巷、王湾里、小南山支。

（27）烧香浜分阳春桥支。

（28）观庄分中桥仙河头支。

（29）观庄分跨塘桥分王沿坝、分瞳桥支。

（30）九里泾支。

（31）东亭支。
（32）江溪桥、西北塘桥下、邢市桥、金邑北塘、鲍巷合支。
（33）锡邑在城支。
（34）锡城填基浜神仙桥支。
（35）北塘煤场弄口支。
（36）锡城大市桥支。
（37）安镇三省支。
（38）亭子桥大桥衖支。
（39）锡邑在城、西门支。
（40）羊尖合锡城西横街、道场巷支。
（41）北门外横浜口支。
（42）坝后合真应道院巷支。
（43）王家堰分村东支。
（44）鸡坑分陡山丁塔、后坊桥支。
（45）贝沙桥油车浜支。
（46）西胶山西山下支。
（47）马塔浜分姚巷支。
（48）吴县长山乡窑里支。
（49）窑里合铜坑支。
（50）窑里迁锡城支。
（51）江阴荡南支。
（52）南长街支分槐家桥支。
（53）糜巷桥支。
（54）金城湾朝东巷支。
（55）北岐头合西曹支。
（56）鸡坑孙家湾、丁昌桥支。
（57）扬名北庄支。
（58）北庄小岸头支。
（59）南桥高车渡支。

（60）大涧桥支。

（61）前洲朱家浜支。

（62）朱家浜分北岐头支。

（63）澄江支。

（64）江阴旸岐支。

（65）小坟王家村支。

（66）江阴北庄支。

（67）陡山中巷支。

（68）王家参桥支。

（69）黄泥湾桥支。

（70）东房桥西宅支。

（71）严家浜支。

（72）进昌桥曹李巷支。

（73）坊前六国桥支。

（74）大仁巷支。

（75）梅里俞巷支。

（76）关桥柳巷林家巷支。

（77）泾头浜支。

（78）坊桥大房、二房、三房、下庄、角里支。

（79）坊桥下场渡支。

（80）张王街支。

（81）草墙门支。

（82）丁塔上场沿扒宕董巷、堰桥王母孙支。

（83）杨巷分西胶支。

（84）陡门杨家桥大孙巷、丁山支。

（85）常熟宛山支。

（86）宛山派树巷支。

（87）尧湾闾江照天湾支。

（88）孔山支。

（89）孔山分连杆支。

（90）长漕支。

（91）席岐庄支。

（92）席岐尤巷支。

（93）阚庄支。

（94）陆居桥石场西塘支。

（95）上舍木杓斗支。

（96）石新桥西庄支。

（97）田庄张村庙下支。

（98）后村大小房支。

（99）丁塔派王家宕支。

（100）夏城荡支。

（101）泰伯乡观庄支分施家坝、鳌塔桥、鸿山东嘴、张公桥河东湾、大坝头、彭祖墩、后严、王二房桥、石柱头、参桥、高阡桥、鹅湖瑶湾、夏连桥、东山头、夏田桥黄泥埄。

（102）毛道桥张维桥支。

（103）周泾后单巷支。

（104）周泾王巷支。

（105）中村八千荡支。

（106）怀仁乡尖上夹山巷菰里、二房廊下支。

（107）甘露小桥分陈墅支。

（108）日晖桥四坝里支。

（109）富头浜支。

（110）徐家舍支。

（111）塘田里支。

（112）司马墩高田上支。

（113）堠山堰头探花墩小厍头、东庄分水墩蒋湾支。

（114）苏团里桥分唐公（桥）支。

（115）王泥湾支。

（116）仓下王巷支。

（117）高田岸支。

（118）石埭桥支。

（119）严埭钱巷支。

（120）西北塘钱巷支。

（121）芙蓉山大河头蒋巷支。

（122）东北塘王巷支。

（123）雁荡支。

（124）雁荡分小南坝支。

（125）刘唐桥贲巷支。

（126）江阴在城善政桥支。

（127）丁岸桥王家湾支。

（128）北外君山支。

（129）宝池王家巷支。

（130）顾家桥支。

（131）贲巷分湛垛坝支分西丁村支。

（132）大岸桥支。

（133）南门下塘大码头支。

（134）刘潭桥癞团嘴支。

（135）王庄桥大朱巷支。

（136）刘潭桥岸里支。

（137）丁塔分靖江支。

（138）赤湖荡马盘里、西村支。

（139）排舍支。

（140）潭塘桥东石园支。

（141）马塔浜张珍桥、盛巷、青匠桥、北王桥支。

（142）塘头大、二、三、四房支。

（143）前旺西后桥支。

（144）宜邑褚村支。

（145）古塘堜支。

（146）西员照支。

（147）荆溪桃花圩支。

（148）鹅子岸支。

（149）荆溪凌义渎支。

（150）四堡里万上桥支。

（151）万安桥支。

以下未修：

（1）王家堰分石泉支。

（2）王家堰分刘家支。

（3）靖江侯河市支。

（4）泰伯乡长田岸支。

（5）观庄王二房桥支。

（6）司马墩支。

以上此次未修。

（7）戚墅下塘梅公桥东庄支。

（8）望亭南吴家店支。

（9）望亭蠡尖头支。

（10）浒墅关北新桥下塘长塘支。

（11）嘉定县外港镇支。

（12）木渎柴场村支。

（13）苏州永仓东镇支。

（14）苏城祥符巷支。

（15）苏州广福后巷支。

（16）常州卜圩桥支。

（17）长安桥支。

（18）江阴马家湖支。

（19）横塘镇八堡里元塘支。

（20）江阴东常支。

（21）吴县渔洋山后支（香山塘门蒋墩）。

以下四次未修：

（22）苏郡皋桥头支①。

（23）梓堰桥支。

（24）下垫司徒桥王庄合支。

（25）常熟在城支。

（26）长洲县下墅支②。

（三）三沙王氏人才兴旺

南宋迄今，三沙王氏人才辈出，十分兴旺。从科举仕宦，到农工商（如民国沪上巨贾王尧臣、王禹卿兄弟），涵盖医术、艺术、文教、科技、社会等方面，伟业英才，比比皆是。传统时代被视为臻于最高境界的宰相勋业（王锡爵、王掞祖孙大学士）、状元文章（王云锦），都已达标，可谓箕裘相继（前有王旦宰相、王彻状元），子孙无愧于先祖，还有王撰、王会汾被荐博学鸿儒，至今院士衔接，如王选、王志珍院士。此外，像人民音乐家王莘，文史家、出版家王伯祥，理论家、书法家王忍之，诗人、书画家王西野，文献学家王绍曾等，都极大地弘扬了三沙王氏文化，提高了三沙王氏的社会声望。

三沙王氏承接三槐王氏科举兴盛的传统，俊秀士子读书科考，取得了丰硕的业绩。宋元时期的进士不大容易认证，姑且将明清时期已知的三沙王氏进士从进士题名录中挑选出来，以观其兴盛之一斑。

据不完全统计，明清时期，三沙王氏进士有以下数名：

明清东沙太仓娄东王氏自王锡爵开始，进士绵绵不绝，共出十七名文进

① 据民国皋桥支谱，该支参与了统谱合修。

② 上据清末三沙丙午（1906）、参考丙子（1876）全谱核对为准。有的支派没有列入，如太仓娄东在城支、湖州长兴尚儒支（洪武始修谱）。王听兰主编：《三槐王氏总谱》（北京燕山出版社2015年），收录三沙王氏支派多达526支，其中东沙123支，中沙112支，西沙291支，更多支派已被列入，范围远远超出丙子、丙午谱，像江西赣县、甘肃金城都有了支派。现今确认中沙王义坊支王百三之后，分布远及浙江永康。

十、一名武进士，成为天下闻名的科举宦族。①

王锡爵，直隶太仓州，明嘉靖四十一年1甲2名。

王鼎爵，直隶太仓州，明隆庆二年2甲9名。

王衡，直隶太仓州，明万历二十九年1甲2名。

王玑，直隶太仓州，明崇祯十三年武进士。

王揆，江南太仓州，清顺治十二年3甲53名。

王掞，江南太仓州，清康熙九年2甲11名。

王原祁，江南太仓州，清康熙九年2甲20名。

王奕清，江南太仓州，清康熙三十年2甲8名。

王謩，江南太仓州，清康熙四十五年2甲40名。

王昭被，江南太仓州，清康熙四十五年3甲7名。

王奕鸿，江南太仓州，清康熙四十八年3甲17名。

王时宪，江南太仓州，清康熙四十八年3甲65名。

王遵扆，江南太仓州，清康熙五十一年3甲87名。

王宬，江南镇洋，清乾隆七年3甲152名。

王文徵，江南镇洋，清乾隆十七年3甲137名。

王瑸，江南镇洋，清乾隆三十四年3甲29名。

王寿枏，江苏镇洋，清光绪三年3甲87名。

---

① 清乾隆时期，娄东王氏进士王宾（瑸），曾经考辨质疑自己非三沙王氏："吾家始迁著藉，旧传自宋南渡，故通族状述因之。按求二公始迁松江府，求一公始迁乐智乡，即今娄地。两公遭'红巾贼'乱，割据河南，故有是迁。考《元史》'红巾贼'刘福通据河南乃至正十一年（1351）事，又叔昭公配刘，生元乙巳（至正二十五年，1365），去始迁公仅三传，距'红巾乱'甫十四年耳，则始迁断自元代，非宋南渡也。矧始迁之下至（王）宾十五世，若宋南渡，岂止此耶？或由中州南迁，遂讹南渡耳，兹编特为考定。"见《娄东太原王氏宗谱图卷》乾隆三十四年（1769）十五世孙王瑸：《凡例》。

而之前"通族状述因之"，一直认为自己出自三沙东沙。譬如，王原祁与西沙王云锦、中沙王省等人，一起参与康熙四十七年（1708）三沙共祭太祖太傅王皋的活动。见《王氏三沙全谱》卷首《碑铭》，王云锦：《祭太傅公文》，清光绪二年（1876）。王掞与东沙江阴南城王氏来往密切，称道本宗，见有《子遇宗翁六十寿序》，首称："余宗系本太原，支分派衍，遍满吴下、娄水、云间以及晋陵诸地，各有表著，为海内氏族之望，而一支在澄江，亦子姓繁盛，世以儒雅显，故江上称世家者必曰太原王氏云。余曩以试事，扁舟往来，登君山之巅，眺览大江，万里沧波，空明一色，因窃以为生斯地者必有奇伟非常之人，山川灵异之气相应而兴，常从而求之，则未有如余宗之子遇君者矣。"见《东沙王氏江阴南城支谱》卷八，2019年，第64页。

王祖畲，江苏镇洋，清光绪九年 3 甲 93 名。

东沙明代无锡王召、王问兄弟，王问、王鉴父子进士。

王召，直隶无锡，明嘉靖二年 2 甲 3 名。

王问，直隶无锡，明嘉靖十七年 2 甲 18 名。

王鉴，直隶无锡，明嘉靖四十四年 2 甲 17 名。

明清无锡仓下王氏抱养裘姓子，崛起为科举望族，进士不断，民国、新中国涌出王选等院士三名，成为三沙“裘王”一支名家。

王表，直隶无锡仓下，明嘉靖八年 2 甲 43 名。

王立道，直隶无锡仓下，明嘉靖十四年 2 甲 38 名。

王永吉，直隶无锡仓下，明天启二年 3 甲 41 名。

王永积，直隶无锡仓下，明崇祯七年 2 甲 50 名。

王宽，江南金匮仓下，清乾隆三十一年 2 甲 13 名。

王寰，江南金匮仓下，清乾隆五十五年 2 甲 9 名。

王綍，江苏无锡仓下，清同治二年 2 甲 60 名。

王讷，直隶无锡西沙，明正统四年 3 甲 39 名。

王云锦，江南无锡西沙在城支，清康熙四十五年 1 甲 1 名。

王会汾，江南无锡东沙鹅湖支，清乾隆二年 2 甲 39 名。

王谊，直隶江阴东沙祝塘，明天顺四年 2 甲 38 名。

王瑞之，直隶江阴西沙东常，明正德三年 3 甲 120 名。

王莘，直隶江阴东沙古塘，明正德十二年 3 甲 133 名。

王应辰，江苏江阴东沙古塘，清嘉庆六年 3 甲 33 名。

王之柱，直隶武进东沙羌坵，明万历四十七年 3 甲 77 名。

王沛献，顺天府昌平州（江南阳湖）东沙羌坵，清乾隆二十五年 3 甲 90 名。

王朝俊，江苏吴县西沙皋桥，清光绪二年 3 甲 123 名。

王嘉言，直隶江阴，东沙常熟山塘，明嘉靖四十一年 3 甲 65 名。

王羲民，直隶江阴，东沙常熟山塘，万历二十九年 3 甲 40 名。

王良臣，直隶常熟，东沙山塘，明万历三十八年 3 甲 32 名。

王运昌，直隶常熟（直隶江阴），东沙山塘，明万历四十七年 2 甲 35 名。

王梦鼐，直隶常熟，东沙山塘，明崇祯四年3甲91名。

王履昌，江南常熟，东沙山塘，清顺治十六年3甲107名。

王恪，江南昭文，东沙山塘，清康熙三十年武进士。

王恺，江南昭文，东沙山塘，清乾隆五十八年3甲29名。

王行俭，直隶宜兴，明崇祯十年2甲23名。

自南宋迁居浙江金华永康县象珠槐里的中沙王氏，明代文进士有三人：

王楷，浙江永康，明嘉靖三十五年3甲12名。

王世德，浙江永康，明万历二十九年3甲167名。

王世钫，浙江永康，明崇祯七年2甲30名。

由上明清三沙王氏部分进士情况，可以看到进士集中化十分明显，主要在几个分支之内，像娄东太仓支、无锡仓下支、无锡在城支、江阴支，并有同榜进士一家几次的盛事，而且其进士名次，除了鼎甲十分不易考取外，二甲名次靠前，甚至相同，这也非常难得。须知这是全国科考士子的公平竞争，这种结果充分展现了三沙王氏士子的文化素质和高超应试技巧。

东沙常熟山塘支明清进士多达八名（有的为江阴籍），其中文进士七名，武进士一名。在三沙王氏支派中，明清山塘王氏的进士人数虽然比不上太仓娄东王氏，却与西沙无锡裘王氏的七名均名列前茅。而且，东沙山塘王氏明清科举进士功名的一大鲜明特色是文武双全。这一点在东沙娄东王氏里也有所体现，但其十八名进士中仅有一名武进士，而东沙山塘王氏八名进士中就有一名武进士，并且，其明清的举人除了上述考上进士的之外，另有九名，其中文举人六名，武举人三名，一名由武举人官至明威将军，与其族内一名武进士官至明远将军不相上下。由此看来，东沙王氏科举文武齐备，堪称科举人才传承的一个特色。

三沙王氏注重教育，作育人材，不仅对己、对亲生子女要求严格，而且对于身边亲友也直接施加着影响。江阴古塘南城支王震，是书香门第，自己二十六岁成邑庠生，后议叙国子监典籍。其祖王大栋，国学生；父王芑，邑庠生。王震“广选古今文集以训其子”①，生子五人，除了次子幼殇外，都

① 《东沙王氏江阴南城支谱》卷八，陈爔唐：《姑丈篔轩王公传》，2019年，第87页。

能成才。其长子王尔珏，举人，宗学教习，候选知县加运同衔；三子王尔傅，候选县丞；四子王尔恪，国学生；五子王尔度，附贡生，广东候补盐大使。女二，都嫁邑庠生。就连寄子谢鸿诰也予以培养成才。谢鸿诰隶属于常州府江阴县长江对面的靖江县籍，“幼失怙恃，承寄父训，受业曹蔗畦夫子，隔江负笈来往维艰，四五年间，琐屑细故，劳寄母顾复者居多”①。谢鸿诰由王震与妻陈氏教养照顾，中清同治七年3甲13名进士，官农部。王震“长于知人，荫男鸿诰童试时，早深器之，后果成进士”②，换言之，打谢鸿诰小时读书应试，王震就看中他的举业潜力，因而为他聘请名师，悉心培养，终于成名。

王尔珏功名只及举人，但诗文很有成就。他于光绪丙子（二年，1876）始领乡荐，年已四十七岁，后自遭颠踣，绝意科名，退而训徒课子，虽严寒酷暑，娓娓不倦，成就后学众多。为文根柢六经，博综诸子，其精微之思，可追步方集虚（方棨如），而组织工丽，又能自出机杼。诗写性情，雅近元白；赋宗唐律，著有《南云书屋文集》二卷。③

康熙十八年（1679）、三十三年（1694），中沙王省二次纂修中沙支谱，已有十四支派。在他笔下，人才之盛，不无荣耀：

吾族圭组蝉联，伟人接踵。若相国，若大司寇，若少司空，若学士，若宫詹，若鼎元，若翰苑，以及司观察于一方，剖符竹于民社，黄甲贤书、图桥黉序之间，矜名节而通经术者，何啻数百余人？皇哉堂哉！太尉公、三沙公之祖功宗德成（诚）莫与京矣，子孙曷亦各励厥志，以继三槐之大业哉？”④

同时，对于子孙的上进，三沙王氏也寄予厚望，为子孙发展指明方向，增加其责任和使命感。在自宋至清的国史之中，三槐王氏列入《宋史》者有十多人，最为辉煌；明清时期，除了只是提到名字以外，三沙王氏列入《明

① 《东沙王氏江阴南城支谱》卷九，谢鸿诰：《寄母陈恭人七十寿序》（时在光绪四年九月二十六日），2019年，第14页。

② 《东沙王氏江阴南城支谱》卷八，陈爔唐：《姑丈篔轩王公传》，2019年，第87页。

③ 《东沙王氏江阴南城支谱》卷八，章钟亮：《少璞王先生传》，2019年，第94页。

④ 中沙宜兴《荆邑堰口王氏宗谱》卷一，王省：《重修中沙王氏族谱序》，清光绪二年（1876）。

史》传记的，有王逢、王穉登，王锡爵、王鼎爵、王衡兄弟父子，王绂，王问、王鉴父子等；列入《清史稿》传记的，有娄东王氏王时敏、王原祁及王掞父子等多人，还有无锡王日杏等。至于《江南通志》《苏州府志》及苏州、松江、常州、泰州、金华下辖县的地方志等的记载更是不胜枚举。

三沙王氏的进士、举人、生员和实任职官情况，因《王氏三沙全谱》是联宗谱，故而分支和具体记载非常不全不足。

三槐三沙王氏的家训和家风可以用“实面”加以概括，它直接北宋三槐最为辉煌时期的王旦文正遗训。

一、三槐王文正“至孝”“至诚”家训

王旦生前不仅立身处世、立朝当国，身为典范，而且留下《文正遗训》，以其丰富的阅历，贻赠子孙至关紧要的家教，形成家风，深刻影响了族人言行。《文正遗训》全文如下：

谨家谱，为孝之大。

谱图，祖父子孙相传世系、行名、字号，或绝继、迁徙，俱要开载明白。

朝命名文，如诰敕、碑记、诗歌之类，俱当考录传后。

坟墓松楸、祭田产业，一一考录存下。

祠堂祭器须随时随置，不许互相推委。凡借人私用者，是亵渎祖宗也，以不孝论。

子孙出入必告祠堂，朔望必须约齐拜谒，四时有祭，忌辰有奠。此大事，不可怠忘取责。

祖宗遗像、衣冠、书箱、器用，皆神灵手泽之所存，务要珍藏得好，方为至孝。

春秋祭扫，须有力者轮流主之。若无力，止清明一祭可也。

子孙无后者，当于行次该继者继之，不可以孙为子，以弟为兄，有乖名分。若异姓义男，紊乱宗族，此必妇人之见，合族攻之。至戒！至戒！

人家要子孙，为宗祀之重也。如妻不生子，当为置妾置

婢。再若不生，须以亲房侄继，挨次行之，方无争讼。

子孙不守士、农、工、商，而惑于僧、道及下流无耻，为人奴隶，犯奸作盗，致干有司杖徒以上，即削去其名，不许登谱，亦不许与祭宴之列。

子孙婚丧嫁娶，贫乏不能自举者，有力子孙当曲周之。若有被冤等事，力不能申理，代为申理，即祖宗在天，亦当鉴照。

冬至一节，宗长领子孙男女齐到祠堂，击鼓三声，参拜四礼，供献酌馔。礼毕，宗长坐于堂东，主妇坐于堂西，子孙男女分立左右，命子弟一人诵家训曰：“为臣必忠，为子必孝，为兄必爱，为弟必敬，为妻必顺。毋徇私以伤和气，毋因私故以绝恩义，毋惹闲非以扰门庭，毋耽曲糵以乱德性。有一于此，是悖祖宗教训，族共责之！”众一揖而退，饮酒分福，成礼而散。

冠礼，古人所重，须择吉，请老成人祝之、教之。女子之笄亦然。

男婚女嫁，自有常礼。与其择富，不如求贤。吾家宛丘旧邻胡氏巨富，许嫁女钱某。后因钱贫悔之，经讼不休。官府劝谕钱某别娶。后钱为江淮转运使，胡女顿贫，一夕恚怨而毙。此可为鉴戒也。娶妇亦然，贫家更知俭苦。子孙切记予言。

父母之丧，子孙只以哀痛为主，随力敛葬。如贫穷不任，族中有力者共乐助之。若不须人助，亦当从实从速，决不可久停在家。近日饮酒作乐，异端惑世，皆当痛戒。

祭礼在《记》中最为详确，只是子孙要至诚。盖诚则孝，孝则感通，神明可来，况祖宗一气乎？先贤有“穆如恫如”之说，极为可味。又曰“三牲九俎不如蔬食菜羹”，诚与不诚之故也。

宗祠须洁扫锁闭，要静安为上。宗人穷而无依者，酌与衣食，在近祠处居之，令其看守。

年幼子孙饮酒面赤者，不可令其入祠堂，恐开喧嚷不敬之渐。

子孙建神佛之宇，不若修其祖庙，余力及桥梁、道路，可也。

子孙有读书守分者，胙肉多分与之。

宗长处分子孙之事，只要均平，便无别说。《论语》“不患贫而患不均”，极是处置得法。

子孙入仕，须廉平忠厚。若以理去官，归来祭享，祖宗食之。即不入仕而能耕种生理，心力所至者，祖宗亦必食之。若系嗟来，祖宗不食也。

叔伯尊长当以教养子孙为务。若子孙不遵教训，强暴梗戾，轻则缚送祠堂笞责，重则鸣之于官，不可姑息涵容，以致稔恶贻累。

子孙时运蹇薄，理当赒助。若跑马、斗鸡、踢球、淫赌、歌唱、唬喇等事，此皆狂浪作孽，不知稼穑辛苦、生理艰难，不必资之以长其奸。

子孙之妇入门，第一要安详恭敬，恪守妇道。孝亲敬夫，以礼待娣姒，以勤治家，以恩抚卑幼，无故不许出门，夜行必先以烛。如有邪盗凶妒，且送还渠父母，令其改省。如有不悛，黜之可也。

诸女未行，当教谕其孝敬等事；若既嫁，不可常接归家，致渠好闲有倚，便生慝心，妨人家业。

子孙家政断不可与妇人商量，妇人决不许其得与外事。

此老夫灌灌之言，尔等记之。①

综观王旦遗训，谆谆告诫的核心价值可以概括为“至诚”“至孝”，实质上就是“诚”“孝”二字，致力于极致的境界，层次要求非常高。由诚而孝，再从孝而诚，二者关联、互通，循环往复，相辅相成。一切由诚、孝出发，无论居家睦族、做人处事，还是立朝为官，都不会做出被人鄙夷的丧失人格、逸出人伦底线之事，清风守素，安逸传世，足以凸显三槐王氏的独到门范家风。“这份家训，三槐王氏历代相传，奉为圭臬，成为维系家族的崇高族规，对三槐王氏的后代子孙产生了巨大影响”②，在中国家训史上有着不可动摇的地位。③

二、三沙王氏家谱编纂与文正家训的传承光大

王文正遗训，从诸多三沙王氏家谱来看，可以说得到了广泛传承。三沙王氏子孙的事迹和文字，许多直接提到文正家训或三槐精神的传承与发扬光

① 王梓材、冯云濠：《宋元学案补遗》卷三《文正遗训》，舒大刚、杨世文等校点，人民出版社 2012 年，第 164–166 页。

② 李贵录：《北宋三槐王氏家族研究》，齐鲁书社 2004 年，第 222 页。

③ 楼含松：《中国历代家训集成》，浙江古籍出版社 2017 年，第 140–143 页。

大，当然更多三沙王氏后人的务实作为中渗透了文正家训或三槐精神。

（一）三沙王氏家谱的汇修

三沙王氏无论是统谱还是支谱，历代编纂比较频繁，其中记载了许多家训家规，利于家教家风建设，为我们今天研探留下了珍贵的原始文献资料。

光绪二年（1876）《荆邑堰口王氏宗谱》记载了三沙王氏自从元进士王允和在明初洪武时期首修三沙王氏统谱以来，历次主要的修谱情况，现列表如下：

表 2-1　堰口王氏历朝修谱名次表

次数	朝代	纪年	公元年	修谱间隔	三沙分属	纂辑	备注
1	明	洪武十一年	1378		东沙	王永和	王省序。他谱作王允和
2	明	永乐七年	1409	31	东沙	王珪	王省序。他处作王德修
3	明	正统三年	1438	29	中沙	王德修	王省序。他处作王处信
4	明	成化元年	1465	27	西沙	王处信	王省序。他处作王律
5	明	成化十三年	1477	12	西沙	王讷	沂州司马。王省序。他处作 1475 年
6	明	隆庆三年	1569	92	中沙	王国章	王省序
7	明	万历四十一年	1613	44	西沙	王秀湖	王省序。他处作 1605 年
8	清	康熙四十七年	1708	95	中沙	王曾三	
9	清	乾隆六年	1741	33	中沙	王廷璧	
10	清	乾隆三十年	1765	24	中沙堰口	王坤元	
11	清	嘉庆二十三年	1818	53	中沙堰口	王邦献	
12	清	道光二十六年	1846	28	中沙堰口	王品仁	
13	清	光绪二年	1876	30	中沙堰口	王祐元 王春霆	
总计				41.5			

资料来源：中沙宜兴《荆邑堰口王氏宗谱》卷一《堰口王氏历朝修谱名次》，清光绪二年（1876）。

清雍正初江南大分县，宜兴南部分出荆溪县，民国初年仍旧合并于宜兴。堰口王氏宗谱记载自己源出中沙荻扁，历次修谱从明初至清末，在498年之间，共有明7次、清6次，计13次，平均间隔41.5年修纂一次，总体上没达到30年一修谱的标准，却也属于续谱勤快的了。当然，其中从洪武十一年（1378）到乾隆六年（1741）属于三沙王氏分支修谱，有堰口王氏自己祖源，因而记录了这些年所纂修的家谱，而自从乾隆三十年（1765）开始，中沙堰口分支独立修谱。由于在乾隆六年（1741）之前的修谱主体不是同一个分支，修谱间隔参差不齐。从乾隆三十年（1765）到光绪二年（1876），都是堰口王氏独立修纂支谱，111年之间，修纂4次，平均间隔37年，可以确保记载族人变动情况，历史记录可信度应该是很高的。这是三沙王氏之中一个分支的家谱记载其纂修情况的例子。

依照《无锡家谱概览》，由无锡西沙南方泉王南坤供稿的《历届续谱》，三槐堂三沙王氏历次纂修家谱情况如下：①

早在汴京时期，三槐堂王氏已经修纂家谱。宋真宗大中祥符五年（1012），王旭主修，王旦主审，父子修成《三槐堂王氏家谱》。

宋仁宗庆历元年至六年（1041—1046），王雍、王冲主修。

宋徽宗年间（1101—1125），王巩字定国，续修宗谱，并赴湖州，请苏轼撰《三槐堂铭》。

宋钦宗靖康元年丙午（1126），南渡始祖王皋及长、次二子舍钱帛，保护木刻版宗谱，护孟太后同行建康，藏于荻扁。

南宋高宗绍兴元年至二十七年间（1131—1157），太原王氏三槐堂五十五世暨三沙王氏始祖王皋，字子高，命仲子吾伍捧手书，至临安岳飞私第，索为王氏宗谱作跋。

南宋高宗绍兴三十二年（1162），三槐堂东、中、西三沙王氏支祖续谱。

南渡以后的三槐王氏从荻扁出发，形成三沙王氏三房，起初联系紧密，人口不多，应该无需兴修宗谱，至多是增续家族人口情况，已经够了。随着

---

① 王金中、王进雄主编：《无锡家谱概览》第一章"三槐堂三沙王氏"，王国东、王金中、王诚觉撰写：《三槐堂三沙王氏宗谱概览》，2020年7月内印本，第10-14页。此处部分修谱时间与前述堰口王氏修谱所记有差异。

族人增加，迁徙散落，音讯渺茫，渐渐疏离，便有勿忘本源、合聚敦族的必要，只有家谱能够承担这一功能。

直到20世纪30年代全面抗战前，三沙王氏大约经过了十四次家谱编修。

（1）元末至明太祖洪武十三年庚申（1380），东沙八世、元进士王允和首次编成三沙王氏全谱。

（2）明成祖永乐七年己丑（1409），中沙九世王庆三，字德修，增辑三沙王氏宗谱。

（3）明英宗正统三年戊午（1438），西沙十二世王处信，号西湖，续修三沙王氏宗谱。

（4）明宪宗成化元年乙酉（1465），西沙王处信子王律，增续三沙王氏宗谱。

（5）明宪宗成化十一年乙未（1475），西沙十三世进士王讷与王万松、王廷器等合纂《王氏三沙全谱》。

（6）明穆宗隆庆三年己巳（1569），中沙老基支十六世王文年，字国章，号凤乔，汇成三沙王氏合谱。

（7）明神宗万历三十三年乙巳（1605），西沙十八世王好贤，续成三沙王氏万历传芳谱。

（8）清圣祖康熙三十八年己卯（1699），东沙瞻桥二十一世王见素纂修东沙王氏十卷。长子王直、次子王鉴，协父续修。①

（9）清高宗乾隆元年丙辰至九年甲子（1736—1744），西沙江阴钓台支二十二世王时霖，字万徯；王时霈，字纶如，兄弟纂修三沙王氏全谱。多有考辨，认为应上接王通，为嘉庆谱王应辰所继承。

（10）清仁宗嘉庆十六年辛未（1811），东沙古塘派进士王应辰续谱。清宣宗道光六年丙戌（1826），东沙瞻桥二十四世王锡、西沙二十三世王云从与兄王致和等，设局惠山文正公祠，辑成三沙王氏总谱，计八十帙、一百卷、40本。

---

① 另有清康熙四年（1665），修成《三沙传芳谱》，待考。

（11）清文宗咸丰七年丁巳（1857），西沙在城支二十四世王凤垣与弟芝台后名逢辰、堂前支王恩庆等，汇修三沙王氏全谱一百三十余支、八十帙。

（12）清德宗光绪二年丙子（1876），东沙江阴长泾九曲桥支二十五世举人王灿如，太常寺博士，与其弟邑庠生王钟，以及王锡骥等，五易寒暑，续修成《王氏三沙全谱》，又称“统谱”，122 册，此即三沙王氏光绪丙子谱。

（13）清德宗光绪三十二年丙午（1906），西沙在城支二十六世王慰祖，浙江金华知县，辞官回乡后，续修王氏三沙统谱，计 190 本，因于时局而草草收场。此即三沙王氏光绪丙午谱。

（14）1937 年全面抗战爆发之前，西沙二十八世王尧臣（尔忠）、禹卿（尔正）兄弟俩主持续修三沙王氏宗谱，被日军飞机炸毁，被迫中止，未成。

从洪武十三年（1380）王允和创编三沙王氏总谱，到民国抗战之前，557 年之间，三沙王氏修谱，除了各分支自行修谱之外，联宗合谱 14 次，平均间隔 42.85 年修纂一次，基本实现了一世一小修的家谱纂修目标，确保了三沙王氏这一共同体的延续，其凝聚力得以持续加强，否则，便将自行涣散。

（二）三沙王氏家谱的隆誉

三沙王氏由三槐王氏南渡江南衍生而成，其家谱继承了三槐特色，并且一贯延续，发扬光大，得到众多名家手笔撰写序跋，啧啧称赞。

王皋南渡退隐获扁之后，请岳飞为自家三槐宗谱题跋。

岳飞（1103—1142），字鹏举，官封太尉、少保，南宋抗金名将。宋高宗绍兴十年（1140）七月，率岳家军大败金兀术，取胜郾城之战、颍昌之战，包围开封，却被十二道金牌紧急召回，于 1142 年 1 月 27 日，以“莫须有”罪名，与长子岳云、部将张宪在临安遇害，酿成千古奇冤。宋孝宗时平反岳飞冤案，将岳飞改葬西子湖畔，追谥武穆，后改谥忠武，追封鄂王。“精忠报国”的岳飞精神永垂史册，彪炳千秋。

王皋（1081—1156），岳飞 39 岁死时，王皋 61 岁。王皋大岳飞 22 岁。

岳飞为王皋家谱题词“王氏世宝”和所撰宗谱题跋文献十分珍贵，应该是在他从抗金前线被火速召回临安之后撰写的。此后不久，岳飞就被主降派杀害。王皋与岳飞具有共同抗金志向，因而敢于冒着风险让儿子专请岳飞撰文，并带回后珍藏传世。待到雾开霾散，王氏家谱为三沙王氏添彩流光，令人肃然钦敬。

现将岳飞《王氏宗谱跋后》移录于下，以志对于英烈的无限崇敬和对王皋父子勇气的极大钦佩。

皇宋受命，贤臣辈出，而相业煊赫、得君最厚者，无若魏国王文正公。而其子懿敏公素及孙太常公巩，皆以文章气节显名于时。

若余所交殿帅王君子高，固文正公曾孙也。君以名家子，释铅颖，从戎马，当靖康末造，斥金虏，拒叛臣，崎岖万状，挚从南行，虽疆埸宿将，无不闻名叹服。每因公事宴集，相与论及世变，君辄歔欷，泣下数行，盖其忠愤激烈，实有大过人者。

顾军旅旁午，契阔者久之，兹奉朝命召还，休沐多暇，而君之仲子省郎吾护，捧君手书，谒余于临安私第，且出宗谱，索予为跋。余既喜故人之有子，更深喜故人之子之贤且才也，乃受而读之。

其溯源自子晋，得派自太原，由晋及唐，迄于昭代①，文章甲第，炳炳奕奕，世不乏人，氏族之盛，洵乎蔑以加矣。顾余武人也，无渊云②、严乐③之文，而欲附王氏谱牒之后以垂不朽，不其难哉？

然窃尝横览当代高门右族，炫熠宗支，汗漫卷帙，几于连帷压架，乃数传而虫蠹穿之矣，又数传而灰烬荡之矣，求其如王氏之裒然完帙、阅历异代而光远有耀者，几何耶？是真两序间之赤刀（宝刀）天球（古琴名）、河图大训④也。

谨谢省郎，为我寄语尊人曰：是可为“王氏世宝”矣。爰题四字于卷首而归之。⑤

在三沙王氏宗谱和其他分支宗谱之内，有着不少名人题词墨宝和谱序

---

① 昭代：政治清明的时代。人臣常用其称颂本朝。
② 渊云：汉王褒和扬雄的并称。褒字子渊，雄字子云，皆以赋著称。
③ 严乐：汉武帝时人严安、徐乐的并称。
④ 大训：先王圣哲的教言。
⑤ 《王氏三沙全谱》卷首，岳飞：《王氏宗谱跋后》，清光绪二年（1876）。

题跋。

名人大家手笔为三槐王氏家谱作序题跋，宋代有端明殿大学士状元吕蒙正（944—1011），绍兴五年（1135）省元、进士樊光远，范成大（1126—1193），理学家、朱熹传人蔡元定（1135—1198）；元代有大儒许衡（1209—1281），状元文天祥（1236—1283）；等等。

赠题墨宝的，有宋苏轼（1037—1101）书“万叶常开”①，黄庭坚（1045—1105）题“文正家风，清虚世德”，叶梦得（1077—1148）题“缑岭钟祥，槐堂衍庆”，陈康伯（1097—1165）题“两晋名贤，三槐后裔”，岳飞题“王氏世宝”，张栻（1133—1180）书“家乘世宝”，元文天祥书“传家文乘”，等等。它们言简意赅，明确点出了三槐王氏的源远流长，表达了对于继承文正家训家风的尊崇。因而，家传世宝也是族人对传承家训家风的期许所在，值得关注。可惜的是，这些珍罕原件可能由大房东沙支历经递藏，到清末已散轶殆尽，只留下文字记载或摹镌在家谱之中了。

明清时期，名家大家或高官显宦，如祝枝山、唐寅、张益、钱谦益、史学家浦起龙、朱轼、顾栋高、状元顾皋、状元庄培因、秦瀛、吴士玉、杨名时、衍圣公孔广棨、军机大臣曹毓英、协办大学士吏部尚书邹炳泰、吏部侍郎侯桐、江苏布政使护理巡抚谭钧培等，或是三沙王氏姻亲，或是三沙王氏学生，或是三沙王氏友人，纷纷为三沙王氏欣然命笔，或为宗谱作序，或为人物作传。

明后期东林名人江阴缪昌期（1562—1626）作为砂山王氏姻亲弟，《题王氏世牒》：“奉观先牒起遐思，南北家乘续旧支。一脉祖孙无异姓，千年昭穆似同时。蒸尝共守唐臣庙，金石犹存宋诰辞。惟愿族人崇孝敬，莫将身世负君师。”②

宋元人文字墨迹的真实性可以作进一步考订，明清人的真实性却是毋庸置疑的，这些文字墨宝都一致增添了三沙王氏宗谱的厚重分量和我们对三沙王氏的敬意。

---

① 承蒙柴念东等助识，志此致谢。

② 东沙江阴《砂山王氏宗谱》卷十三，缪昌期：《题王氏世牒》，清光绪二十三年（1897）。

清光绪二十三年（1897），甲午科举人东沙江阴筑塘支分华墅王家枚，追溯王氏宗谱悠久渊源，认为唐代以前以王氏谱最详细。

自魏晋立九品中正之法，以门第官人，而氏族之学兴。唐以前以谱学著者，惟我王氏为最详。齐仆射俭为《百家谱》，光禄大夫逡之续之。梁咨议僧孺既集《十八州谱》，又抄集东南之谱以益之。唐宰相方庆既为《家牒》，又为《王氏集录》。家衮具在，可考而知也。五代之季，谱牒亦渐散佚矣。宋魏国文正公相真宗，有大名于时，其曾孙太傅公皋，当崎岖戎马之余，手出家乘，命仲子吾护省郎乞岳武穆跋之，而谱牒复显于世。今吴中以太傅公为一世祖者，盖公实扈跸自汴迁吴者也。公三子，一居昆山沙头为东沙，一守荻川为中沙，一徙无锡沙头为西沙，故前此有三沙统谱，后以世远族繁，分为支修。①

因而当今亦有学者呼吁申报王氏家谱为文化遗产。

（三）三沙王氏历代宗谱之家训家规

清康熙三十三年（1694），时任湖南邵阳知县的王省召集家人齐心协力编纂中沙荻溪支谱，十分重视家训，在所列《凡例》里，专列“家训”内容。他认为：

遗一经以为教，留方寸以作耕，子孙之贤不肖，责在父兄，故人乐有父兄也。自父兄之教不严，则子弟之率不谨，于是越矩败度者，家不乏矣。溯厥源流，岂非训戒不闻于平昔，而性情易移于习俗哉？兹采格言名训、附以管见十则，俾子姓有所法程，渐摩浸渍，一本忠厚贻谋，则堂构所垂，不啻趋庭诗礼矣。②

后世三沙王氏统谱和不少支谱，都抄载传承了这十条著名的家训，也就是五劝、五戒。这被三沙王氏子孙世代奉作圭臬传承，成为立身做人的根本。

时隔五十年，乾隆九年（1744），三沙王氏汇纂统谱，西沙江阴王时霖、

---

① 东沙江阴《砂山王氏宗谱》卷一，王家枚：《砂山王氏续修宗谱序》，清光绪二十三年（1897）。

② 《王氏三沙全谱》卷首《凡例》，清光绪二年（1876）。因涉及惠山宗祠祭祀，不是王省在世时的事情，可能这十则内容后世有所增加。

王时霈兄弟，将自己支派世代传承的八世祖明永乐国子监助教王梓所定十六则家训编入谱内，进一步丰富完整了三沙王氏家训的内容和范围，同样被后来的三沙王氏统谱和一些支谱传抄，子孙奉为行为圭臬。

1. 三沙王氏家规十六则①

敦②孝弟③。门内之行，莫先孝弟。事亲、从兄，所由④为仁、义之实也⑤。孝如卧冰⑥，如拥被⑦，皆先世遗范，可不勉诸⑧？

慎祭祀。报本反始⑨，祭祀之为义綦⑩重矣。精意⑪不属⑫，虚文⑬之盛，何为哉？春露秋霜⑭，贤子孙当斋肃⑮将之，毋致神或怨恫⑯也。

端品行。士先器识，而后文艺。堂堂丰采，而操履⑰或乖，则识者鄙之。言为坊，行为表⑱，奉教⑲于君子⑳，斯得之矣。

---

① 《王氏三沙全谱》卷首，王梓：《家规》，清光绪二年（1876）。

② 敦：推崇，崇尚。

③ 孝弟：孝悌，儒家伦理思想之一。孝，指善事父母。悌，指善事兄长。弟，tì，同悌，友爱兄长。

④ 所由：所经历的道路。

⑤ 仁、义之实：出《孟子·离娄上》“仁之实，事亲是也；义之实，从兄是也”。意思为，仁的实质是侍奉父母，义的实质是顺从兄长。

⑥ 卧冰：卧冰求鲤，出自东晋干宝《搜神记》。晋琅琊人王祥冬天为继母在冰上捕鱼，被后世奉为孝道的经典故事。2006 年入选山东省民间文学类非物质文化遗产。

⑦ 拥被：半卧以被裹护下体。指东汉黄香，江夏安陆人，九岁丧母，事父极孝，酷夏为父亲扇凉枕席，寒冬用身体为父亲温暖被褥。

⑧ 诸：之乎。

⑨ 报本反始：受恩思报，不忘所自；指不忘本。报，报答。本，根源。反，返，回到。始，开始。

⑩ 綦，qí：极。

⑪ 精意：专心一意，诚意。

⑫ 不属：不及。

⑬ 虚文：没有意义的礼节；空洞的文字，空话。

⑭ 春露秋霜：指春秋二季祭祀先人。

⑮ 斋肃：庄重敬慎。

⑯ 神或怨恫：语出《诗·大雅·思齐》，原为“神罔时怨，神罔时恫”。神，指祖先之神。罔，无。时，所。恫，痛恨。意思是祖先不感到遗恨。常用以赞美子孙德行美好。

⑰ 操履：操守。

⑱ 言为坊，行为表：言行为人表率。

⑲ 奉教：接受教导。

⑳ 君子：人格高尚的人。

勤读书。变化气质，陶淑①性情，惟典籍是借，不徒②占哔③训诂④，为弋猎⑤功名之具也。三余⑥足用，寸阴⑦宜惜，奈何不学不知道哉！

肃⑧官箴⑨。仕⑩以行道⑪，匪⑫第⑬干禄⑭也。吾宗乌衣⑮之胄⑯，垂绅⑰搢笏⑱，代不乏⑲人。大法小廉⑳，品斯上矣。好爵自糜（縻）㉑，吾无取㉒焉！

---

① 陶淑：陶冶使之美好。

② 不徒：不白白地，不独。

③ 占哔：诵读。占哔，同占毕，简策。古代用竹片或木条编成的书本。

④ 训诂：解释古书中的字、词、句的意义。训，用通俗的话解释词义。诂，gǔ，用当时的话解释古语或用较通行的话解释方言。

⑤ 弋猎：射猎，狩猎。弋，yì，系有绳子的箭，用来射鸟。

⑥ 三余：泛指空闲时间。冬为岁之余，夜为日之余，阴雨为时之余。

⑦ 寸阴：短暂的光阴。

⑧ 肃：整饬，整肃。

⑨ 官箴：做官的戒规，官吏应守的礼法。箴，劝告，规诫；也是一种规诫性的文体。

⑩ 仕：当官。

⑪ 行道：实践道德、正义。

⑫ 匪：不。

⑬ 第：只是。

⑭ 干禄：求取功名利禄。

⑮ 乌衣：黑衣。乌衣巷是金陵（今南京）城内街名，位于秦淮河南面，与朱雀桥相近。三国东吴曾在此设立军营，为禁军驻地。当时禁军身着黑色军服，因而此地被称为乌衣巷。东晋名门高官王导、谢安两大家族都在此居住，其子弟被称为“乌衣郎”。唐时乌衣巷沦为废墟。唐代诗人刘禹锡的诗篇《乌衣巷》脍炙人口。

⑯ 胄：后代子孙。

⑰ 垂绅：大带下垂；借指在朝为臣。

⑱ 搢笏：又作搢忽，插笏；引申为朝见。搢，jìn，插。笏，hù，笏板。古代君臣在朝廷上相见时臣手中拿的狭长板子，按品第分别用玉、象牙或竹制成，在指画与记事时使用，不用时插在腰带上。

⑲ 乏：缺少。

⑳ 大法小廉：比喻尽忠职守。语出《礼记·礼运》，“大臣法，小臣廉，官职相序，君臣相止，国之肥也”。也作小廉大法。

㉑ 好爵自縻：出自《易经·中孚》，“我有好爵，吾与尔縻之”。好，美。爵，古代青铜酒具。因贵族的等级不同，使用的爵器也不同。后来爵被作为爵位、爵号、官位的总称。好爵便代指高官厚禄。縻，本义为拴牛的绳子。拴马的绳子叫羁，拴牛的绳子叫縻。縻引申为牵系、拴住。自縻，自己拴住自己，就是自修己德、自求多福、爵禄自来的意思。

㉒ 无取：不主动求取。

重师傅。《礼》亦有言：父师司成①。师傅之尊，由来邈②矣。入学鼓箧③之谓何，而便亵视④之耶？

力稼穑⑤。食⑥旧德⑦，服⑧先畴⑨，带经⑩抱瓮⑪，致足乐也。薄田足以供饘粥⑫，先人有明训矣。甫田蒸髦⑬，惟贤子孙是望焉。

择交游。他山之攻⑭，丽泽⑮之益，曰求友生⑯，信斯言矣！比⑰匪⑱之与俱，安所得观摩⑲之助乎？出门同人⑳，其思所以免咎㉑乎？

---

① 司成：负责教育以成人。

② 邈，miǎo：本指距离遥远，也指时间久远。

③ 鼓箧：击鼓开箧，是入学的一种仪式。《礼记·学记》，“入学鼓箧，孙其业也”。郑玄注，“鼓箧，击鼓警众，乃发箧出所治经业也”。借指负箧求学。

④ 亵视：轻视。亵，xiè，轻慢，不庄重。

⑤ 稼穑：农事的总称。春耕为稼，秋收为穑（sè），即播种与收获，泛指农业劳动。

⑥ 食：吃。靠着吃饭；赖以为生。引申为依赖、依靠。

⑦ 旧德：先人的德泽；往日的恩德。

⑧ 服：从事，致力。

⑨ 先畴：先祖遗留的田地。畴，chóu，田地。

⑩ 带经：带经而锄，指生活贫苦依然坚持学习。曹魏的常林、汉朝的倪宽家贫，好学不倦，到田间耕作仍带着经书，有空就读。后以此称赞人贫好学。

⑪ 抱瓮：抱瓮灌园，比喻安于拙陋的淳朴生活。典出《庄子·天地》，传说孔子学生子贡游楚返晋，经过汉阴时，见一位老人一次又一次抱着瓮去浇菜，就建议他用机械汲水。老人不愿意，说这样做的话，为人就会有机心，“吾非不知，羞而不为也”。

⑫ 饘粥：泛指稀饭。饘，zhān，稠粥。稠的稀饭为饘，稀的为粥。

⑬ 甫田蒸髦：出于《诗·小雅·甫田》：“倬彼甫田，岁取十千。我取其陈，食我农人。自古有年。今适南亩，或耘或耔。黍稷薿薿，攸介攸止，烝我髦士。”甫田，大田。烝，进呈。髦士，英杰才俊。

⑭ 他山之攻：比喻能帮助自己改正缺点的人或意见。同他山之石。《诗·小雅·鹤鸣》，“它山之石，可以攻玉”。攻，琢磨。

⑮ 丽泽：两个沼泽相连；指朋友之间相互资助。《易经·兑》，“丽泽兑，君子以朋友讲习”。王弼注，“丽，犹连也”。朱熹《本义》，“两泽相丽，互相滋益，朋友讲习，其象如此”。后比喻朋友互相切磋。

⑯ 友生：朋友。出于《诗·小雅·伐木》，“矧伊人矣，不求友生？神之听之，终和且平”。

⑰ 比：接近，靠近，挨着。

⑱ 匪：匪人，行为不端正的人。

⑲ 观摩：观看彼此的成绩并互相学习研究。语出《礼记·学记》，“相观而善之谓摩”。郑玄注，“摩，相切磋也”。

⑳ 同人：志同道合的朋友。出《易经》“离下乾上”“同人于野，亨”。孔颖达疏，“同人，谓和同于人”。朱熹《本义》，“与人同也”。意为与人和协。

㉑ 咎：过失，罪。

睦宗族。千枝万叶，其本同；千枝万派，其源一。云礽①未远，而行路视之，其谓先人何？尚其崇一本、务姻睦，以敦敬宗收族之义。

和妯娌。手足②之睦，必由妯娌。妇言是听，则阋墙之衅③生焉。刑于之化④行，斯嘻嗃⑤之风息矣。牝晨家索⑥，可不鉴诸？

戒赌博。牧猪奴戏⑦，知者不为，况眈⑧逐无厌！坐⑨是，丧身亡家者比比⑩乎！近日功令⑪森严，三尺⑫可畏，亏体辱亲，惟怀刑⑬者能自惕⑭耳！切慎！切慎！

遏⑮邪淫。“男女居室，人之大伦。”⑯一涉邪淫，则丧德实甚矣！吾宗不乏佳子弟，血气未定，戒之在色。玉楼⑰削籍⑱，金榜⑲除名，可无⑳凛㉑

① 云礽：远孙，有沿袭的意思，比喻后继者。

② 手足：手和脚，比喻兄弟。

③ 阋墙之衅：家内兄弟不和争吵。阋墙，指兄弟之间不和。阋，xì，不和，争吵。衅，缝隙；感情上的裂痕；争端。

④ 刑于之化：指以礼法对待，后指夫妇和睦。语出《诗·大雅·思齐》，“刑于寡妻，至于兄弟，以御于家邦”。郑玄笺，“文王以礼法接待其妻”。

⑤ 嗃，xiào：大声嗥。

⑥ 牝晨家索：母鸡在清晨打鸣报晓，这个家庭就要败落。旧时比喻妇女窃权乱政。牝鸡，母鸡，比喻专权的妇人。索，尽。《尚书·牧誓》，“牝鸡无晨。牝鸡之晨，惟家之索”。

⑦ 牧猪奴戏：对赌博的鄙称。出于《晋书·陶侃传》，“樗蒲者，牧猪奴戏耳”。

⑧ 眈，dān：同耽，沉溺。

⑨ 坐：由于。

⑩ 比比：频频，屡屡；到处，处处。

⑪ 功令：法令。

⑫ 三尺：指法律。古时法律条文写在三尺长的竹简上，称为三尺法，简称三尺。

⑬ 怀刑：指畏刑律而守法。出于《论语·里仁》，“君子怀刑，小人怀惠”。朱熹注，“怀刑，谓畏法”。

⑭ 惕：戒惧，小心谨慎。

⑮ 遏，è：阻止。

⑯ 出于《孟子·万章上》：“男女居室，人之大伦也。”居室：住房，指夫妇同居。

⑰ 玉楼：指神仙的住处。相传唐代诗人李贺将死，昼见绯衣人传玉帝诏令，谓白玉楼成，召使作记，随卒。见李商隐《李贺小传》。后因称文人早死为“玉楼赴召”或“玉楼修记”。

⑱ 削籍：官员削除名籍为民。

⑲ 金榜：科举时代殿试揭晓名次的烫金黄榜。

⑳ 可无：难道没有。可，岂，难道。无，没有。

㉑ 凛：严肃而可敬畏，威严敬畏。

于森罗①铁榜②乎！

毋骄奢③。纵败度，欲败礼。世禄④之家，每多纵佚⑤，惟其习与性成也。淡泊明志，安静致远⑥，和让如彦方⑦，谦冲⑧如仲实，可以为式。

恤⑨贫乏。有无相通，古人高谊⑩。解衣推食，裒多益寡⑪之道在焉！力可为则为之，所识穷乏者无憾矣。勿作守钱虏⑫，徒务出纳之吝⑬也。

勿酗酒⑭。酒以养生，亦足以乱性。三爵油油⑮，式饮庶几⑯。沉湎⑰喧呶⑱，品斯下矣。何可挟⑲先世之醉乡⑳，为文过㉑之具乎？戒㉒之！戒之！

宽婢仆。婢仆亦人子也。备责苛求，考亭㉓家训有诫矣。恕以情，遣以

---

① 森罗：纷然罗列。森，众多。罗，罗列。

② 铁榜：铁制的榜牌，用于刻记姓名或文告。

③ 骄奢：骄横奢侈。

④ 世禄：古代有世禄之制，贵族世代享有爵禄。

⑤ 纵佚：同纵逸；恣纵放荡。

⑥ 淡泊明志，安静致远：不追求名利，生活简朴以表现自己高尚的情趣。心情平稳沉着，才可有所作为。淡泊，恬淡寡欲。安静，安宁恬静。致，达到。

⑦ 彦方：王烈，字彦方，东汉太原人。品德高尚，称著乡里，以德感人。

⑧ 谦冲：谦虚平和。

⑨ 恤：体恤，顾及，顾念。设身处地为人着想，给以同情、照顾。

⑩ 高谊：也作高义；崇高的信念或行为。

⑪ 裒多益寡：减有余以补不足。裒，póu，减少。

⑫ 守钱虏：财多却吝啬的人，犹言守钱奴、看钱奴。

⑬ 出纳之吝：也作出内之吝；舍不得拿出去，出手小气。吝，吝啬，当用不用；舍不得、小器。

⑭ 酗酒：无节制地喝酒。酗，xù，沉迷于酒，撒酒疯。

⑮ 三爵油油：指三爵饮酒之礼。《礼记·玉藻》：“君子之饮酒也，受一爵而色洒如也，二爵而言言斯，礼已，三爵而油油以退。”正人君子饮酒，三爵而止。饮过三爵，就该自觉放下杯子，退出酒筵。三爵：指适量，量足为止，要能自持，保证不失言、不失态。油油：和谨、恭敬的样子。另有“三爵不识”，指不懂以三爵为限的礼仪，狂饮不止的人。“三爵后”，常指喝多了，喝醉了。

⑯ 式饮庶几：希望你也干几杯。式，发语词。庶几，希望之意。《诗·小雅·车辇》，“虽无旨酒，式饮庶几；虽无嘉肴，式食庶几”。

⑰ 沉湎：沉溺，耽于。深深迷恋着无法自拔。湎，miǎn：沉迷于酒。

⑱ 喧呶：大声吵闹。呶，náo：喧哗。

⑲ 挟：本义用胳膊夹住；指倚仗，依恃。

⑳ 醉乡：酒醉后精神进入昏沉迷糊的境界。唐王绩，字无功，绛州龙门人，撰《醉乡记》，因而有以醉为乡、王绩醉乡等说法。

㉑ 文过：掩饰过失。

㉒ 戒：警戒，戒备；防备，留神，当心。

㉓ 考亭：南宋理学家朱熹即朱子的别称。

礼，恤其饥寒，时其劳逸①。恤下之道，如斯而已。

【译文】

推崇孝悌。家门之内的行为没有先于孝、悌的事了。侍奉双亲、听从兄长，这样做就是仁、义的实质。孝事父母的事迹，如晋琅琊人王祥为继母卧冰求鲤、东汉江夏安陆人黄香冬天为父拥被，都是先世遗留的榜样，可以不以此劝勉吗？

慎重祭祀。受恩思报，不忘所出，祭祀作为道义是极重了。诚意不及，空话虚礼盛大，为了什么呢？怀念、祭祀先人，孝子贤孙应当庄重敬慎去做，不要引起祖先可能有的怨恨。

端正品行。士人首先要有器量与见识，其后才是撰述和写作方面的学问。表面上容貌庄严风度大方，而操守或有背离，于是有见识的人鄙视他。言行为人表率，向人格高尚的人讨教，就算有品行了。

勤奋读书。改变素质，陶冶出美好的性格，只有借助图书才行，且不只是诵读解释，把它作为猎获科考功名的用具。空余时间足够利用，短暂的光阴应该珍惜，怎么会不学习不知晓道义啊！

整饬做官的戒规。做官为了实践道德和正义，不只是求取功名利禄。我王氏宗族金陵乌衣巷的后裔，在朝为臣朝见君皇，世代不缺人。尽忠职守，官品等级就上等了。高官厚禄，我不需要汲汲求取！

尊重老师。《礼》也有说法：父亲、兄长担当教育子弟的职责。尊崇老师，历来久远。负箧求学，说的是什么呀，反而就轻视老师吗？

致力农事。依赖先人的德泽，致力耕种先祖遗留的田地，生活贫苦依然坚持学习，保持纯朴的本心，获得充实的快乐。贫瘠的田地所产粮食足够供应稀饭，保障生活，祖先有明确的训诫了。大田的丰厚收入培育出英才，只有指望贤惠子孙了啊！

选择往来的朋友。别的山上的石头，用来琢磨玉器；两个沼泽相连，互相滋益，用来比作寻求朋友相互切磋，这话可信啊！接近行为不端正的人，与之在一起，怎么得到观看彼此的成绩并相互切磋帮助呢？出门在外，和同

---

① 劳逸：劳苦与安逸。《左传·哀公元年》：“勤恤其民，而与之劳逸。”

于人，他考虑怎么免除过失吗？

和睦宗族。树木千枝万叶，根本相同；宗族千枝万派，祖宗来源一样。远孙延续不远，却视同路人，那提及祖先又是为了什么？尊尚那推重宗亲出于同一根本、追求姻亲和睦相处，以便推崇敬拜祖宗、以上下尊卑与亲疏远近的次序团结族人的道理与行为。

融洽妯娌。兄弟和睦必定因为妯娌和睦。只听媳妇的言语，那么兄弟不和的裂痕产生了。夫妇以礼相待，那夫妻尊卑有序了。母鸡报晓，这个家庭就要败落，难道可以不对此引以为鉴吗？

戒除赌博。赌博，有见识的人不参与，不消说会去沉溺追逐而不满足了！因为这事，家破人亡到处发生呀！近来禁赌法令整齐严肃，法律令人畏惧。如果受刑，不仅自己身体受伤，而且还让亲人受到侮辱。只有畏刑律而守法的人能够自己小心谨慎啊！千万小心！千万小心！

阻止奸淫。“男女同居一室，结成夫妇，这是做人最大的伦理。”一旦涉及奸淫，那么就严重丧失德性了！我宗族不缺少好的后生晚辈，年少血气未定，需要防备女色。一旦犯了奸淫，为官则被革职，科举金榜被除名，难道不应敬畏众多罗列的铁榜文告（法令）吗！

不要骄横奢侈。放纵毁坏法度，欲望毁坏礼法。贵族世家常常大多恣纵放荡，只是他们习性与本性造成的。疏远名利，生活简朴，以明确自己的志向；身心安宁恬静，以便达到远大的目标。平和谦让如东汉末太原王烈，谦虚平和如王仲实，可以作为榜样。

顾及贫困。互通有无，互相接济，是古人的高尚行为。将衣食赠送他人，以示关怀之意，正是减有余以补不足的道义啊！如果你能力做得到就去做，认识的穷困人没有怨恨不满了。别做守财奴，当用的时候舍不得拿出去，就是出手小气。

不要酗酒。酒可以养生，也足以迷失心性，使人做出反常的行为。如果是以三爵（杯）自得为限，恭谨而退，那希望子孙也能喝几杯。如果对酒深深迷恋着无法自拔，大声吵闹，那品格就低下了。怎么可以倚仗祖先唐朝王绩写的《醉乡记》，作为掩饰过错的借口呢？戒备它！戒备它！

宽待女婢童仆。女婢童仆也是人家子女。求全责备，过高要求，朱子家训有规劝告诫了。对他们，以情宽恕，以礼遣送，顾及他们饥寒，适时注意他们劳苦与安逸。同情照顾底下人的方法如此罢了。

2. 三沙王氏家训五劝五戒①

五劝

一、劝公事宜亟②也。如祠堂、坟墓等类，固宜协力赞襄③，随时整理。即如家谱，二三十年势必重修。修时，是吾族，虽贫贱勿漏；非吾族，虽富贵勿混。

一、劝子弟宜教也。族中贫富不同，务要勉力读书。如遇必不能读者，亦必身习一艺，以免游荡④。

一、劝族谊宜敦也。富者务须出余力，以济族中贫苦。贫者亦当安分守己，毋生忮心⑤，共臻雍睦⑥。

一、劝讼⑦事宜慎也。子孙贤愚不等，然祖先视之皆一体也。务要体⑧祖先之意，共相和好。倘有争论，只宜诉诸族长，凭公调和，不可涉讼。《经》云：讼则终凶⑨。外人且不可，况同族乎？勉之！

一、劝祭祀宜诚也。吾族宗祠，向⑩在锡邑惠山⑪，春秋两祭，不可因路远不到。庶几⑫一脉相承，借以联络，不至觌面⑬相逢，如同陌路⑭。凡我族中，宜共体此意。

---

① 《王氏三沙全谱》卷首《家规》，清光绪二年（1876）。

② 亟，jí：急切。

③ 赞襄：辅助，协助。

④ 游荡：闲游不务正业。

⑤ 忮心：嫉恨之心，妒忌之心。忮，zhì，害，嫉妒，狠。

⑥ 雍睦：亦作雍穆；团结，和谐。

⑦ 讼：诉讼，打官司。

⑧ 体：体察，亲身经验、领悟。

⑨ 语出《易经·讼》：“有孚，窒惕，中吉，终凶。”此处意思是治家过日子不要与人争执打官司，如果打官司则不吉利。教诲人们要与邻里和睦相处，切记不要因为小事而争执。

⑩ 向：从开始到现在。

⑪ 锡邑惠山：此是西沙江阴王氏所写。无锡惠山于清乾隆六年（1741）建有三槐堂名相王旦文正祠，祭祀三槐南渡后三沙王氏的先祖。

⑫ 庶几：希望，或许可以。

⑬ 觌面：当面，迎面。觌，dí：见。

⑭ 陌路：路上不相识的人。

【译文】

一、劝宗族公事应当急切办理。如祠堂、坟墓等类，本来应当协力共助，随时整理。就是像家谱，经过二三十年势必重修。纂修时，是我族人的话，即使贫贱不要漏载；不是我族人的话，即使富贵不要混入。

一、劝家中子弟应当教育。宗族里贫富不尽相同，后生晚辈务必要努力读书。如果遇到必定不能读书的，也必定让他自身学习一门手艺，可以生活自立，以免闲游不务正业。

一、劝宗族情谊应当敦睦。族中富人务必出余力，以便救济族中贫苦人。族中贫苦人也应当安分守己，不要心生嫉恨，这样一起达到和睦的状态。

一、劝打官司事情应当慎重。同族子孙有的有德行才能，有的愚笨，不是一样的，然而在祖先看来都是一家人。务必要亲身领悟祖先的意思，一起相互和好。假如发生争论，只应该上告族长，凭公调和，不可以牵涉到打官司。《易经》说：打官司，那么最后结果不吉利。① 对族外人尚且不可以这样，何况对同一族人呢？劝导勉励这点！②

一、劝祭祀应当真心诚意。我族宗祠一直在无锡惠山，一年春秋两次祭祀，不可以因为路远不到。希望由此一脉相承，借此进行联络，不至于迎面相逢，如同路上不相识的人。凡是我宗族的人应当共同亲身领悟这层意思。

五戒

一、戒贫困极甚，如有卖男鬻③女、为娼为盗者，不得身入祠堂、名载谱牒④。

一、戒贵者恃⑤势欺人、作威作福；富者刻薄存心、损人肥己⑥，不可

---

① 因为在一个家族都是亲人，打官司的结果往往两败俱伤，总有一方受损害，或伤身，或损财。

② 指提醒自己不要打官司。

③ 鬻，yù：卖。

④ 谱牒：记述氏族或宗族世系的书籍。

⑤ 恃，shì：依赖，仗着。

⑥ 损人肥己：损害别人，使自己得到好处。

施于乡党①，尤不可行之族中。

一、戒耕者懒惰性成，以致有年丰啼饥、冬暖号寒②之叹；读者暴弃自甘③，遂有少壮蹉跎、老大伤悲④之憾，二者均不可不慎也。

一、戒子孙不能保守坟墓，兼有不肖⑤盗伐坟树，及盗卖坟旁隙地，无论有分无分，皆当合族鸣攻⑥，不可徇私⑦。

一、戒嫁娶不得专论财物。与胥隶⑧为婚，以致玷污⑨祖宗清白。

【译文】

一、戒非常贫困，如果有人卖儿卖女、为娼为盗，本人不可以进入祠堂、名字不得记载进宗谱。⑩

一、戒贵人倚仗权势欺人、作威作福；富人刻薄存心、损人利己，不可以施加在乡里乡亲身上，尤其不可施行到宗族中人身上。

一、戒种田人懒惰成性，导致丰年因饥饿啼哭、冬暖因寒冻大哭的叹息。读书人假如不求上进，甘心落后，于是会有年轻力壮的时候不努力奋发图强，到了老年悲伤也没用了（来不及弥补了）的遗憾。这两样都不可以不谨慎。

一、戒子孙不能保护守卫祖先坟墓，加上有品行不好的子孙偷盗砍伐坟上树木，以及偷盗出卖坟旁空隙土地，无论与自己有分无分，全族都应当群起声讨，不可以为了私情放弃原则，不能秉公处理事情。

一、戒嫁女、娶妇仅仅考虑财物多少。与小吏和差役通婚，会导致祖宗清白名誉受到污损。

---

① 乡党：指乡里、家乡；乡族朋友。古代五百家为党，一万二千五百家为乡，合称乡党。

② 啼饥、号寒：因饥寒交迫而啼哭。形容饥寒交迫、生活极端困苦。啼，出声哭。号，大声哭。

③ 暴弃自甘：即自暴自弃，自己瞧不起自己，甘于落后或堕落。指不求上进，甘心落后。暴，糟蹋、损害。弃，鄙弃。自暴，自害。自弃，自我放弃，不求上进。

④ 少壮蹉跎、老大伤悲：类似“少壮不努力，老大徒伤悲”，意思是“年轻力壮的时候不努力奋发图强，到了老年时悲伤也没用了，来不及了”。蹉跎，时间白白地过去，虚度光阴。

⑤ 不肖：品行不好，没有出息，不正派。

⑥ 鸣攻：即鸣鼓而攻，形容公开宣布罪状，加以声讨。

⑦ 徇私：受私情左右，不能秉公处理事务。徇，顺从。

⑧ 胥隶：官府里的小吏和差役。

⑨ 玷污：弄脏，污损。比喻名誉受污损。玷，原指白玉上的斑点，作动词，指玷污，污辱。

⑩ 意思是开除出族了。

祭祀祖宗时诵读家训，是北宋开封王旦在“文正遗训”立下的规矩。可想而知，族人集聚，会于祖宗像位之前，齐声朗诵，该能引起怎样的心灵共鸣，进而退出家祠之后，思量如何奉行祖训家规，应对现实生活世事，这本身就能体现一种文化教育的功能。家教与学校、社会教育三位一体，互补互联，有一致的总体意识，共同致力于家、国、社会和谐的一致目标。

清西沙江阴王时霖著有《素风堂诗钞》十卷，素风堂是其父亲书斋。他撰写的《素风堂记》，充满了继承王文正遗训、传承三槐家风即“素风”的情愫。

素风堂者，先君子之所葺也。尝取先文正公语而标诸额焉。或者窃窃然疑之，谓文正公相真宗十八年，懋勋广绩，颉颃周、召，即如郭汾阳穷奢极欲，天下断无有议其侈者，乃以素风训于家，其非人情实甚。若吾家习儒素业，老屋数楹，委巷萧然，虽欲不素风而不可得者。以今准古，殆非其伦欤？

盖常聆先君子之训矣。其言曰：“而亦知夫素之为义乎？素者，太初也。其体冲寂而无联，其用黯淡而无华，诛茅补萝，素之地也；瓦樽土鼓，素之具也；太羹玄酒，素之味也；淡泊宁静，素之人也。《中庸》曰，‘君子素其位而行’。有在朝之素焉，有在野之素焉。昔之视今，亦犹今之视昔。杨（扬）子云曰，‘守吾元素，厥风可长’。其斯之谓欤？且世之额其堂者多矣，崔有艳古，贾有半闲，裴有绿野，崇栋而宏栉，雕楹而绘榱，罗纨曳于前，丝竹陈于后，非不骋心志、快视听也，乃百年之间化为朽物，蓬蒿聚之，麋鹿游之，欲求所谓素风者而杳乎不可复得矣。今吾之为此堂也，无崇隆之观，无涂泽之美，无罗纨丝竹之盛，不过如文中子所云‘先人之敝庐，足以蔽风雨而已’。陶于斯，泳于斯，聚子若孙，而教诲诵习于斯，夫安往而不得吾素风者乎？盖吾之奉教于文正公也久矣，尔小子其识之。”

敬述其意而为之记。①

清西沙江阴东常王书岩（峻峰）修葺玉芝堂，撰写《玉芝堂记》，训诫三子以祖先三槐典故为怀，勖厉成材，与王时霖一样，显示了对于三槐家风

① 《王氏三沙全谱》卷首《艺文》，王时霖：《素风堂记》，清光绪二年（1876）。

的自觉继承。

昔人爱佳子弟，比为芝兰玉树，庭阶之间，须此至亟也。

余袭先子遗业，佩先子遗训，大恐不克仔肩，以贻先子羞。庐有堂，久颓废，不可止息，乃鸠工庀材而更新之，较旧制稍拓、加润泽焉。既落成，召三子于堂而诏之曰：“尔小子知予建堂之意乎？昔我先人晋公有隐德，尝植三槐于庭曰，‘吾子孙必有为三公者’。余德薄，愧不及此，然《书》有之：若考肯堂，厥子勿肯构？吾滋惧焉，乃营斯堂尔。小子之升是堂也，岂惟是荫广厦、席细旃、侈输（轮）奂，安坐宴处，儳焉不可终日为哉？亦将缵武学步、刻厉勤惕，以无负此堂为也。且今之穷极土木、涂饰栋宇者众矣，其子弟被文绣、饫膏粱，盘焉游焉，若将终身焉，其不为栋之折而为榱之崩者，几何耶？而不见夫庭之下，芃芃而盛者其蔓草乎？欣欣而荣者其萧艾乎？茁然而生、勃然而长，则嘉植香草屈伏困塞，而不能自达，‘芟夷蕴崇之，绝其本根，勿使能植’，则嘉木升、香草敷矣。夫玉树临于风前，其质皎也；芝兰陈于室中，其味馨也。尔父无三槐之植，尔小子奈何不颉芳竞秀于草木乎？瑶环瑜珥，称其家儿，不汝曹之望而谁望哉？小子勉之！其无忘祖若父缔造之功！”

三子唯唯而退。乃额诸堂以勖之。①

东沙江阴筑塘（祝塘）王氏，因清朝郑督学，曾给须里先祖名士二十世王廷镇（子威）堂以“天全”二字为额②，便将天全堂作为三槐堂分号。包彬特作《天全堂铭》，巧妙地嵌入三槐文正以来的荣耀文化，寄予“槐荫再茁，叶叶纯常”的期许。

天判其美，得全者昌。魏公支裔，标厥令望。纯气是守，襮素里黄。刓其廉锷，不浊汪汪。煦寒噢馁，膏浓露瀼。优游弥性，肆志洸洋。瑟琴静好，既寿偕臧。儿虎孙麒，彪炳文章。天伦酝和，温风满堂。霞烘朝旭，豁达轩窗。一帘岚影，一桁溪光。春有兰芬，秋有粳香。嘉宾至止，一咏一

① 江阴东常《王氏西沙支谱》卷二十三，王峻峰：《玉芝堂记》，清光绪元年（1875），第26–27页。

② 江阴《东沙祝塘王氏宗谱》卷二十五，苏识荆：《恺文王公传》，2014年，第81页。

觞。既醉五福，申锡穰穰。美哉轮奂，额揭荣阳。槐萌再茁，叶叶纯常。[①]

包彬又为妹夫王恩士落成新堂，题撰长文《春柳堂记》。他认为处处“蕃茂，视他木百倍”的“植物之柳，有类于族姓之王”。“王氏于庶姓亦独为蕃衍。”宋“有植槐以券三公者，曰晋公祐。恩士为其裔孙，苟能绍修其德，吾知九列君必多以柳汁染其子若孙衣，科第蔚起，恩士其益多植柳焉。他时有若东坡氏之为《三槐堂铭》者，从而张大其事。昔槐今柳，同为好德之符。其以予言为券，可乎”?[②]“昔槐今柳，同为好德之符”，他十分自信，以春柳媲美三槐，《春柳堂记》似乎和《三槐堂铭》一样，见此符信，立此预言，可以在未来验证。因为柳和槐，都有内在的“好德”在传递，对王氏后人起着驱动作用。

在时人同王泰阶与其二子王家枚、王家枢的诗文酬唱之中，“骥子[③]二人，群称双桂；龙文百斛[④]，足绍三槐”[⑤]“庭栽两桂，家号三苏”[⑥]“庭栽双桂继三槐”[⑦]“双桂继槐树”“（苏）轼前而（苏）辙后”[⑧]，类似的赞誉常常出现，映射出人们对于东沙筑塘王氏三槐文化意识的钦慕。三沙王氏子孙践行槐德家风品行、才华出众，确实堪当此类赞誉，否则，如果人们一味阿谀，总会沦为笑柄的。

清中沙宜兴《塘渎坞形势风景记》中，可见塘渎坞王氏营造的三槐文化环境。

“尝思胥宇岐山，肇基王迹；经营楚室，再造侯邦，爰知瓜瓞绵绵，良由德盛；云礽奕奕，端赖地灵。宅边五柳，仰彭令之高踪；庭植三槐，颂晋

① 江阴《东沙祝塘王氏宗谱》卷二十三,包彬:《天全堂铭》，2014 年，第13 页。

② 上引均见《东沙祝塘王氏宗谱》卷二十三，包彬:《春柳堂记》，2014 年，第 15—18 页。

③ 骥子：千里马，指英才。

④ 龙文：笔力雄健。

⑤ 《东沙祝塘王氏宗谱》卷二十八，顾书城：《同岁王广文景韩先生暨德配章宜人六十双寿序》（光绪十六年，1890），2014 年，第 54 页。

⑥ 《东沙祝塘王氏宗谱》卷二十八，郭宫桂等：《奉政大夫蓝翎五品衔候选训导王君景韩暨德配章宜人六十双寿序》（光绪十七年，1891），2014 年，第 59 页。

⑦ 《东沙祝塘王氏宗谱》卷三十二下《诗外集》，顾钟源：《七绝三首，谨题吉臣仁兄世大人玉照，即求削政》，2014 年，第 85 页。

⑧ 《东沙祝塘王氏宗谱》卷三十二下《诗外集》，顾书城：《题王竹丞〈竹外梅花占早春〉图》，2014 年，第 88-89 页。

公之硕德。近山近水，山居不异泽居；亦读亦耕，务末何如务本？山青水碧，堪称宜邑之名区；俗厚里仁，不愧少湖之卜筑。美矣哉！塘渎坞之形势风景也。面铜峰之苍彩，背沙水之茫洋，屺山为之左卫，滆湖乃其右闲①，蓄气韵兮万古，发芳泽兮千滕。花坞一村，北环沟渎；清流十里，东注运河。”

“歌曰：铜峰之山郁然苍兮，滆湖之水阔焉长兮。缅彼少湖三槐王兮，山高水深并无疆兮。宜尔子孙，浸炽昌兮。”②

中沙宜兴堰口王氏牢记三槐家训，析出三分支，类似三槐三分，充满对于未来家族高标准发展的期待及义无反顾的担当。在清进士、广西罗城、融县知县西清欧眼里，“三沙王氏为江左望族”。

余维王氏之兴，得姓之由子晋，肇基于太原，汉唐以前姑勿深考，有宋开国而晋国公祐，蔚为名臣。当其手植三槐，已为异日台阶左券。一再传而文正公以平格耆英，履端揆席；懿敏公以优贤扬历，宣抚岩疆，乔木世臣，彪炳史册；迨子高公扈跸南渡，奠安沦鼎，与国咸休，而东西中三沙之派由是出焉。揆厥所源，若与曩日手植之槐隐相符合。子孙繁衍，不常厥居，历元、明以迄昭代，簪缨舄奕，代有伟人，非所谓兆发于前，期庆余于后来者欤？

今堰口王氏奉成三公为始迁之祖，自成三公而下，敬舒公为堰口分祖，一支鼎峙，其间复适合三槐之数，春雨润木，自叶流根，兆朕振古，应其光赫，所谓绳绳继继，衍三沙之派，而绵三槐之泽于无穷者将于是乎在也。“郁郁三槐，唯德之符。”三复斯语，益叹王氏之兴之未有艾焉。③

三沙王氏母仪子女，成人成才，其功居伟，不可忽略。

清东沙无锡瞻桥史学家王直四十岁英年逝世，留下二孤子，其妻黄氏，无锡坝里名门庠生女，含辛茹苦，以女工维持生计，不忘延请名师教诲，二子都成国子生。“十六归于王，佐养两尊亲，趋事恒在意先。年三十，亟劝

① 闲：防御。

② 中沙宜兴《塘渎坞王氏宗谱》卷八，王锦堂：《塘渎坞形势风景记》（咸丰八年，1858），民国三十三年（1944）。

③ 中沙宜兴《荆邑堰口王氏宗谱》卷一，西清欧：《续修家乘序》，清光绪二年（1876）。

篮，是得厥副钱，寻相次举（王）志及（王）尚。（王）志及（王）尚自少不知异母也。方（王）尚生，而遘大戚也，绵连五六年，更两世之丧，三忍死，综庶务，揩百艰，劳勚备矣。尤以问频，呼二雏，振警之曰：‘儿曹为无父子，难！为名父子，较难！而父①自命何等！是架上者，吾见其来汗牛矣，忍见其饱蠹耶?’比（王）志、（王）尚皆有立，淬之犹不少纵。”②

清东沙无锡瞻桥佾生王锦，字士期，在乾隆四十八年（1783）春，“幸逢花甲，必欲听信旁人不入耳之言，漫相勉劝：吹笙鼓瑟、张灯结绮、一堂称庆，是非我家之素风也”，不如“晏然安坐无事”，六十而不喧哗做寿，代以反思自己人生的四个阶段，有所得失，为子孙作鉴戒，作自序，并示二儿诗各二首，保留在家谱里，谆谆告诫志节守义，蕴涵了家训与期待。在此录其示二儿诗各二首如下，

示儿宗海：

静守斋头课幼稚，莫将余力悉蹉跎。书香一脉心当记，铁篆几行手贵摩。

励志须从云鹤上，谦恭乃见德邻多。生平节操求无愧，奚患穷途毕世过?③

此是读书子，关系书香延继，当以谦德为重。

示儿芳洲：

为人共说做人难，少读修齐不可删。早起庭除须检点，晚来门户要防闲。

计财非是男中汉，守义方称头上班。常把此心存黾勉，休教名利锁连环。④

此是管家子，关系管理家政，当以慎身守义为尚。

清西沙江阴桐岐王顺麟，又名应琪。王金华之子。天性端悫，明大义，

① 而父：尔父。

② 《王氏三沙全谱》卷首，浦起龙：《庠彦慎斋公暨配黄孺人合兆墓志铭》，清光绪二年（1876）。此处蒙杨旭辉教授示教开释，志此致谢。

③ 《王氏三沙全谱》卷首《东沙瞻桥支士期公六十自序》，清光绪二年（1876）。

④ 《王氏三沙全谱》卷首《东沙瞻桥支士期公六十自序》，清光绪二年（1876）。

谨厚老诚。生平无疾言遽色，且不染世俗浮靡习气。耕耘之暇，喜读有益身心之书。且娴熟榷算测量之法。地方有粮号舛错，他秉公丈量，必定做到彻底剖分。若遇纷争，则据理指陈，善言劝导，必使两释嫌怨而后已。

平居曾训子弟说：“孝弟乃为人之本，不孝不弟，无以为人也。勤俭为居家之要，不勤不俭，无以为家也。亲友往来，宁人负我，我不负人。守吾敦朴家风，庶无浮薄之患。”①

清中沙宜兴塘渎坞王志开，字运隆。少时奋志芸窗，最终不遇，于是辍经业，归农圃，安居蔬食。农隙之暇，观阴阳，相流泉，以及岐黄之术，均窥其蕴，是位多才农民。

女婿欧炳如，说他岁时还往，熏沐极深。曾经与岳丈的二子侍坐，王志开对他说：“汝与若辈俱少年，立身之道不可不讲也。居有常，就有德，有过则改，闻义则徙，孝于亲，弟于长，毋事骄奢，毋贪淫逸。为人若此，庶乎近焉。”又回头瞧着二子说：“吾亦延师以课之，虽无望于青云高步、折桂蟾宫，庶或得乎言诗执礼，出处有恒，吾愿足矣。”② 他所期望于子弟、嘱托于亲戚，于此训诫可知。

（四）三沙王氏“实面”家风的特点

在今称太平桥老街利民桥北堍的三沙王氏中沙荻扁老基支的宗祠，进门迎面一块硕大厚重的正方形武康踏石，上面深镌擘窠大书“实面”二字。

太平桥老街中沙王氏荻扁老基支的宗祠应该兴建于明代中期王策（君谟、近溪）之前。据笔者目前所知，有史料明确记载此宗祠由明中期王策、清康熙时期王省重葺过。

太平桥老街作为苏城北往常熟、无锡的水路通津，荻溪、荻川与齐溪、阳澄湖纵横交汇之处，交通便利，人流聚集，贸易繁荣，距离王皋南渡定居的王巷不算远。而王巷更东偏于阳澄湖畔沙头，芦滩草泽，旷荡宁谧，易于隐居，与人无争。王皋家宅应该有过家祠，人口不多，未必建立宗祠。王皋

---

① 江阴《西沙王氏宗谱 桐岐庙前南马家湖支》卷三，王主信：《顺麟公序略》（民国二年，1913），2019 年，第 51-52 页。

② 中沙宜兴《塘渎坞王氏宗谱》卷七，欧炳如：《王公运隆传》（嘉庆十年，1805），民国三十三年（1944）。

长子王易、幼子王胤之后分居在外，由仲子王铎守着王巷家宅基业，家人也不多，房子也已经够用。王皋祠堂后来也建在王皋故居，说明王巷一直是三沙王氏祖居之地。王铎是否迁居太平桥，并另外建立宗祠，也较难说。

横跨旺巷港的武康石凤凰桥始建于南宋（1986 年吴县文物保护单位，1995 年苏州市文物保护单位），在明代由王策重建，今仍完好通用于旺（王）巷村，族人、村人习以为便，可以说明在王策之前，甚至当王策之时，三沙王氏族人生活的中心区域尚应在此。

最有可能的是，三沙各自分立，各奉始迁祖为支祖，建立宗祠，中沙王氏子孙繁衍，人口繁多，也在太平桥老街的利民桥北岸建立支祠，并有迄今 780 多年树龄的古银杏树为证。① 王策看到的断垣残壁祠堂，应该就是这一中沙荻扁老基支支祠。他后来奋发振作，兴旺家业，重葺了该祠堂，让侄子续修了宗谱。

目前还没有见到文字资料记载这块“实面”踏石的安置起源于何时，我们仍有充分的理由坚信，在庄严肃穆的宗祠，一踏进门，就有的这一方两字踏石，绝对不能寻常对待，其中必有深意内涵，要求进来的族人明晓。

蕴含什么意义呢？宗族祠堂作为一家一姓家族中心场所的建筑，祭祀祖宗是头等大事，以此联络族人，敦宗睦族，使之同心同德，团结一致，从血缘关系出发，进而维系地方社会的和谐秩序。

“实面”就两个字，作为三沙王氏祖地宗祠的第一训诫要义，普普通通，平平常常，言既简，意极赅，映入眼帘，铭镂心底，应该能够起到速效功能。

那么，“实面”的词义如何理解呢？

实（實）。

《说文解字》卷七：“实，富也。从宀从贯。贯，货贝也。”

《广韵》：“诚也，满也。”

《增韵》：“充也，虚之对也。”

---

① 太平桥、利民桥、古银杏树、王皋故居、王皋墓、凤凰桥等，均可参见《太平镇志》，广陵书社 2009 年，第 1–2、26 页。

以货贝充于屋下，是为实。贝曾充当货币，因此富而贵重，充满而不虚空。实即诚，实诚。

诚（誠）。

《说文解字》卷三：“诚，信也。从言成声。”

《广雅》：“敬也。”

《增韵》：“纯也，无伪也，真实也。”

《中庸》：“诚者，天之道也。诚之者，人之道也。”注：“诚者，真实无妄之谓。”

实即诚，诚即信，即敬，纯真无伪，真实无妄。天之道为诚，人之道为遵循天之道，使诚。

敬。

《说文解字》卷九：“肃也。”

《释名》：“敬，警也。恒自肃警也。”

《玉篇》：“恭也，慎也。”

实即诚，诚即信，即敬，即肃，即警，恒自肃警，恭慎。

妄。

《说文解字》卷十二：“乱也。从女亡声。”

《增韵》：“诞也，罔也。”

乱（亂）。

《说文解字》卷十四：“治也。从乙，乙，治之也。”

《玉篇》：“理也。”

《书·皋陶谟》：“乱而敬。”孔传：“有治而能敬谨。”

诞（誕）。

《说文解字》卷三：“词诞也。从言延声。”徐曰：“妄为大言也。”

《广韵》：“欺也。”

《书·无逸》：“乃逸乃谚既诞。”蔡传：“诞妄。”孔传：“欺诞。”

《荀子·修身》：“易言曰诞。”

《说苑·尊贤》：“口锐者多诞而寡信。”

罔。

《尔雅·释言》：“罔，无也。”

综上所述，实即诚，诚即信，真实无妄，不说大话，无欺，有信。言行一致，诚实无欺。

实，结实，不空虚，不假伪。实实结结，没有空虚，不虚花，不掺水分，不含杂质，纯真，清纯无瑕。

面，面孔。人人都有一副面孔，这是头首最要紧的部位标志。但是除了看镜像之外，自己看不到。他人看人，却往往先看人面。面相由心生。心的质地如何，总会反映到面相上面。社会交往最先看到人相如何，由此决定是否值得交往。然后由表及里，触及心地秉性、根子成色。

“实面”，就是实实在在的面孔，一副真实的面孔，不存在几副面孔，呈现的就是实实在在的自我。心面一致，就是内外一致、表里如一，也就是诚实无欺，不虚头滑脑，值得信赖，这是社会交往第一标准，看人的基本品性和素养。它要求三沙王氏族人各行各业，所作所为，体现“实面”要求，呈现三沙王氏族人的“实面”精神。

一脚踏进宗祠，迎面就是“实面”二字，莫非警示子孙：你是否实面了？能否实面进见祖宗、交接族人？

做到实面，就是诚实做人，踏实做事。先做人，后做事。做好人，做好事。好，就是实。这里有个社会基本规范、一言一行的行为准则要求，即必须符合主流价值观、核心价值观，才能被国家与社会大众认同，称为“好”人“好”事，赢得社会声誉与威望，否则就不是“好”人“好”事。

诚实做人，踏实做事，也就是表里如一，老老实实做人，老老实实做事。诚信实在，实实在在面对祖宗，足以问心无愧。交接族人，可以坦诚相待，无愧天地。与社会其他人交往，以诚相待，便能获得信任，与人持续交往，得人交口称赞。人人如此，友善相待、困难互助得以实行，和谐社会得以建立。

可见，“实面”是对于族人行为规范的箴训规诫，作为一种总指导方针，指明了人生行为的正确大方向，可以落实分解到各行各业的为人处世、生业生活中。三沙王氏宗祠选择这一种实物的直观方式，要求族人规范行为，无疑极具自身的家训特色。

“实面”内容细分，可以从做人的基本品德开始，扩展到家庭美德，再到行业规范、职业道德，直到社会规范、伦理道德与法律法规。换言之，它在在可以细分，从士人到农工商，各行各业的族人，为人处世做事，无非实心实地，踏踏实实，在恪守法律的前提之下，筑起做老实人的“实面”道德高墙，这就是三沙王氏族人特有的一种家风。

因此，三沙王氏的家训和家风，尽管也会同其他家族一样，具体订立或采用众多家规家训、宗规祠禁，其实质无非一言以蔽之：“实面”，倒是堪称一大颇具特色的家训、家教、家风的实例，在江南地区应该是绝无仅有的，因而独一无二。

三沙王氏这一“实”的家训直接继承了其先祖王旦的三槐遗训“至诚”，“实”即“诚”，如前考订，实诚或诚实，做人做事，首先在家庭、家族中面对亲长时以“至孝”体现出来，然后推及他人、社会。三槐家训形成的独特家风在其后裔分支三沙中一脉相承，绵绵延延，于此充分显现出来了。

自宋代至中华民国时期，三沙王氏宗谱记载历代相传和新增的家训家规较多，如果不切实贯彻于日常生活实践之中，便连篇累牍，流于空话，毫无人生指导意义。事实上，在三沙王氏近千年传延进程之中，居第无分南北，人口流徙内外，各行各业族人，自觉践行三沙王氏家规家训的事迹极为丰富。

江阴南城王氏人物传芳录，按照谱忠、谱孝、谱节、谱义、谱勤学、谱创业、谱高隐，共七类，剔抉家族人物的不凡事迹，光耀史乘，扬历千秋。显然，忠孝节义，都是以儒家入世有为作为标准的，与国家主流意识高度吻合。勤学、创业，则是人生砥砺前行所难得的品行素养，对于提高人口文化素质，勇于进取，谋取生存资本，创造个人、家庭和社会的辉煌业绩，具有鼓舞力量。至于高隐，偏重的是明哲保身的人生态度，并非一味消极无为，且在历史的不同时期寓含着不同的风节含义与功能。

试读其人物之前的小序，不仅编纂的章法齐整，而且义理简扼。

文信国（文天祥）有言：“乐人之乐者忧人之忧，食人之食者死人之事。”人臣以身殉国固其宜也，若夫名不登于仕籍，身不列于朝班，此与策名委贽者分不同矣。然普天之下莫非王土，率土之滨莫非王臣，苟能慷慨激发，为国捐躯，其忠烈一也。表而章之，尤足以愧食焉，而避其难者矣，岂特为一家之光哉！谱忠。

（孔）子曰：“天地之性人为贵，人之行莫大乎孝。”孝者人之所不学而能者也。羔羊犹能跪乳，慈鸟（乌）犹能反哺，况于人乎？人而不能孝其亲，则是曾鸟兽之不若也。顾挽近以来耰锄箕帚之风比比皆是，且骎骎廷（延）及于士族之家矣。有能笃于所生，服勤养志，晨夕怡怡，终身不遗父母忧者，斯固门内之懿行，不可以不表也。谱孝。

君子偕老，白首同归，妇人之大原也。至乃少妇闺中，早悲黄鸪（鹄），斯亦人生之大不幸矣。此而衔泣相从，一死不顾，可不谓烈乎？若乃上有垂白之亲，下有始孩之子，甚或遗腹方妊，继嗣未立，此时求死不得，忍而偷生，则守节更难于死节矣。而况家徒四壁，室有鸱鸮，而能从容坚定，其志节更何如哉？若此者，无论已旌未旌，皆不可不著也。谱节。

古时乡曲之士豪侠好义者，所在多有，特往往不轨于正，非义之义，君子弗尚焉。若乃急公效力，助国济民，利泽施于一时，功绩垂于后世，乡邑之间，又曷可少哉？若此之类，固不必有奇伟卓绝之行，足以倾世骇俗者，然而货力不私，利人济物，亦庶几乎古道可风矣。江邑固多好义之士，综而计之，吾族为多焉。谱义。

不殖将落，知原氏之其亡；好学而文，见懿敏之有后。然则清门旧族，将欲缵承基构，不坠家声，学其可以已乎？凡人明义理、识利害、达时务，必由读书。即不必致身通显，而固已非复吴下阿蒙矣。独惜世人存势利之见，往往以老学究目之，岂知吾宋朝诸祖，多以文学起家乎？有能继述祖宗之志事者，其又可忽诸乎？谱勤学。

天子有田以处其子孙，诸侯有国以处其子孙，大夫有采以处其子孙，降及士庶之家，尔田尔宅，遗自先人，孰非以艰难致之？倘为子孙者坐享祖、父之成劳，弗知创业之勤苦，得毋视之不甚惜，而奢惰以败其业乎？吾辈服畴食德，皆当饮水知源，庶几继继承承，益思大其先业耳。谱创业。

从来述世家者多以簪缨累叶为荣，然古来不事王侯、高尚其事者，至使万乘不能屈以官，公卿不得见其面，则葛巾野服，殆荣于轩冕乎？夫由光荒邈千载，犹仰高风，而况小山丛桂，不待遥攀，茅君累世仙曹，何氏一门高尚，谁不欲稽其世牒而溯其芳踪哉？谱高隐。①

根据我们掌握的三沙王氏家谱、正史和方志等资料，有多达千人以上的各类传记文字，对其事迹分类归纳，大约可以分为十六大类，其中包含上述南城王氏所言除高隐之外的六类人物在内，各自举出若干例子，可见他们以“实面”家训为实际行为规范的精神指导，践履昭昭。

一、三沙王氏践行“实面”家训类传

（一）体国公忠 宰相功业

1. 宋东沙太尉王昜

王昜（1102—1167），字吾置，太傅王皋与元配赵氏冢子。先世大名莘人。太傅扈辇南渡，卜宅苏之荻扁为家。

王昜生而魁梧奇伟，顾盼英俊，志气岸异②，吐弃一切。王皋曾目为克家子。靖康末年，王皋崎岖国事，涉虎尾，履春冰，席不暇暖，王昜与仲弟王铎，字吾护，奉母家居，滫瀡③色养，家门雍然，赵氏赖以安宁。

宋徽宗、钦宗被掳，王昜随父挈家南迁，赐第建康。当时赵氏先逝，王昜事继母邢氏礼仪有加，视季弟王胤，字吾曾，倍切友爱，愈加得到父亲的赞许。

宋高宗建炎四年（1130），因王皋立下反正之功，朝廷给予他世职，宋高宗在崇政殿召见王昜、王铎兄弟。他们条对称旨，王昜授左翊卫将军，侍从禁近；王铎则擢授检校尚书郎，入直掖省，当时称荣。

王昜雅量高致，不乐仕进，故历官不调。不久，遇上王皋请解兵柄休乞，于是留王铎官临安京师，父子归隐荻川。春秋佳日，父子荷衣葛巾，徜徉湖山，仪容极伟，见者疑为神仙中人。

绍兴二十六年（1156），王皋卒于荻川私第。讣闻，宋高宗震悼，并命王昜嗣殿帅太尉职。王昜服阕，上朝京师，授提督两厢诏狱兼京城按察使。

① 参见《东沙王氏江阴南城支谱》卷八《本支传芳录》，2019 年，第 5-15 页。
② 岸异：独特不凡。
③ 滫瀡：柔滑爽口的食物。

王易黾勉供职，多所平反。越二载，宋钦宗丧至①，王易惊悸发疾，奉敕假旋调养，于是高卧不再起复。

王皋旧有别业在昆山湖滨，水田十数顷，茂林修竹，不亚于荻川。王易于是将旧宅授两弟，挈妻、子往昆山居住，疏泉构山，诗酒自乐，与比邻相处，称东沙主人，若忘其家世富贵。

宋孝宗乾道三年（1167），王易婴疾而逝。后归葬荻川王皋先茔。

配李氏。子三：长王绘，袭授殿帅太尉，特进检校尚书、光禄大夫、上柱国；次王绣，太常奉礼部；次王缥，未仕。女二：长适侍御史李大绅，次适知阁门事龙大渊子龙文。②

王易是王皋长子，因而后世子孙作为大房，袭职殿帅太尉等职。其子孙无论迁住何处，都奉王易为东沙始迁祖。

2. 明东沙娄东太仓首辅王锡爵

王锡爵（1534—1610），字元驭，太仓人。明世宗嘉靖四十一年（1562）举会试第一，廷试第二，授编修。累迁至国子监祭酒。

明神宗万历五年（1577），以詹事掌翰林院。张居正丧父，夺情理政，将廷杖反对他这一举动的吴中行、赵用贤等。王锡爵邀集同馆十余人，诣谒张居正，请求宽解，张居正不采纳。王锡爵独造其丧次，谆切进言，张居正径入不顾。吴中行等既受廷杖，王锡爵扶持他们大恸。明年，王锡爵进礼部右侍郎。张居正才归治丧，九卿急请召还，王锡爵独不署名。很快，王锡爵乞省亲离去。张居正以为王锡爵此举为形己短，更加衔恨，王锡爵于是不出。

万历十年（1582），张居正病逝，万历帝亲政。十二年（1584）冬，王锡爵即家拜礼部尚书兼文渊阁大学士，参与机务。还朝，他请禁谄谀、抑奔竞、戒虚浮、节侈靡、辟横议、简工作，万历帝都予褒纳。

起初，李植、江东之与大臣申时行、杨巍等互相构陷，因为王锡爵身负时望，且与张居正贰心，因而力推王锡爵入阁。等王锡爵入阁，与申时行相

---

① 宋钦宗去世于绍兴二十六年（1156）六月，绍兴三十一年（1161）消息传到南宋。

② 上述事迹据《王氏三沙全谱》卷首，王绘：《显考太尉公行述》，清光绪二年（1876）。

合，他们反而上疏力排李植等，李植等于是全部去位。当时申时行为首辅，许国次之，三人都是南畿人，而王锡爵与申时行同举会试鼎甲，且同为苏郡人，内阁政府极其相得。然申时行柔和，而王锡爵性刚负气。十六年（1588），王锡爵子王衡举顺天乡试第一，郎官高桂、饶伸议论此事。王锡爵连章辨讦，话语过忿，饶伸坐下诏狱除名，高桂谪边方。御史乔璧星疏请万历帝戒谕王锡爵，务扩其量，为休休有容大臣。王锡爵疏辨。由此积起与廷论的抵忤。

当时，群臣中众多人请求建储①，万历帝有皇长子，无嫡长子，因而都不听。十八年（1590），王锡爵疏请豫教元子②，录用言官姜应麟等，且请求宽宥故巡抚李材，不报。曾因旱灾，王锡爵自陈乞罢，万历帝优诏留用。火落赤、真相进犯西陲，议论争请用兵，王锡爵主款③，与申时行相合。没多久，王锡爵与同列一起争册立皇储不得，杜门乞归。不久因母老，连乞归省。于是赐道里费，遣官护行。归里二年，申时行、许国及王家屏相继去位，有诏趣召王锡爵。二十一年（1593）正月，王锡爵还朝，于是成为首辅。

此先有旨，这年春举行册立皇太子大典，告戒廷臣毋渎陈。廷臣鉴于张有德事，都默默不言。至此时，王锡爵密请万历帝裁决大计。万历帝遣内侍以手诏示王锡爵，欲待生嫡子再立太子，令元子与两弟暂且并封为王，此为三王并封。王锡爵惧怕不合皇上意指，立即奉诏拟谕旨。而又外虑公论，因言：“汉明帝马后、唐明皇王后、宋真宗刘后，皆养诸妃子为子，请令皇后抚育元子，则元子即嫡子，而生母不必崇位号，以上压皇贵妃”，亦拟谕旨进呈。同列赵志皋、张位都不预闻。万历帝竟以前谕下发礼官，令即具仪，准备册封。于是举朝大哗。

给事中史孟麟、礼部尚书罗万化等，群诣王锡爵宅第，力争。廷臣谏劝，每日上奏章数次。王锡爵同赵志皋、张位力请追还前诏，万历帝不从。后来进谏人增多，而岳元声、顾允成、张纳陛、陈泰来、于孔兼、李启美、

---

① 建储：册立皇太子。

② 元子：长子。

③ 款：议和。

曾凤仪、钟化民、项德祯等，在朝房遮拦王锡爵，当面争执。李腾芳亦上书王锡爵。王锡爵请下廷议，万历帝不许。又请面对，万历帝不报。于是王锡爵自劾三误，乞求罢斥。万历帝亦迫于公议，追寝前命，命少俟二三年议行。王锡爵立即请速决，且说：“曩元子初生，业为颁诏肆赦，诏书称‘祗承宗社’，明以皇太子待之矣。今复何疑而弗决哉？”不报。

七月，彗星见，有诏修省。王锡爵因此请万历帝延见大臣。又说：“彗渐近紫微，宜慎起居之节，宽左右之刑，寡嗜欲以防疾，散积聚以广恩。”逾月，再言：“慧已入紫微，非区区用人行政所能消弭，惟建储一事可以禳之。盖天王之象曰帝星，太子之象曰前星。今前星既耀而不早定，故致此灾。诚速行册立，天变自弭。”万历帝都报闻，仍坚持原先说的，等待首春日期再说。王锡爵答奏又竭力再说，还连章恳请。

十一月，皇太后生辰，万历帝御门受贺完毕，独召王锡爵于暖阁，慰劳说：“卿扶母来京，诚忠孝两全。”王锡爵叩头谢，因力请早定国本。万历帝说：“中宫有出，奈何？”对道：“此说在十年前犹可，今元子已十三，尚何待？况自古至今，岂有子弟十三岁犹不读书者？”万历帝颇为触动。王锡爵因请频召对、保圣躬。退朝又上疏力请，且说：“外廷以固宠阴谋归之皇贵妃，恐郑氏举族不得安。惟陛下深省。”万历帝得疏，心更动，手诏谕王锡爵：“卿每奏必及皇贵妃，何也？彼数劝朕，朕以祖训后妃不得与外事，安敢辄从？”王锡爵上言：“今与皇长子相形者，惟皇贵妃子，天下不疑皇贵妃而谁疑？皇贵妃不引为己责而谁责？祖训不与外事者，不与外廷用人行政之事也。若册立，乃陛下家事，而皇三子又皇贵妃亲子，陛下得不与皇贵妃谋乎？且皇贵妃久侍圣躬，至亲且贤，外廷纷纷，莫不归怨，臣所不忍闻。臣六十老人，力捍天下之口，归功皇贵妃，陛下尚以为疑。然则必如群少年盛气以攻皇贵妃，而陛下反快于心乎？”疏入，万历帝颔首。赵志皋、张位亦力请。

居数日，于是有皇长子出阁之命。而万历帝令广市珠玉珍宝，供作出阁仪物，计值三十余万。户部尚书杨俊民等以故事争辩，给事中王德完等又力谏。万历帝于是手诏谕王锡爵，要改期。王锡爵婉请，才没改成。明年（1594）二月，皇长子出阁礼成，都如东宫太子礼仪，朝中内外感到安慰。

王锡爵在内阁时，曾请罢江南织造，停江西陶器，减云南贡金，出内帑赈饥河南，万历帝都无忤，对他的眷礼超过前后各辅臣。王锡爵救李沂，力争不宜用廷杖，尤为世所称道。特以阿从三王并封指意，被物议。后来郎中赵南星被斥，侍郎赵用贤放归，论救的人都遭谴谪，众人指向王锡爵所为。虽然王锡爵连章自明，且申救，人们最终不能谅解他。

王锡爵于是屡疏引疾乞休。万历帝不想他去，为他出内帑钱建醮祈愈。王锡爵力辞，上疏八次才允许。此前已累加太子太保，至此命改吏部尚书，进建极殿大学士，赐道里费，乘传，由行人司护归。此为二十二年（1594）七月。归里七年，二十九年（1601），皇长子立为东宫，对王锡爵遣官赐敕存问，赉赏银币、羊酒。

三十五年（1607），廷推阁臣。万历帝既用于慎行、叶向高、李廷机，还念道王锡爵，特加少保，遣官召他。王锡爵三辞，不允。当时言官锋气正厉，王锡爵进密揭力诋，其中有“上于章奏一概留中，特鄙夷之如禽鸟之音”等语。言官听闻，大愤。给事中段然首劾王锡爵，其同官胡嘉栋等论列不已。王锡爵亦自阖门养重，竟辞不赴。又三年，三十八年（1610），卒于家，寿七十七。赠太保，谥文肃。

王锡爵独子王衡，字辰玉，少有文名。万历十六年（1588）为举首才，自称因被论，于是不再会试。至万历二十九年（1601），王锡爵罢相已七年，始举会试第二人，廷试亦第二，同于其父，成父子榜眼，授编修。先父卒。

王锡爵弟王鼎爵，进士。累官河南提学副使。①

3. 清东沙娄东太仓大学士王掞

王掞（1645—1728），字藻儒，江南太仓人，明大学士王锡爵曾孙（《清史稿》误作孙），王时敏子。清圣祖康熙九年（1670）进士，选庶吉士，授编修，为掌院学士熊赐履所器重。迁左赞善，充日讲起居注官。以病告八年，起右赞善。提督浙江学政，严剔积弊，所拔多宿学寒畯。龙泉知县茅国玺以印揭荐武童，王掞疏劾，茅国玺坐谴。他又疏陈剔除积弊，报闻。

---

① 以上引文与事迹据《明史》卷二百十八，列传第一百六，王锡爵，弟鼎爵，子衡，中华书局 1974 年，第 5751-5755 页。高琪：《王锡爵》，西泠印社出版社 2008 年，可参考。

累迁侍读学士。三十年（1691），超擢内阁学士。三十三年（1694），迁户部侍郎，入直经筵。三十八年（1699），调吏部，禁革临选驳查、临掣买签等弊，铨政得以清肃。同尚书范承勋、王鸿绪督修高家堰河工。

四十三年（1704），擢刑部尚书。刑部奏谳无汉字供状，王掞言：“本朝官制，兼设满、汉，欲其彼此参详。今狱词不录汉语，是非曲直，汉司官何由知之？若随声画诺，几成虚设。嗣后定谳，当满、汉稿并具。”诏报可，著为令。累历工、兵、礼部，务总纪纲，秉持大体。五十一年（1712），授文渊阁大学士，兼礼部尚书，入直经筵如故。五十二年（1713），典会试。其冬，以疾疏辞阁务，康熙帝温旨慰留。越年（1714）春，疾愈，仍入直。五十六年（1717），孝惠章皇后（顺治帝第二位皇后，康熙帝嫡母）祔太庙，朝议欲祔于孝康章皇后（顺治帝妃嫔，康熙帝生母）之次。王掞说：“孝康章皇后虽母以子贵，然孝惠章皇后，章皇帝嫡配也，上圣孝格天。曩者太皇太后（皇太极妃孝庄文皇后，顺治帝生母，康熙帝祖母）祔庙时，不以跻孝端文皇后（皇太极皇后）之上，今肯以孝康章皇后跻孝惠章皇后上乎？”礼部不从，康熙帝果以为非，令改正。

当时康熙帝春秋高，皇太子允礽既废，储位未定。王掞年七十余，自念受恩深重，又以其祖王锡爵在明神宗万历朝为首辅，以建储①事遭受恶名，欲干其蛊②。五十六年（1717），密奏请建储，疏入，留中。此年冬，御史陈嘉猷等八人又以为言，康熙帝不悦，于是并发王掞疏，命内阁议处。忌恨王掞的欲置之于重典，王掞止宫门外不敢入。康熙帝环顾左右，问：“王掞何在？”李光地奏王掞待罪宫门。康熙帝说：“王掞言甚是，但不宜令御史同奏，蹈明季恶习。汝等票拟处分太重，可速召其来。”王掞闻命趋入，免冠谢。康熙帝招王掞跪御榻前，与语良久，秘，人不能知。

六十年（1721）春，群臣请贺万寿，康熙帝勿许。王掞再疏前事，请释二阿哥，语加激切。不久御史陶彝等十二人连名入奏。康熙帝疑出王掞意，大怒，召诸王大臣，降旨呵责王掞植党希荣，且谓：“锡爵在明神宗时，力

① 建储：立太子。

② 干其蛊：干蛊，典出《周易》卷三《蛊》“干父之蛊”，谓儿子能继承父志，完成父亲未竟之业。

奏建储；泰昌（帝）在位，未及数月；天启（帝）庸懦，天下大乱；至愍帝（崇祯帝）而不能守。明之亡，锡爵不能辞其罪！掞以朕为神宗乎？朕初无诛大臣之意，大臣自取其死，朕亦无如何。"令王大臣传旨诘问王掞，令回奏。当时举朝失色，无敢与笔砚之人。王掞就宫门阶石上裂纸，以唾濡墨，奏言："臣伏见宋仁宗为一代贤君，而晚年立储犹豫，其时名臣如范镇、包拯等，皆交章切谏，须发为白。臣愚，信书太笃，妄思效法古人，实未尝妄嗾台臣共为此奏。"奏上，越五日，诏缓议罪，与诸位上书的御史都发赴西陲军前效力。因王掞年老，责令其子王奕清代往，为父赎罪。

事先，王掞曾密奏请减苏、松浮粮，言至剀切，疏久留中。至此时忤旨，于是与建储奏疏一并掷还。此年冬，康熙帝自热河还京师。王掞迎驾石槽①，康熙帝望见，遣内侍慰问。六十一年（1722）元旦，诸大臣表贺，未列王掞名，康熙帝发表命列名以进。翌日，赐宴太和殿，再召见西暖阁，赐坐，慰谕有加。不久起原官，视事如故。

清世宗雍正元年（1723），王掞以老乞休，雍正帝降旨褒嘉，以原官致仕，仍留京师备顾问。三年（1725），雍正帝谕阁臣："王掞向人言，曾在圣祖前奏免苏、松浮粮，未蒙允行。朕查阅宫中并无此奏。"因斥责王掞借事沽名，并涉及其子王奕清、王奕鸿谄附年羹尧，目为奸巧，于是发遣王奕鸿与王奕清同在军前效力。六年（1728），王掞卒，寿八十四。乾隆二年（1737），王奕清始为父请恤于朝，赐祭葬如制。

王掞子王奕清，字幼芬。康熙三十年（1691）进士，选庶吉士。历官詹事。代父赴西陲军前，历驻忒斯、阿达拖罗海。王奕清体羸善病，处之晏然。雍正四年（1726），命赴阿尔泰坐台。又十年，乾隆元年（1736），召还，仍以詹事管少詹事。乞假葬父，不久卒。

王奕鸿，字树先。康熙四十八年（1709）进士，授户部主事。历官湖南驿盐、粮储道。王奕清赴军，王奕鸿尽斥其家产给他。后命赴乌里雅苏台效力。居边十年，与王奕清一同释还。官四川川东道，引疾归，卒。

王锡爵、王掞，分别在明、清二朝，官居大学士，所谓祖孙宰相，曾分

① 石槽：地名。

得万历帝、康熙帝信任与重用，为国事尽职忠悃，却都不可避免地卷入了储位之争，秘密建言，惹致风波，结果王锡爵请辞归，王掞则几遭不测，还由儿子替罪充军。实际上，王锡爵的建议最终得到了万历帝的采纳，个人仍深得万历帝信任。而康熙帝因皇太子允礽二度废立，耗费心力，王掞力主复故，确实极度惹恼了康熙帝，康熙帝才暴怒说了重话，把明朝江山倾塌归咎于他的先祖，因而深罪于他，警告王掞不要当自己是明神宗！幸得过后固谅王掞无他心，才免他于一死的。而王掞无疑拳拳效忠，固守人臣之义。到雍正时，王掞仍因党祸，儿子遣发，自身遭帝斥责，而总的结局，还数善终。①

东沙娄东王氏，自王锡爵开启科举仕宦成功之路，兄弟进士，父子榜眼，两世鼎甲，祖孙宰相，人才绵绵，成为天下望族翘楚，家族事业名声登峰造极，并由王锡爵之孙王时敏开启书画艺术创造一途，在中国科举、艺术及政治史上都具有一席可称之地。历经明亡的王锡爵之孙王时敏，在清初坚隐不仕，深谙在政治洪流之中永葆家族昌盛之道，留下《奉常家训》，规训子孙，可以视作王文正遗训的家训家风赓续。如今太仓城王锡爵故居，即大学士第，俗称太师第门楼，与王氏宗祠一起，是江苏省文物保护单位；曾为王锡爵和王氏园第的南园（太师府）也修葺一新，显然，它们也铭记了其主人家训家风的精华，具象化了这份国家与民族的优秀精神财富。

（二）忠义爱国　为国捐躯

三沙王氏始祖北宋末王皋，主张抗金，反对议和，平叛立功，拥立宋高宗，忠义爱国，影响子孙。

1. 忠烈死难：明中沙长洲荻扁王佐圣

王佐圣，字克仲，号缄庵，长洲荻溪支十八世。自幼饶有奇杰之气。刚就塾学，书声彻屋。及长，益加好学，偕同诸父昆弟掩关家园，诵习无间。酷暑苦蚊，以瓮贮足，漏绝而无倦色。严冬仅一缊袍②御寒，晏如而不顾。

性至孝，谭母丧，绝粒悲号，杖而后起，乡党以孝称。

明神宗万历三十六年（1608），熊芝冈督学三吴，拔补博士弟子。四十

---

① 以上引文与事迹据《清史稿》卷二百八十六，列传七十三，王掞，子奕清，奕鸿，中华书局 1977 年，第 10209—10212、10217 页。

② 缊袍：乱麻棉絮袍子，是贫者之衣。

年（1612），受知昆山祝知县，南闱中举人，有《湖上近言》梓刻行世，一时纸贵。四十七年（1619）礼闱会试，樊良枢分易房，得王佐圣卷，欲定魁首，总裁拟次之，樊公说：“是卷不足魁天下耶，宁俟之，决不使人得压其上也。”置副车归。下帷益加自厉。为文雄浑沉着，力追成、弘以上，笔不加点，洒洒数千言。遇到后起高第同席，必熟背其两闱制义，不多时即随口成篇，呼小史①记录下来，以质诸后进中速然蜚声之人，则又痛哭不已，大概伤感自己公车屡刖。

王佐圣风轨谔谔，以名教纲常为己任。同谱姚文毅希孟、周忠介顺昌，砥柱中流，推为宗主。明熹宗末魏忠贤珰祸大作，罗织东林党狱，周顺昌被逮，后几及王佐圣，恰好阉党败亡才得解脱。当其父王腾程卒于严州通判衙署之时，王佐圣竭力丧事，辟踊苫块，克致其诚。对遗留的幼弟弱妹，他教养婚嫁兼至。

授官青溪（浦）教谕，王佐圣鼎新宫墙，训士必先理学，日课月要，有《欣赏编》，与陈继儒征君往还三泖之间，胶漆特甚。当时松江郡守方禹修，铃阁严峻，僚属无不畏惮，王佐圣独能针芥相投，论文谈易，以子弟执贽。大中丞张玉笥（国维）卓荐王佐圣，升四川遵义县令②。崇祯十四年（1641）四月十三日莅任。

遵义即古夜郎国，西僰之地。明神宗平播后始入版图，于万历二十九年（1601）设遵义县，民性剽悍。王佐圣陈亲爱辞让之令实行教化，风俗稍稍丕变。设法征输，不到三月，而积逋立办，士气日益醇雅，都以孝弟文章相互激励，人以为移风易俗，未有期月，政绩速成。特以距城二十里的水西苗彝时入剽掠，莫能限疆索，深为忧患。王佐圣于是单车陟巘，在新站这一险隘建设严城扼守，实流亡，辟旷土，刁斗森然，屹如雄镇。由是犄角形成，使水西酋不再窥视渭水。总制五省李公特疏首荐，有“洁履餐冰，茹蘖伟猷，掣电轰雷，泽有归鸿，庭无积蠹，脱颖异才，超群名品，特荐以备清华之选”等语。

---

① 小史：书童。

② 明遵义属于四川。

不久，土酋吴上才、郭士奇等杀降将赵国政，焚掠沙溪一带地方。王佐圣身自督兵、勒令土司戮力搜捕，夺回被掳男妇唐贵、戴扬伦等三百余口，弋获吴上才、郭士奇等置于狱中。于是书成上报三院。当时同事郡守大率以羁縻为事，从中窒阻，终致酿祸民社。

崇祯十五年（1642）四月，水西苗人大举入犯。同时文武久已侦知，各自奔窜，王佐圣以文官一力守御，冒矢石，率民昼夜捍拒，坚守四日。苗众飞梯越城而入，劫吴、郭出狱，巷战焚杀。王佐圣知事不可为，急切将县印付与次子王恪，说：“此国信也，间道疾行，以归朝廷。吾当一死以报国耳！”① 命服仗剑，端坐公堂，横剑奋呼，挥剑格斗，手刃数人，面受三刀，身中数枪，力屈被害，犹鬃眉如戟，僵立公堂不仆。苗人中有下拜的，感叹道：“真忠臣也。”

王佐圣训养乡勇头人王选、王之琴、冉国柱等，素受方略，应急赴难，血战宣峰垭，败没。

苗众益加猖獗，而十里土司义民闻变，举义兵围剿，自发平叛，哭声震野，白旗满山，或截杀新站，或进援遵城，歼渠魁吴上才、郭士奇并苗众于境上，使其无一人得以生还，而后遵城复全，不烦征调一旅，收成算于身后，王佐圣厥功甚伟！

王佐圣殉难后三日，土司义民斩吴上才、郭士奇等首级并剖乱首胡上贤、谢登甲心，以祭于公堂。当时楚北杨公以郡丞摄县事，民众在堂中间设王佐圣衣冠像，东侧设杨座，义旅数千，将所擒乱众一一押至灵前，或磔或斩，或以木石掊击，使其立毙，嚣声汹汹，不及待当事者发一语，随即以国法刑杀俘虏。

当王佐圣灵榇启归苏州之日，遵义境上士民遍插纸钱，行哭路祭。归吴，清流会吊，无不失声。抚按上其事，得谥“忠烈”②。五月，士民在遵义城及新站建祠崇祀王佐圣。因为王佐圣从中沙荻扁移居苏城大儒巷，次年朝廷在大儒巷专立忠烈庙，崇祀春秋。清朝遵义又专建名宦祠，遵义、苏州

---

① 清道光《遵义府志》卷四十三《艺文一》，杨廷枢：《遵义县令王公殉难记》，清道光二十一年（1841），台北成文出版社影印，1968 年，第 999 页。

② 以上引文与事迹据《王氏三沙全谱》卷首《中沙荻溪支忠烈公传》，清光绪二年（1876）。

两地三祠多次重修。王佐圣为国守边，忠烈平叛，可以说封疆息警，不仅仅在于成仁取义。其事迹详细记载在两地府、县志。苏州沧浪亭五百名贤祠王佐圣像赞有：“授命如归，责在守土。”①

2. 阖门忠义：清初西沙江阴在城秀才王清芳

王清芳，江阴城善政桥支十九世。幼颖敏，读书过目不忘，对古人高风亮节尤其津津乐道。累世为粮长。明天启末，王清芳父督运漕粮至京巡仓，内监恣意诛求，不称意，系送刑部狱，家属交本籍收禁。当时魏忠贤权势熏灼，他人莫敢申救，飞檄限令七日到县。当此之时，覆巢之下，必无完卵。王清芳正应童试，等到出场，飞檄到。按照明朝制度规定，童试生员之家，家属当禁则弛其禁，禁必榜。后王清芳入泮成为秀才，则家属普免，仅犯案者抵罪。恰好王清芳入泮第三名，符合典制，大家都说兵部之牌，不敌文宗之案。于是人人为王清芳庆更生，而王清芳自念身受国恩，感激涕零，哽咽不能出声，大概王清芳以死报国之心实从此始。

清顺治二年乙酉（1645）五月，清兵下江南，严厉实施“留头不留发，留发不留头”的压迫政策，江阴人民“头可断，发决不可剃”，十万士民，男女老少，齐心上阵，同仇敌忾，奋力抗清，英勇守城八十一天。

王清芳矢志益坚，对诸兄说：“君父之恩不可负也，祖宗之祀亦不可斩也，兄宜去，我宜留。”又对所亲道：“明知此举无益，然使置身事外，草间求活，如国恩何？吾惟以此城为死所耳。”不久，诸生许用等，赞襄陈明遇城守，势力非常孤单。王清芳左右其间。阎应元至，亦复如此。甘为玉碎，不为瓦全，王清芳志意已决。好久，王清芳益加力单不支，城破，先让妻徐氏及儿子投缳死。长嫂徐氏随后自缢。王清芳自题壁上：“壮志已随灯焰灭，丹心誓与水流长。”随后整理衣冠，向北再拜，自缢死。阖门忠义，爱国壮烈。事详《江上孤忠录》，又载《江阴县志》。清乾隆初，敕建江阴三公祠，春秋致祭，王清芳从祀其中。

当江阴城破之日，世传联句，阎应元书东门城楼，许用书大门，一时绝笔，惊风雨而泣鬼神。王清芳壁上自题，与他们相比，毫不逊色。王清芳一

① 顾沅：《吴郡名贤图传赞》卷十二，王国平点校，古吴轩出版社 2022 年，第 347 页。

介书生，无尺寸之柄，徒以受恩深重，视死如归，愈郁积，愈激发，亦愈从容。以烈丈夫自命，委身殉国，而妻殉夫，子殉父，嫂殉叔，一门完节，无一生者，爱国忠义之气萃于一门，与同时澄江城中书戚勋，阖门自焚，亦相颉颃；与领导江阴抗清守城就义的三公（阎应元、陈明遇、冯厚敦）永垂不朽。[①]

3. 清东沙常熟王懋明救援抗清义士严子章

王懋明，字瑞符，号咏蓼，琴川王庄里人，出于祝塘王氏。王懋明年少有大志，读书不事章句。曾对人说：“人生三不朽，丈夫亦图其有济者耳，其立功乎？”遇上明鼎将革，四方骚动，王懋明倾资结客，以行侠而闻名，诸方豪杰慕义之人争趋前来。不久，明社屋[②]，而王懋明郁郁不自得。明相国严讷之孙严子章，以进士起义兵，与瞿式耜遥相应合，失败后，清廷捕构急迫。当时功令森严，相识者惧怕得罪，往往闭门拒而弗纳，而王懋明独独居停好久，极力营护，使严子章逃脱于难。由此可见王懋明慷慨好义，又有胆决，扶危济困之一端。[③]

4. “王青天”金川殉难：清西沙无锡在城支王日杏

王日杏（1720—1773），字丹宸，号漱田，西沙无锡在城支。高祖王志宁，清圣祖康熙十一年（1672）岁贡生，任青阳训导。祖王云锦，康熙四十五年（1706）一甲一名进士及第，官翰林院修撰，提督陕西学政。考王兴洛，号勿斋，清高宗乾隆元年（1736）恩科举人。初娶熊氏，大学士文端（赐履）女；继娶徐氏。先后生三子：王日杏居长，熊氏出；次日新，副室盛氏出，早卒；次日桂，徐氏出。

王日杏生而颖异，五岁就傅授经，书数过即成诵。归侍内寝，熊母督令灯下读书。十岁学制义，落笔则不群。十三岁遭母丧，哀毁循礼，早为宗党所称。事继母徐氏曲尽孝道，俱得其欢心。二十一岁补博士弟子员。初应本

---

① 以上引文与事迹据《王氏三沙全谱》卷首，周葆元：《善政桥支十九世祖远之公补传》（咸丰十一年，1861年），清光绪二年（1876）。

② 屋：终止，终结。

③ 以上引文与事迹据江阴《东沙祝塘王氏宗谱》卷二十五，王士锦：《咏蓼翁传》，2014年，第49-50页。

省乡试，不久援例就试北闱。下第后更加潜心书法，魏晋以下名人法帖无不临摹精妙，时辈咄咄推服，文章宏以汉京诏诰各体，日夕雒诵①手录《陆宣公奏议》，佩于行箧。

九年（1744）秋，丁父忧，闻讣星奔，悲号欲绝。阕服后，客游燕晋间，为诸巨公草章奏，洞悉时务，平生学力于此充裕实用。

乾隆十八年（1753），中式顺天乡试举人。考充诗经馆誊录官。次年（1754），考授内阁中书（从七品），需次应补。当时因两棺未殡葬，请假还家营葬。事毕，挈眷北行。

抵京才进内阁莅职事，相国傅忠勇知其才，奏请行走军机处办事。军机政务繁汇，为枢密要地，王日杏遇事有不可行者必力争于上官，议论剀切，同僚钦敬其刚直，故于司员珥笔，为乾隆帝知名，不数年间，擢户部山东司主事（正六品），晋户部贵州司员外郎（从五品），户部福建司郎中（正四品）。三遇京察，皆列上等。凡乾隆帝巡幸所至，若木兰、五台、直隶、山东、江南、浙江，他都随往。所得赏赉，每年自端午、中秋、除夕外，特赐珍品果物，不可枚举，洵为司员异数。

三十一年（1766），简放贵州铜仁府知府（从四品）。铜地向患啯噜之事，他到任之日，大加惩治。有巨室侵占民田，置之以法，不稍徇从。乡民覃某有冤，问询得实，开罪昭雪。当时石阡罗太守善推测，而王日杏善听断，故黔中有“石阡罗神仙，铜仁王青天”之谚。

后来署大定，数十年铅斤积弊廓然一清。不久以护道篆，左镌二级离任。去铜仁之日，士民遮道攀辕，多有泣下之人。

王日杏左迁入都，大学士温福正要办理缅甸事务，奉命往滇，听闻王日杏至，即奏带请往军营，得谕允，赏给内阁中书（从七品），此为王日杏再入阁部而再进军机。他以前入直禁中，凡委婉难办之事，援笔立就。每扈从行围，遇公事旁午，坐马上盘一膝，置纸膝上，信笔作小楷，迅疾如飞。温福前为军机章京，十分知悉，故有此奏。温福至滇后，调征金川。王日杏升刑部福建司主事（正六品）。

---

① 雒诵：反复诵读。雒，通络。

乾隆三十八年（1773），又随温福副将军征剿小金川，兵至木果木。六月，小金川叛降，与金川合抄后路，清军溃。初十卯时，王日杏在军营殉难，年五十四岁。① 事定，恤赠光禄寺少卿（正五品），国史立传，奉旨入祀昭忠祠、四川成都慰忠祠、常州府昭忠祠和惠山报忠祠。谕赐祭葬，荫一子以知县用、世袭恩骑尉职。

王日杏在军机处，有一中书，见机要大臣，跽一足请事，王日杏怒詈为非人。在地方，王日杏为民秉公处事，断案公正，在铜仁去任后人民思念他，殁后立庙崇祀他，② 以文员驰驱王事，致命疆场，以身报国，忠荩气节，彪炳千秋。

（三）清廉为民　鞠躬尽瘁

1. 明中沙长洲荻溪王锐

王锐，字抑夫，中沙荻溪支十三世，王海（彦洋）孙。蚤岁能属文，蜚英黉序，应试则冠军，潜心帖括，而不随时俗嚣竞。明宪宗成化十四年戊戌（1478），南畿乡荐，中举人。有人在户外干求他，王锐拒绝道：“迎宾馆交椅，岂孝廉座耶?”萧然一室，左图右书，不异未遇时。间或与王宠（1494—1533）辈赏花赋诗，拈题唱和，一时贤达无不推崇他的雅操。连蹶公车，因而筮仕，授陈留知县。在任爱民礼士，有汉循吏之风。遗咏若干首，温和明润，无矜嚣气，绝肖其为人。③

2. 明东沙无锡白沙里王懋、王本父子南雄官声

王懋，字大德，无锡人，世居蓉湖白沙里（圩），东沙十四世。祖王太宁。父王选，以儒业著名。王懋生而英伟卓荦，丰姿挺秀，须髯如戟。弱冠补邑诸生，每试则高等。食饩，数次考试省闱不第，便以岁荐贡入成均。廷试称旨，擢授江西德兴县令。治政崇尚简静，邑民安宁。台使推荐他贤能，迁云南鹤庆通判，不久调粤东广州，所至称职。三载，又改判南雄府事。

---

① 以上引文与事迹据《王氏三沙全谱》卷首，郑步云：《皇清恤赠光禄寺少卿刑部主事漱田王公墓志铭》，清光绪二年（1876）。

② 据清道光《铜仁府志》卷三《寺观祠宇》，共有四座名宦祠：尹（在铜江书院内）、石（邦宪，明总兵，在城内）、王（日杏，明知府，在新城）、沈（文鏐，别驾，在县塘坎）公祠，王日杏祠为其中之一。见《中国地方志集成·贵州府县志辑 45》，巴蜀书社 2006 年影印，第 332 页。

③ 以上引文与事迹据《王氏三沙全谱》卷首《中沙荻溪支抑夫公传》，清光绪二年（1876）。

南雄为赣粤分界，夙称雄胜，王懋辅佐知府兴革利弊，整饬吏治，尤能兴文励行、振起士风，这与他本以明经起家，素志如此不无关系。郡有大庾岭，为赣粤孔道，向设榷课，例以通判兼管，税额极苛重，大累商民。王懋至，检核旧籍，向两台①条上其事，被两台嘉纳，得题请改减。又岭道旷野，盗贼多窜伏林薮，潜肆劫掠，王懋严备，豫谨防护，昏星朝露，戒行旅止息。商民往来安堵无恐，都以手加额，说“王公之赐也”。他们醵金在岭之中建祠，以志勿諠②。正巧计典，大府将例荐疏，而王懋已引疾归里。

抵家后，王懋筑园蓉湖之滨，啸咏自适，章甫大夫罕得交接。配余氏，子二：长王巽，郡诸生；次王本，官知府。

王懋以贡生官知县，安民兴文；至府通判，一般这一倅郡官位，多自谓冷曹，碌碌无所建白，而王懋在南雄减榷课、惠商旅，政绩卓卓可称道，“称循良吏”③。庾岭建祠，就是当地商民对他治理最好的肯定。④

王懋子王本，字启宗，号闇斋，也来到父亲历官之地，任南雄府知府。

王本熏染庭训，博学工文词，兼通经济韬略，同列推为名世材。

明成化四年（1468）诸生试第一。此年特旨，以首名拔贡考试，授中书舍人，典诰敕兼撰文事。三载，奉母讳，归，服阕，补前官。又五载，选兵部车驾司主事，不久改外秩，授广东南雄府通判。

南雄为粤东名郡，又是其父旧治旧职。王本到任，感怀王懋之德的商民都踊忭郊迎，说：“此非我王公翩翩佳公子耶？”王本念先人遗泽未远，弥自淬砺，洁己惠民，以导扬前徽，有不便于民之事全部条议罢去。

南雄郡邻苗疆，有位生苗黎姓，素来跋扈，与疆吏争放牧，不直⑤，于是悉众倡乱，大掠村落，烽火四起。知府本为儒生，不谙兵事，监司请于两台，专以剿寇委任王本。王本闻命感奋，督所部兵，躬亲甲胄，示以诚信；鼓以爵赏，士气百倍。一败其于坪子岗，再破其于大庾岭，渠帅被创鼠窜，

① 两台：布政使、按察使，即藩台、臬台。

② 諠：同谖，忘记。

③ 《王氏三沙全谱》卷首，刘玺：《刺史公墓志铭》，清光绪二年（1876）。

④ 以上引文与事迹据《王氏三沙全谱》卷首，谢榛：《别驾公传》，清光绪二年（1876）。

⑤ 直：正当。

残兵遮道请降。王本开诚询慰：大家都是良民，为黎苗所逼胁从的，都令复业。

而黎民宗族尚且倚险为固，潜谋再举，王本亲草檄文，令悔过就抚。生苗素闻王本之名，且败后胆落，于是相率扶掖，诣军门请命。王本宣布朝廷德意，各予安插。朝廷闻捷，诏进王本本郡太守，不久加三品京卿秩，典郡如故。①

王本自从军兴之后，简书旁午，于是以积劳撄疾。既然拜郡，益加黾勉供职，而疾病转剧，最终不起。“卒之日，敝廨壁立，箧无余资，僚属绅民相与琄赠，始得归葬。柩由庾岭达赣关，号泣攀送者塞道路。廉吏感人之深，乃若是哉!”配杜氏，子男五人：瑾、琏、璋、瑄、瑞，读书均有文名。②

王懋、王本父子，先后任广东南雄府通判，都有用兵才略，卓荦有政绩。王本更是子胜于父，晋升知府正堂，主掌南雄，然勤政卒于任，清贫如洗，竟然无法归葬，与明代苏州知府况钟的情况十分相似，诚然是三沙王氏一位清官廉吏，值得记诵。

3. 明东沙江阴古塘王格、王莘父子官员

王格（1453—1527），字文弼，号惧斋，古塘处士王伦第四子。因曾祖以来都养晦弗仕，王格于是笃志学业，为文章语常惊人。靖江初建县庠，督学想得一才俊作为诸生表率，见王格奇异，即命为廪生。

弘治五年（1492），王格领南畿乡荐。上春官屡次不第，卒业太学。

正德四年（1509），王格谒选，授南京工部司务。当时，宦官刘瑾用事，仕途险媚不忍言。王格坚执素志，不缘祸福少阿，日退食私邸，惟有闭户静养，门不入寸纸。官员升迁，到了“材力委纳，虽惟所高下”的地步，而王格却“莫能少移其守”，何况他职守筹度皆为允当。三载秩满，孙尚书书以上考。十一年（1516）秩再满，罗侍郎有“人品高洁、学问优长”之褒。士论认为王格“问学有源，清介不苟”。

---

① 这相当于地方按察使级别。苏州知府况钟加三品按察使衔，仍为知府，如王本此官。但王本所得为京卿秩，愈加尊显奖励，有所不同。

② 以上引文与事迹据《王氏三沙全谱》卷首，刘玺：《刺史公墓志铭》，清光绪二年（1876）。

十二年（1517），擢王格为南京刑部员外郎。他尤留心钦恤，详明公恕，不事苛刻。每当断折，有权贵前来请托，王格毅然说：“吾知有法耳，安敢容私？”

王格前后在司属九年。十五年（1520），引年乞休，升正郎，始授五品阶，致仕归。

归家后，王格更号“后渠真逸”，营别墅，植花竹，每日徜徉山水之间，足迹、手札不入官府。

嘉靖五年（1526），大礼告成，诏告天下，王格得进阶奉直大夫。明年寿终，七十五岁。

配徐继善女，有淑行，先卒。子男三：王莘，登正德十二年丁丑（1517）进士，历官南京工部主事；次王芮，楚府舍人；次王艺。女四，皆适仕族。孙男九，孙女四。

王格天性孝友，奉事父母笃爱敬，居丧有礼。岁时祭祀毕，俯伏流涕不休。处兄弟无间言，教其从子王彬不啻己出，与他同年领乡荐。尤谨教子，其读书必究指。为人端慎简实，平居重然诺，非其人不与交。读书不泥章句，为诗文不袭旧，造诣深远，著述成一家言。旷达不讳死，初病即自己预备丧葬器具，无所不悉；临终，戒诸子孙惟以读书、作善、保成业为言。

先在五年（1526）冬，王莘以公事过家，王格对他说：“吾生平无以逾人，顾亦不敢不为君子，他日请名笔识吾墓，吾目瞑矣。”①

王莘（1476—1545），字元聘，号改斋，别号前山，江阴古塘人。王格长子。天性沉敏，有文，攻经学。弱冠，明弘治十七年（1504）领乡荐。正德十二年（1517）登进士，授广东东莞知县。三年政成，拜南京工部虞衡司主事。职务修举，部拟调北，遇外艰而止。服阕，改升兵部武库司员外郎，晋郎中。不久出知浙江衢州府，政尚简要，民极适宜。调云南寻甸府知府。擢四川按察司副使，整饬松潘兵备。

---

① 以上引文与事迹，分见江阴《东沙古塘王氏宗谱》卷四，陈寰：《明故奉直大夫南京刑部员外郎惧斋王公传》，季廷相：《明故南京刑部员外奉直大夫王公墓志铭》，清光绪四年（1878），第18–20、21–22页；《东沙王氏江阴南城支谱》卷八《太原派旁支采录》，2019年，第2页。王格自得奉直大夫，用陈寰说，不用季廷相说：因子王莘贵而诰封。

王莘练事而勤，外敦朴而中实矜辨，所至实心应务，不视利害为前却。刚至东莞，正会剿寇，大获，谳囚，他开释胁从者四百余人，悉就招抚。境内有神祠，杂聚男女，他厉行禁绝。旋即鬻价入官，更建社学以教民子弟。恶少玩法生事，蹂躏乡曲，他询察其中尤为狡黠者以重刑惩治，绝不少贷。民众既然已经颂德趋令，王莘又为计及远，议立保甲法，移文当道，得亟称善，遍檄属邑，下令如东莞议，悉数举行，毋得延后。镇守两广的王宦官极其嚣张，一日指上供为名，植派州县出金。王莘引例，固执诤抗，声言这是额外扰民，且坐变，闻者愕然为踸，事情才收住。

任职武库时，遇上建郊坛，督募夫役，王莘勤恤下人，受到感德。工成，他进阶，掌武库百司俸，给出纳，不很羡余，宿蠹划剔殆尽，吏弊禁不得施。因而有人挟声势以飞语撼动他，王莘不为所动，然而其官职竟就此左迁，一再量移地方。

云南寻甸在明代还是古荒外地，民杂夷獠，不可绳之以法。王莘涵揉以治，简节疏目，教导筑堰而耕，计产而赋，民人称便。

不久，命赴松潘，王莘更加宣力自效。振纲纪，礼贤能，练兵恤民，控据要害，松维筑联城，红土设关堡，利兴弊革，边鄙不耸，而监临者以其事不出己，于是捃摭细故，以为逼迫。王莘听闻，抚掌笑道：“吾志在菟裘①，宁复与人白耶？”立谢官吏，检识文案，与僚友知己告行，放舟东归。

归家后，尽以家事付畀子两②，整日引诸孙督课学业。岁时伏腊，集亲朋道故旧，赏花玩月，款宴竟日。构重屋数间，匾额“兴余”，以明适意。

王莘气质完厚，富而不侈，贵而能下，履世故而不疚。自少寡疾，年逾耆年，视听步履不少衰。忽然寝疾经月，亟呼诸子治后事。不久卒，享年七十。配夏秀贞，习礼夏如登女，有贤德。子男四：选，太学生；逊；远，太学生；逅，太学生。女二，都适太学生。孙男十二，孙女七。③

---

① 菟裘：告老退隐的处所。

② 子两：儿子。

③ 以上引文与事迹据江阴《东沙古塘王氏宗谱》卷四，陈逅：《明故中宪大夫四川按察副使前山王公墓志铭》，清光绪四年（1878），第 30–33 页；《东沙王氏江阴南城支谱》卷八《太原派旁支采录》，2019 年，第 2 页。

4. 明东沙无锡王问、王鉴父子

王问，字子裕，号仲山，东沙无锡二十世。师从同邑二泉先生邵宝，以学行称。明嘉靖十七年（1538）成二甲十八名进士。授户部主事，监徐州仓，减羡耗十二三。以父老，乞便养，改南京兵部职方司，迁车驾郎中、广东按察司佥事。行未半道，乞养归。父卒，于是不再出仕。筑室湖上，读书三十年，足迹不履城市，数次被推荐不起。工诗文书画，清修雅尚，士大夫都所向慕。卒年八十，门人私谥文静先生。

王问子王鉴，字汝明，号继山，谱名王伊。嘉靖四十四年（1565）二甲十七名进士。累官吏部稽勋郎中。念父老，谢病归，奉养不离侧。父殁许久，进尚宝卿，改南京鸿胪寺卿，引年乞休。进太仆寺卿，致仕。王鉴亦善画，有言胜其父，于是终身不复作画。①

王问与儿子王鉴为父子进士。王问兄弟三人，自己居中。其兄王召，嘉靖二年（1523）二甲三名进士，与王问为兄弟进士。然三沙总谱不见王召。王问父子在三沙总谱的东沙金（匮）邑北门长安桥支为第二十、二十一世。王鉴子王天福，一名大义，字俊生，任嘉善知县，迁徙长安桥为始迁祖。

5. 明中沙永康象珠云南巡抚王世德

王世德（1577—1639），字长民，一字有旌，号回溪，浙江永康象珠人。生有异征，善读书。明万历二十九年（1601）进士，任福建同安县知县。以廉能，调闽县知县。升工部主事，督造殿门，升郎中。万历四十二年（1614）典试山西。次年升湖广黄州府知府。有一民妇以病魔来告，王世德祷告城隍。忽然，有一童子斩泥神头呈献，并说：魔已伏诛。翼日，妇人丈夫来告病人痊愈。擢王世德为湖广副使，备兵下江，屡擒大盗。正会诏举异才，巡抚、巡按以王世德名闻。迁右参政。不久，丁外艰。

天启四年（1624）服阕，起贵州监军。安邦彦谋犯省城，王世德请求驻节威清，严阵以待。安邦彦包围威清，王世德募集敢死士，鼓舞忠义。恰会大风砍安营，安卒惊溃。叙功，升王世德为贵州按察使，仍监军。苗民反

① 《明史》卷二百八十二，列传第一百七十《儒林一》邵宝附王问，子鉴，中华书局 1974 年，第 7246 页。王伟丰：《悠然安于考槃——王问传》，凤凰出版社 2017 年，可参阅。

抗，王世德进剿尽平。叙功，升王世德为湖广右布政使，兼督黔饷，赐帑金。升王世德为广东左布政使，以弥平钟凌秀之乱，叙功，赐王世德帑金。刘香老谋犯省城，王世德调闽将郑芝龙在广洋夹击刘香老，刘香老溺死。事平叙功。

崇祯九年（1636），正好滇抚空缺，崇祯帝环顾左右，说：“岂有知兵恤民若王世德者乎？”即日擢王世德为左副都御史，巡抚云南。王世德去任广东时，藩库中存有羡金数万两，他悉数籍充军饷。抵云南，万氏结党反抗，王世德筑堡建屯，百废具举，万氏敛迹，不敢出。崇祯十二年（1639）正月初二日，王世德以疾卒于官，享年六十三岁。滇人哀悼，公举崇祀名宦。按臣上闻，朝廷赠兵部右侍郎，赐祭葬。

王世德居官廉谨，立身谦恕，家仅中产，割膏腴以奉公调，教人以孝友为先，读书务求实用。曾刻《五纪讲》及乡贤状元文学家陈亮的《龙川文集》，著有《左氏兵法》若干卷。崇祯十六年（1643）崇祀乡贤祠。[①] 象珠王世德故居大雅堂，至今留存一间半。

6. 明东沙武进羌坂进士知县王之柱

王之柱，字高昆，王梅豫长子。少时灵敏，好读书，十五而志于学，苦吟诵，漏下三更不辍。弱冠游庠，旋即食饩，益发竭力黾勉。明万历四十七年（1619）进士，授福建延平府将乐县知县。

莅任后，王之柱爱民如子，使无业者有业、不安者得安。凡遇讼狱，片言折之公徒[②]，不得作弊。上宪听闻王之柱刚方正直，要以知府升举，而王之柱任满，请求解组归田，告养亲老。上宪屡次劝慰，王之柱也屡次陈情，方得旋里。然而“宦游数载，囊橐无余，清风两袖，城乡士商耆老遮道攀辕，争送百里，依依不忍去”。

既归里，王之柱慈母早故，严父尚存，欢承膝下。越八载，其父殂落，他哀痛不已。可是王之柱“莅民则心血渐耗，事亲则精力渐乏”，至崇祯十

---

① 以上引文与事迹据光绪《永康县志》卷七《人物名臣·王世德》，民国二十一年（1932）重印本，第 14-15 页。万斯同：《明史》卷一百三十三，志一百七《艺文一》，列其《左氏兵法》，有小传，清抄本，国家图书馆藏。

② 公徒：刑罚。

二年（1639）六月，他忽然遘疾，竟欲长逝。易箦之时，三子前拜，问：“有所恋乎？”说：“无有。”“所言乎？”说：“有。兄弟怡怡，无叹角弓①，可慰泉下矣。”②

7. 清东沙羌坂王赞臣、王晋丰父子知县

王赞臣，字景文，一名丕显，王元良长子，羌坂人。王赞臣垂髫时天资颖异，读书一览成诵，才成童更加刻苦。其父恐怕他太苦成疾，曾经告诫说：“富贵功名，主之在天，得之有命，况如尔之资，苟功无甚废，要自可望成名，不必如此过事精勤也夫。孟子所言进锐退速，尔竟忘之乎？吾愿尔慎之。”他唯唯允诺：“今而后，儿当自慎，不敢贻父母忧。”从此每当昏暮，置灯隐密之处，假寐片刻，伺察父母酣睡，立即出灯照读。数年之间，博通经史，诗文愈精。此外，平居入孝出弟，既读且耕，扶衰懦，制横逆，崇朴黜华。

清乾隆己卯科（二十四年，1759）中举人，庚辰科（二十五年，1760）登进士，顺天府昌平州籍，榜名王沛献。旋即返里，往常州郡城课读子弟，暇时则博览群书，绅士都乐于前来亲炙。

选擢出任山西大同府广灵县知县，署中一切事务悉归俭约，不啻居家如此。遇有控讼，必先躬亲，阴为访确，临时讯究，神明莫测。有理者冤无不伸，无情者辞莫敢尽。无论绅农，善劝恶惩。凡是是非曲直之人无不感服。至于待婢妾、驭仆御，爱憎无私，宽严相济，出无华饰，入有箴规。一年下来，邑称盛治，而讼事无闻。到致仕将归，挽驾盈门，颂声载道。王赞臣致谢说：“余因精力就衰，疾病时作，不能胜任。今奉皇命东归，尔等无庸系念。矧今宪莅新型，安知不慈祥胜我，抚绥过我乎？”

王赞臣请辞既归，往来交际都俭约不丰，治家之训一如《朱子格言》。嘉庆五年（1800）寿终，八十一岁。家乡士民都爱戴他，并经久传扬他的事

① 角弓：出自《诗·小雅·角弓》，告诫兄弟相亲相爱。

② 以上引文与事迹据阳湖（武进）羌坂《王氏宗谱》卷三，施文钧：《高昆公传》（光绪九年，1883），2010年，第64-66页。

迹。子王晋丰，居家与出仕都得父风。①

王晋丰，字峻峰。王赞臣长子。幼承父讲习，课诗文则心领神会。年近弱冠，赴童子试，字斟句酌，结构谨严。案发后，名次列前。其后砥砺弥加，进境愈速，早列庠序。

王赞臣任广灵知县，他蒙恩汲引，署理朔平府马邑县知县。未有几月，其父致仕，王晋丰亦弃官以随终养。

到父母渐归道山之后，王晋丰才往京师陈宅课子弟。门下生得其秘授，鲜不显达，一时以为名师，而王晋丰抑然下自，不自骄矜。秉性坦直，人有疑问，不轻妄语，惟有与损人之事相关，则直决其原而力以为戒，因而京师绅宦乐于和他相亲。

尤其伉爽，好施与。据他堂兄王嵩高说：“后既归里，每逢节令及岁终，囊钱往街衢，见有穷民无告者，隐遗钱其后，而诏之曰，‘汝所遗钱，曷弗收之？’人或谓非我所遗，弟必坚证之，使之怀钱而后已。”

家人衣食都从俭，“直与上农夫家等”。

道光二年（1822），笑语而终，享寿八十四。子三，均朴实老成，务业耕读，同居一室，兄友弟恭。②

王赞臣父子一直是羌坵王氏的典范和荣耀。“距郑陆桥南二里许，曰羌坵村，王姓聚族而居者有年矣。乾隆中叶，其先世赞臣公以名进士出宰山右，而峻峰公亦宰剧邑，彼都人士至今犹啧啧称道之。”③ 以至于羌坵王氏族中明代就脱颖而出的进士知县王之柱被人遗忘，到清光绪九年（1883）才由浙江候补县丞施文钧补写了他父子俩的家传。

8. 清勤公正，洁己爱民：清西沙无锡在城支王光显

王光显（1743—1808），字耀庭，号晓轮。王日杏次子，西沙无锡在城

① 以上引文与事迹据阳湖（武进）羌坵《王氏宗谱》卷三，王嵩高：《钦加同知衔特授山西大同府广灵县知县前进士出身堂叔赞臣公传》（道光二年，1822），2010 年，第 1-5 页。

② 以上引文与事迹据阳湖（武进）羌坵《王氏宗谱》卷三，王嵩高：《署理山西朔平府马邑县知县堂弟晋丰传》（道光二年，1822），2010 年，第 6-8 页。

③ 阳湖（武进）羌坵《王氏宗谱》卷三，管为建：《赠荣增 喜增 荣庆 鸿庆合序》（光绪三十一年，1905），2010 年，第 104 页。

支二十三世。太学生。中乾隆三十三年（1768）顺天乡试举人，以父王日杏殉难小金川之役，荫授贵州铜仁县知县，奏升普安州知州。缘事引见，仍发贵州以知州用。题补定番州知州。任满，钦加同知衔。历署大定、思州知府。在任清勤公正，洁己爱民，有古循吏风。居官近三十年，一贫如洗。

其父王日杏任铜仁知府，深得民心，黔民在铜江书院之侧建“王公祠”祭祀。王光显去官后无法归家，侨寓其间，课孙歌诗自娱。著《随笔草》三十卷。

在定番任，有人命疑案，前官失实，王光显到任即审明实情，经冯巡抚题奏，钦奉朱批：“此人可嘉。”玉音特褒，为从来州县官所未有。

充任七科乡试同考官，得士四十九人，都是知名士。①

王光显与父亲王日杏，后前莅任贵州，并都曾署理大定知府，治政有声，父为王青天，而子为穷知府，卸任后无法归家，幸好能够寓居父祠。清廉门风，由此可见。

9. 清东沙江阴古塘进士知县王应辰

王应辰（1762—1817），字奕山，号蔵园。王润次子，东沙古塘二十五世。

王应辰幼颖悟，遇目不忘。年十三，塾师为他厚植根柢，博涉汉魏六朝诸大家文。年十五应童子试，年二十三始青其衿。跟从陈吉甫、包尹农游。凡里中文社无不推崇他，学益进，名益噪。肄业暨阳书院，李、叶绍楏两山长目为国士。岁科即荐试高等。王应辰工时文，每次考试，文不加点，数艺立就。尤工小题。乾隆五十八年（1793），年三十二，学政胡文恪高望岁试，读王应辰作文与古学，三进三覆，击节叹赏，将之均列为第一，评为“小题圣手”，于是王应辰食饩。此后师从王应辰的学生接踵而至，其手著大小题文八九十首，人人抄置案头。

嘉庆三年（1798），王应辰举于乡。六年（1801），成进士，引见以知县即用。八年（1803），选授四川成都府新繁县知县。历署新都县事。在任

---

① 以上引文与事迹据江阴《王氏三沙全谱》卷下《西沙锡邑在城支》世表，王光显，清光绪二年（1876）。

恤士爱民。九年（1804）、十三年（1808），二任乡试同考，衡文手眼独高，一时无两。

王应辰秉性鲠直，豪迈不羁，“性嗜酒，日在醉乡，过饮成癖”。不喜迎合上官，因而多有龃龉，也在所勿顾。同僚上官多有不悦，向四川总督勒保揭短。勒保素来憎恶科第人，立即委员摘印。王应辰不即遵办，勒保大怒，派兵擒捕王应辰下狱，将坐以不测之罪。士民千百人吁请，藩司某为他缓颊，王应辰始得从末减释归。

十五年（1810）夏，王应辰旋里，更加放情诗酒，日与亲族话旧情，叙契阔。十八年（1813）［一说十六年（1811）始］，续修古塘宗谱，他出资首倡，属稿鸠工，殚心竭力，长达三年。卒年五十六。配金氏，继配陈氏、徐氏、刘氏，副室惠氏。子一辛元、女一，徐氏出。① 著《匏村集》等。

王应辰赋有才情学问，教学生不差，纂修家谱谨严，而仕途和婚姻坎坷，应是害在一个酒字上。

（四）保家卫国

1. 生为人杰，死亦鬼雄：宋西沙无锡灵护王越祖

王越祖，宋孝宗乾道元年（1165）十二月十三日生，宋孝宗淳熙十三年（1186）四月初四日逝世，享年仅二十二岁。西沙沙头第四世，行三三。祖王胤，字吾曾，宋光宗朝学士，始迁无锡沙头。父王絅，行细七，以神异称，里人崇祀，有祷则应。王越祖曾为宋提点。②

据谢枋得所作王灵护传，王越祖生而神灵，相貌端好。七岁能知吉凶，判祸福，若操胜券。好游江湖间，手挥云霄，飞鸟立坠。山有猛虎，数为民患，他入山追迹，虎驯伏，随他归。曾过余杭酒家肆，火大作，烈焰蔽天，不可向迩。王越祖瞑目一咄，市火尽息。又如吕梁洪水泛滥，平原陆沉，石岭横亘，无水道可泄，亿千万人将侣鱼鳖，竞相罗拜乞命。王越祖手指石岭，豁然开朗，水泄入江，全活者无算。土人感德，求问姓名，他疾走不

① 以上引文与事迹据江阴《东沙古塘王氏宗谱》卷四，徐文洞：《奕山公传略》（光绪四年，1878），清光绪四年（1878）；《东沙王氏江阴南城支谱》卷八《太原派旁支采录》，2019 年，第 3 页。

② 《王氏三沙全谱》卷下《西沙沙头本支世系表》，清光绪二年（1876）。

顾。以上据谢枋得所述，王越祖的生前灵迹应该较多民间传说故事的色彩。

王越祖年二十二，无疾终于家。殁后屡示灵爽，捍灾御患，锡人倚为长城，称呼王神、王太保。据《尚书省牒》，经官方认真调查，王越祖于宋宁宗嘉定七年（1214）驱飞蝗，宋理宗宝庆三年（1227）靖风涛，宋理宗绍定改元（1228）除流疫，因而绍定三年（1230），礼部以该军州吏民为神请祀，核准后敕令立庙，赐额“灵护”，加封“利济惠民侯”，春秋享祭。后晋封“福顺广利侯”。起先立庙无锡县城中市桥东，后正式敕建于锡山东岳庙右。宋参知政事江阴人葛泌有《灵护庙碑记》。元时庙毁于兵火，但元顺帝至正五年（1345）仍息风救漕，人思其德，予以重建。明、清时期一再修庙，并将三沙王氏始祖王文正旦、懿敏王素、太尉王皋三代袝庙致祭，以神庙为宗祠，以文正公祠为名，建立了王文正公祠，即三沙王氏大宗祠。

吴楚之间向来多淫祠，山椒水湄，荒陵陂谷，丛祠野庙，鳞次而栉比，其神俶诡幻异，不可名状，稽之载籍，多子虚乌有。① 然而在传统农业为主的时代，中国历代政府按照祀典，凡捍灾御患有功于民，则立庙祭祀，因而王越祖灵护的故事符合民众和国家的需要。既然他生前“聪明正直、爱国忠君”②，身后能“护国救民”③ 救灾恤患，福庇乡民，有活人功德，为善不为殃，理应血食是土。人们在崇祀王灵护的同时，赋予了他人世间消灾降福的心理期盼和实际需求，而他身上也呈现了自从王文正以来，三槐王氏一脉相承，德惠于人的优良家风。王越祖人生短暂，却生为人杰，死亦鬼雄，保护民众安危，祛除地方劫难，与姬姓王氏得姓始祖之一的王子晋卒后成仙的传说相比，其得道成神的故事，有着惊人的相似性。王越祖事迹详载于《无锡县志》、《锡山文献》和《王氏三沙全谱》等处。

2. 元末东沙江阴万户王敏

王敏，字伯明，宋南渡始祖太傅九世孙。父王世荣，行贵七，元时发浙江武科解元，累官州刺史。配朱氏，元武宗至大（1308—1311）年生王敏于

---

① 以上事迹据《王氏三沙全谱》卷首，谢枋得：《灵护公传》，《尚书省牒》，清光绪二年（1876）。

② 《王氏三沙全谱》卷首，齐彦槐：《文正公祠碑记》，清光绪二年（1876）。

③ 《王氏三沙全谱》卷首《始祖世德传·提点公》，清光绪二年（1876）。

常熟尤泾里第。

王敏少而岐嶷，长大后喜好《韬》《钤》（《六韬》《玉钤篇》）、孙（子）吴（子）谋略，思得一用其智能，于是着兜鍪，杖策从戎，仕为荣怀元帅府万户，始迁江阴古塘。因为元时目世家子为舍人，人们以故称王敏为万户，亦称舍人。

元顺帝至正十三年（1353），泰州张士诚兵起，自称周诚王。当时元政不纲，黄河挑动，红巾遍野，王敏独慨然自负，有澄清天下之志。

张士诚据高邮，至正十四年（1354），以锐师破元右丞相脱脱兵十万于高邮城下，军势大振。常欲窥伺吴越，因无间，未敢发。而元守土臣哈的沙达鲁花赤等均无远略，毫无省察，王敏深以为忧。距离古塘十数里，地名大和，当时地尚滨海，与福山相接，群盗出没无常。王敏相视地势，筹量好久，说：“是可关而守也。”于是椎牛，大飨士，仗义誓众，早作备豫而可，众人都说：“惟舍人命。”王敏说：“淮‘寇’若至，必道福山，彼以偏师过轶，我若属无噍类矣。诚于此处扼其要害，使人自为守，家自为战。‘寇’来，其若我何？”众人都说：“惟舍人命。”于是择港汊紧要处屹为雄关，高可瞭远，张军若来，矢石并发，无使得近，可以固守。一有警，闻鸣钲，众毕集，后至者罚。部署甫定，而张军至。

先是，江阴大盗朱英、江吴三相互仇杀，朱英不胜，款通高邮乞济师。张士诚犹豫不决，朱英因说以江南子女玉帛甲于天下，失今不取，后悔奚及！张士诚心动，决计进兵。令其弟张士德率高邮精锐为前锋，击横栅渡江。至福山，将因粮于四境，怵惧王敏有备，不敢犯，直走海虞，覆苏州，援师在湖桥被歼。于是入据常熟城。又用苏昌龄计，下苏州，突袭无锡，一路只有王敏所保，克全无害，因而人们都佩服王敏有先见之明。

至正十六年（1356）三月三日，张士诚自通州渡江，仍由福山入登狼山，以阅大江，军容盛壮。富人曹氏恐祸及己，发江船百艘，悉辇金宝，击牛酾酒，博类请命。谁知张士诚悉数籍其所有。累世之积，劫掠一空，曹氏大悔。张士诚乘破竹之势，攻无不取，战无不克，鼎足千里，角立群雄，大概曾仰关而攻。王敏出奇设伏，殪其渠魁，余众惊遁，以此数十里内烽火无惊，纺不停经，耕无悬耜，“士民德公甚，为梁以旌公伐”。到清嘉庆年间，土人犹名王舍人桥。自至正十六年到二十七年（1356—1367），前后十二年，王敏且战且守，务在保境安民，终张士诚之世，“此方不入尺籍，惟公保障之力为多”。

明太祖吴元年（1368），澄江内附，王敏幅巾归第，绝意进取，说：“古塘，吾菟裘也，老于是乡，足矣。”诛茅筑舍，率佣保躬耕。配丁氏，名家女，实相公作室，有子二人：长堂，早世；次恕。王敏含饴弄孙，笑对丁氏说：“天下有道，今虽子负我，戴乐也。”洪武六年（1373），以疾卒。

自王敏殁后百年，其四世、五世孙科第蝉联。后世故老尚能指示其处，王万户关，王舍人桥，称道勿衰，可见王敏身处元末乱世，自发奋起，组织乡亲，保境安民，遗泽深远。正如《礼记·儒行》：“儒有忠信以为甲胄，礼义以为干橹①，戴仁而行，抱义而处”，王敏可称是一位“介胄②忠信、干橹礼义者”。③

3. 明末东沙江阴抗倭将军王士龙

王士龙（1610—1676），字明甫，王祥宇长子。弱冠，膂力过人。居滨江，善御舟，鬻贩鱼盐，遇盗与斗，伤匿江中七日夜，不死。明崇祯帝时，倭数寇沿江郡县，江阴、靖江为长江镇钥，寇灾尤甚，当事者募水师防御殊亟。王士龙应募，荡舟遏敌。碰上大风狂起，官舰半数没江，只有王士龙棹舟不失伍，力战许久。倭寇窘困避去。因御倭功，王士龙最多，授水师尉。崇祯帝死，弘光帝趋南京，召王士龙扈跸，嘉奖其忠勇，赐蟒服一、玉带一，赐额为“御昆”，授御营尉，仍帅辖江靖水师。江宁陷落，王士龙弃官职归隐，居江阴南乡清化里。

清朝定鼎，督师马以参将札相招，王士龙辞不赴，课子侄耕读，绝不言半生勋绩，即便里闬中，亦初不认识其曾拜爵登朝。康熙十五年（1676）卒，寿六十七。④

① 干橹：小盾大盾。亦泛指武器。

② 介胄：身穿盔甲的武士。

③ 以上引文与事迹据《王氏三沙全谱》卷首《古塘始祖元万户伯明公传》，清光绪二年（1876）。

④ 以上事迹据东沙江阴《唐沙王氏宗谱》（卷内又作《砂山分唐沙王氏宗谱》）卷三，缪诜：《明甫王公传》（康熙十五年，1676），清光绪五年（1879）。

进士知县缪诜撰《明御标营水师副将军明甫公像赞》：

维明之季，乾纲绝纽。大江之滨，逆倭挺走。毒我民人，汹汹震惊。岂无肉食，孰膺孰惩？王公明甫，笃生江浒。倜傥雄杰，有力如虎。仗剑从军，百战狂獉。逆倭窜避，维乃之勋。宏光失守，扈跸南征。锡公蟒服，赐额御昆。洎乎圣朝，元戎屡招。荣以左帅，辞隐蓬蒿。国步颠覆，志士奋扬。岂乏有勇？贵在知方。补天无力，宁潜桑户。翘乘频来，旧君不负。吁嗟王公，实勇且忠。简端垂像，益仰高风。①

（五）仁孝友家

1. 明中沙长洲获扁康孝王锜

王锜（1432—1499），字元禹，王冕长子，中沙获溪支十三世。六岁父卒。王锜雄志颖识出自天产，十岁能治《尚书》，十二岁成《春秋》，及壮，长于《史记》《汉书》。节母滕氏勖勉他仕进，他以不忍违离色养，于是立志终隐。苏州知府汪浒辟为贤良方正、龙晋举为经明行修，皆不就，惟有孝事北堂，勤勤不懈。

喜交游，结纳倾海内。尤工于诗，清厚有致，骚雅家②评为腴人。喜清供美木，雕奇藻。中年愈加厌恶尘嚣，畏入城市。曾造一航船，起名苇航。一日，忆起毗陵（常州）所知朋友，起航往访，一路上诣季子（季札）墓，饮惠山泉，过阳羡，泛荆溪，登西山绝顶，呼酒浩歌好几日，飘然东返，最终不到所知朋友之门。饮量极其洪大，酒卮入手，一吸而尽。好蓄图书、古玩，像李伯时（公麟）画、米元章（米芾）记、晦庵（朱熹）《纲目》手迹；又有玉方响一、古琴三，都失于火。

王锜著稿极富，亦毁，仅传《诸史补遗》《寓圃杂记》《梦余录》若干卷。

王锜既卒，中宪陈琦拟私谥“康靖”，御史杜启、施奉训③文显，以为

---

① 东沙江阴《唐沙王氏宗谱》卷二，缪诜：《明御标营水师副将军明甫公像赞》，清光绪五年（1879），第13-14页。

② 骚雅家：诗文之才。

③ 奉训：奉训大夫，文散官名，明从五品。

王锜孝行极纯，定谥“康孝先生”。①

2. 明中沙长洲仁孝王腾程

王腾程，号荻庵，中沙荻溪支十七世。王策第三子王武年（号虹桥）长子，嗣伯父王文年（王策长子，号凤乔）。颖慧异常。居住不久，罹嗣父丧，髫龄遭大故，尽哀尽礼。事嗣母戴氏，温凊惟谨，为三党感动，于是孝名始著。下帷攻苦，甫弱冠，推胶庠祭酒，每试则名列前茅，为李大中丞赏识。晋接之间，谈国事民情，慷慨直切，李公目为国士。王腾程愈加淬励。登明万历三十一年（1603）举人。

生父王武年，轻财好施，家中落，且田多下下，旱潦则赋税不支，王腾程割产补偿，继而以簪珥补不足，于是他孝名大著。

王腾程因屡困公车，谒选得旌阳学博②，课士讲艺，人们比于北宋苏、湖名师胡瑗。丁嗣母艰，随丁生父艰，两居大丧，戚易备至，于是孝名益著。服阕，补浙江语溪（桐乡）训导，秉教一如旌阳。署秀水县篆，不以为代庖，兴革教化，三月大治，报最。擢睦州（严州）司李③，恩威并用，滞狱多所平反。竟以按部劳瘁，卒于官。

“历稽公之宦绩，所在尽心称职，可谓事君而忠矣，又宁非孝思之所移耶？以其孝报国，则士民还醇，以其孝教家，则子孙绳武。”“匪独我尽孝，而在能教人以孝。”“匪独孝于家，而在能作忠于国。”王腾程在家有本生、承嗣父母，自己行孝难于常人；做学官得宣传孝道，教人行孝；做官更要作忠于国，移孝作忠。家孝国忠，自孝他孝，此两者王腾程兼而有之，当之无愧。因而太仓前守合苏州七邑详请把王腾程从祀仁孝祠，湖广制府丁公，分藩江左时，手题“清德流风，辉煌匾褉”，一时郡县厘定春秋二祭。

王腾程是苏州著名学者、私谥“仁孝先生”王敬臣的入室弟子，卒后从祀仁孝先生祠，自己也得仁孝之名。④ 王腾程著有《易通》《荻庵集》。

---

① 以上事迹据《王氏三沙全谱》卷首《中沙荻溪支元禹公传》，清光绪二年（1876）。

② 学博：训导。

③ 司李：司理，判官。

④ 以上引文与事迹据《王氏三沙全谱》卷首《中沙荻溪支睦州司李仁孝公传》，清光绪二年（1876）。

（六）文人学士　状元文章

1. 宋西沙学士王胤

王胤（1134—1202），字吾曾。先世由大名莘县徙居开封。高祖王旦，宋真宗朝宰相，封魏国公。曾祖王素，工部尚书。祖王巩，太常丞。父王皋，殿帅府太尉，特晋柱国太傅。宋高宗建炎二年（1128），王皋扈隆祐太后驾南渡，宋高宗赏功赐宅建康。夫人赵氏，先卒。继夫人邢氏，宋高宗绍兴四年（1134）生王胤于建康赐第。先前一夕，邢氏梦神人畀以鱼骨，诘朝①，王胤生。邢氏将此事告诉王皋，王皋说：“是为骨鲠，且鱼善变化，此子必大吾宗，但恐直道召尤②耳。”

六岁，适外傅。读书破十行下，每日数百言，滔滔不可遏。当时异母兄王易、王铎，都崭然露头角，而王胤才孩稚，不喜好戏弄，与两兄游处，端严如成人。王皋致仕后家荻川，韩蕲王世忠亦解兵柄为山泽游。曾诣王皋府第，王皋令诸子出拜，蕲王说：“诸郎并英妙，然啖牛心炙③者，其季君乎？”

及长，好儒业，嗜理学，从延平先生李侗（1093—1163）游。李侗为豫章先生罗从彦（1072—1135）高弟子，传龟山先生杨时（1044—1130）理学。杨时曾到洛阳拜二程为师，有“程门立雪”典故，被东南学者推为程门正宗。王胤负笈延平山中，澄思敛息数年，不一过家，学业大进。延平对他说：“出则大行，处则独善，儒者事也。尔曹少年，当展所学，以利天下，奈何效山野叟为？”王胤大为感悟，始辞先生出山，就制科。

宋孝宗（1127—1194. 6. 28）乾道二年（1166），王胤擢进士第，三十三岁，授黄岩县主簿。黄岩滨海而疲，夙号难治。王胤务以德化，佐邑长，兴利除弊，黄民感德。虞允文推荐其才。

宋孝宗召对迩英殿，王胤条上七事，即敬天命、正君心、勤民事、崇圣学、尊国体、斥奸佞、毁和议，恺切详尽，自晨至晡时。宋孝宗大喜悦，霁容劳慰，说：“卿非王旦后人耶？”称名臣而不置。拟授政府要秩，而执政惮其切直，力沮而止，除著作郎、集贤殿校理。乾道七年（1171），立恭王赵

---

① 诘朝：次日早晨。
② 尤：过失，怨恨。
③ 牛心炙：用牛心做的一道菜肴，借指奢侈。此处预言王胤能得高官厚禄。

惇为皇太子，王蔺徙侍读，充东宫太子赵惇（后为宋光宗）讲官。不久，进秘阁修撰、知制诰。王蔺著作华赡典核，馆阁多为法则，号为王氏体。

宋孝宗在玉津园宴群臣，极论朋党之祸。王蔺进言道：“朋党之祸起于学术不正，近世士大夫诐言诡行，倡立门户，务以势位倾轧，排挤善类，不遗余力，酿成党祸，贻殃国家，靖康覆轨可为殷鉴。若端人正士，砥砺名教，同寅协恭，益见其美。故欲清朋党必先别邪正，邪正分则朋党自息。今朝廷中正不乏蔡京父子诸人，特皇上未觉耳。”语辞激烈，多侵执政。宋孝宗变色许久，同列皆为咋舌。翼明，王蔺引疾求外补。

出知赣州。刚莅任，即奏免赣关榷钱二千万。西江窑户坐前朝花石纲，故增税额，极苦悉索，王蔺全部请罢，永著为令。三载，政大和。正巧右文殿修撰张栻（1133—1180. 8）病卒，遗表推荐王蔺贤才，说犯颜敢谏，引君当道，无若王某者。于是召王蔺为左谏议，知临安府。

王蔺自外郡再入朝，风采凛然，不少贬损。条上封事，日以数计。宋孝宗每阅疏稿，有击节称快的，说：“此必王某也。”不久，进尚书右丞，同签枢密院事。

宋孝宗内禅（1189），宋光宗赵惇即位（改元绍熙，元年为 1190 年），擢用潜邸宫僚，拜王蔺为显谟阁直学士兼枢密副使。绍熙五年（1194），王蔺六十一岁。五月初二，宋孝宗患病。到疾大惭（卒于六月初九），群臣请宋光宗至重华宫问疾，宋光宗刚幸玉津园，不果行。起居舍人彭龟年三疏请对，伏地流血。王蔺因上疏极谏。

其疏大略说：国于天地，必有兴立。自古帝王在位，未有不以孝治天下者也。陛下托体寿皇，四十年来恩勤抚育，慈爱备至，今寿皇衰年违豫，休咎未卜，而陛下方从事游观之乐，流览台榭之美，声色娱逸，若不知有寿皇者，一旦不讳，不特此心难安，更何辞以谢天下后世？臣本儒生，忝列禁近，戆直愚昧，知无不言，寿皇不以臣愚，使备宫僚，陛下龙潜，曾伴讲读，正欲臣匡救调护，玉成圣德，今根本先拨，何问枝干？陛下不得为孝子，即臣不得为纯臣。平昔学问，至此扫地。伏望陛下黜末崇本，正心修身，思寿皇之爱陛下，亦犹陛下之爱嘉王（太子），纳龟年忠谠之论，即日过宫，曲全天性，天下幸甚。如其不然，是臣奉职无状，不能感悟圣聪，衷于大道，幸即赐罢斥，置臣大法，以为人臣不忠之戒。疏入，不报。此日台省交章请斥，多至百余人，诏不许。

宋宁宗庆元元年（1195），韩侂胄恶右丞相赵汝愚，讽京镗（堂）议论他，诏赵汝愚永州安置。王胤手疏力辨其枉，忤旨，罢为提举崇道观、权判常州府事。王胤闻命陛辞，即日出都门，谢表极诋韩侂胄奸邪，请斩以快人心。韩侂胄衔之至骨，于是令私人何澹弹劾王胤倡率伪学，沽猎名誉，标榜声气，谤讪执政，实为党人魁首。宋宁宗震怒，责授归化军节度副使，梧州安置。

王胤年已六十二岁，齿寝衰，彳亍①数千里，逾越岭峤，峦烟嶂雨，艰楚万状，从者有难色。王胤说“患难也，居易俟之，吾学在是，于人乎何尤?”梧州本为荒徼，声教不及，土人鲜少知学。王胤至，僦居僧寮，招俊秀子弟谈艺讲学，若家人父子。梧州人士相率北面受业，以王胤后至为恨，梧风蒸蒸，因之一变。当时道学之禁方烈，朱熹（1130—1200）、蔡元定都在贬窜，有人劝王胤毋讲学以贾祸，王胤勿顾。

居一载（1196），太上皇帝宋光宗（1147—1200. 9. 17，1190—1194 在位）思念旧宫僚，问王某安在?宋宁宗亦感动，诏王胤夺职放还。梧民及从学弟子攀送塞道。路途经延平，拜李侗墓，恸哭尽哀，勒石冢上，流连不忍去。

王胤抵家后，键户避客，口不言朝廷事。曾过梁溪谒龟山先生祠，舣舟沙头，爱湖山风月胜景，于是卜居于此。作书堂三楹，置明道、伊川两先生木主，南向，龟山、豫章、延平三先生配享，每日焚香，啸咏其中，明所学有自。此时是 1196 年，王胤六十三岁，

宋宁宗嘉泰二年（1202）七月初九日，王胤疾亟②，呼诸子告诫说：“吾以直道为虚名所误，屡濒于危，荷天子神圣，得终首邱，若辈椎鲁，有敝庐足以蔽风雨、薄田足以供饘粥，毋躁进苟仕，贬志丧节，贻祖父羞。”语竟，正衣冠、具遗表而逝，春秋六十有九。其子若孙，敬守遗训，安然守

① 彳亍：缓步慢行。
② 疾亟：疾革，病情危急。

分，无有干进为热宧①者。

王胤家世富贵，俭素等同寒士，历仕内外显职，屏请托，绝赇贿，卒之日，无家余财，惟存藏书千卷暨自著诗文集，并裒录先儒语录数十卷而已。

配陈氏，观文殿学士、礼部侍郎陈杲女，先王胤二年卒。子男四：长太常奉礼郎王纻；次宗正丞王絅；次王组、王绁。女一，适司封员外郎李焘。

王胤卒后，诸子因党禁不敢礼葬。至韩侂胄伏诛，凡为韩侂胄所贬谪之人，都予恤典，王胤特赠礼部尚书、集贤殿大学士。宋宁宗嘉定元年（1208）四月，始合窆于荻川祖茔。王胤子孙奉其为沙头西沙始迁祖。

江阴人、同知枢密院事丘崈（1135—1208. 9. 15，八月初四日），于嘉泰二年（1202）七月，为王胤作墓志铭。他“自奉祠归田，衰老废疾，笔墨都罢，然昔官临安，与王公交称莫逆，及公迁锡之沙头，去吾江尺五，又桑梓也，谊无可辞”②。

作为三沙王氏西沙支的始迁祖，王胤身居学士、枢密院副使，高官隆位，且其后世子孙繁衍最多、分支最大，因而影响极为深远，而王胤学问之大，可以说上承文中子理学，师承李侗，上接二程，是一线正脉。三沙王氏家学向来以理学为正宗，如西沙后裔清康熙状元王云锦，学问务实，经史根柢深厚；东沙后裔王会汾，专攻礼学，青年懋著，成就卓著，清乾隆时被荐举，差一点成为博学鸿儒，都是崇尚实学的结果。这也说明南宋初理学已在无锡传播，而非受了朱熹的影响。

2. 明东沙江阴古塘派常熟籍英才诗人王授

王授（1486—1516），字元予，号玄洲，王澄长子，王格侄，占籍常熟。王授年少有奇质，神采内蕴，语呐呐若不能出。好读书，负异才，喜吟咏。初学诗，即积数十篇，藏置箧中，人所不知。其父一日发箧得诗，词致清

① 热宧：权势显赫的官吏。

② 以上引文与事迹据《王氏三沙全谱》卷首，邱（丘）崈：《学士公墓志铭》，清光绪二年（1876）。据此可查知，王胤与赵汝愚同榜进士出身，作为翰林学士，官至枢密院副使，又师承李侗，即朱熹的老师，遭受韩侂胄迫害，应该当时极具影响，而其理学成就影响与政坛作为，均不见于史籍记载，李侗弟子中也无从查考，确是奇异之事。邱崈所撰其墓志铭，关于其进士履历、官职及卒后平反归葬，也多有乖离之处，论者可以质疑此为伪作。有待继续考实。此处姑且循此，梳理王胤事迹。

远，音格高古，殊不类稚子，大惊，因教习经义。器数名物，考覆精详；诸说同异，辨析至当。虽业治经，而为诗不废。识者说他寄兴高远，有三唐风格，而尤刻意古文，体裁有法。为举子业，务求诸理，不事词藻。有人说他学博，却不利于科举进取。王授弗恤，持之益坚。到补县学生，众服其敏，年齿亦已长。

王授平生抗志高尚，著有《玄洲集》二十卷，藏于家。《明诗综》载他《送常熟李瑞卿》诗：“柳暗花明春雨天，鹁鸠声里一归船。相逢已是十年别，为问人生几十年？”① 王授也攻书学，藏有金代书画家辽东王庭筠黄华老人遗墨，仿效逼真。

王授曾在虞山读书，数月后归，对人说：“学以成德，亦以致用。德弗成，用弗致，弃本逐末，见利忘义，甚者举生平而尽弃之，学如是耶？”

他经常忧患族谱散失，非所以厚人伦、劝敬让之道，于是极力纂成，叙文简严。又窃慕宋范文正捐设义庄高风，略仿义田之意，而条其事目，为书一通，并且说：“吾志得，当必为此。”

乡有廉吏狄公，以沅江县令归老于家，贫不能立，承事已为他买宅。等他卒后，王授又去具棺敛葬。间或曾省视其墓，彷徨叹息而去。王授性夷坦，恒常以礼法自持，足不履城府。尤攻书学，得黄华老人庭筠遗意。为人孝友，器度渊粹。与人交，信义不渝，久而弥厚。

国子监祭酒贾咏评价王授：“元予才美而质粹，行古而学纯”，德才兼备，才学当有天性，而“信义孚于师友，孝爱笃于宗族，德望重于乡党”，尤其难得。②

王授卒年仅三十一岁。配杨孝廉女。子一。

3. 明西沙江阴诗人石渠王墉

王墉（1486—1540），字维城，号石渠，江阴人。曾祖王清一，高隐不

① 朱彝尊：《明诗综》卷六十四，中华书局 2007 年，第 3229-3230 页。作字子予，疑误。

② 以上引文与事迹据江阴《东沙古塘王氏宗谱》卷四，贾咏：《文学元予王君墓志铭》，都穆：《文学元予王君墓记》，清光绪四年（1878），第 39-41、42-43 页；《东沙王氏江阴南城支谱》卷八《太原派旁支采录》，2019 年，第 2-3 页；顾季慈辑，谢鼎镕补辑：《江上诗抄》卷一五《王授》，上海古籍出版社 2003 年影印本，第 190 页。作号瀛洲，著《瀛洲集》。

仕。祖王梓，国子监助教。父王燮，博士弟子员。以文学世其家。

王墉性颖悟，五岁就傅，读书过目即成诵，塾师奇诧。稍长，喜读书，汲古讨论，津津不倦。老师授以帖括，夷然不屑一顾。老师说：“此取功名者，有何厌之？”王墉道：“雕虫小技，壮夫不为，岂能以功名贬素性耶？”于是弃举子业。

王墉好为歌诗，情致宕逸，多出性灵，无寄人篱下语。当时海内崇尚风雅，如谢茂秦（榛）、康对山（海）、宗子相（臣）辈，正以“七子”显名，而大江以南，尤多文人墨士，骚坛吟社，门户相望，清词丽句，淋漓于旗亭酒肆间。王墉泛滥古集，颉颃时流，偶有所得，一寄于诗，花之晨，月之夕，篇什盈箧，像李长吉（贺）古锦囊。

江阴有由里山，岗巘盘曲，林木蓊郁，山南为钓台岿然，而高台之下有泉，窈然而清，村落幽阒，如世外桃源。王墉欣然为乐，说：“是可以怡老矣。”于是诛茅斩荔，在钓台旁筑室，与农夫野老课晴问雨，以相作乐。著有《石渠集》，多类储（光羲）、王（维）田家诗及放翁（陆游）近体。台使①闻其名，屡加征聘。王墉怫然说：“吾山泽臞②耳，干旌奚为哉？”辞不应。

王墉殁后数年，长洲祝允明为传，有论：“余尝游江阴，闻有梧溪先生者以诗名，及识石渠翁，观所著诗集，往往隽绝，岂梧溪之苗裔耶？或曰：江上固多隐君子云。”③

梧溪是元末著名诗人王逢（1319—1388），字原吉，出于三沙江阴横河梧溪王氏。迁居邻近江阴城的黄山（别名席帽峰）南麓，自号席帽山人。不忘故园，又号梧溪子、梧溪山人。

元至正中，王逢作《河清颂》，台臣荐举，称疾辞。张士诚据吴，其弟张士德用王逢计策，北降于元以拒朱元璋。元末避居松江。明太祖灭张士诚，欲辟用王逢，王逢坚卧不起，隐居上海乌泾，歌咏自适。明洪武十五年（1382）以文学征，有司敦迫上道。当时其长子王掖为通事司令，以父年高，

---

① 台使：朝廷使者。

② 臞：瘦，含有隐居不仕之意。

③ 以上引文与事迹据《王氏三沙全谱》卷首，祝允明：《石渠公传》，清光绪二年（1876）。《祝允明集》未见此传。

叩头泣请，于是命吏部发符制止。又六年王逢卒，年七十。王逢不忘故主，每形于歌诗。

著有《梧溪集》七卷，收诗一千一百多首，以及《易传》十卷、《诗经讲说》二十卷和《资治通鉴外纪增义》等。①

王逢年少向陈汉卿学诗，得虞集之传，才气宏敞，又不失谨严。《梧溪集》中记载宋元之际忠孝节义的事迹很完备，并常在诗首作小序，以标明其崖略②，足补史传所未及，这大概是王逢寄寓的微意。③

4. 东沙江阴古塘派、明后期苏州文坛坛主王穉登

王穉登（1535—1612），字伯穀、百穀等，江阴利成人，属于三沙王氏东沙古塘派。他四岁能属对，六岁善书擘窠大字，十岁能诗，长益骏发，雕香刻翠，吴会间负有盛名。晚年移居长洲，寓住苏城山塘半塘寺，额为“半偈庵”，以诗词、书法闻名。

嘉靖四十三年（1564），王穉登入太学，北游京师。宁波慈溪人大学士汝南袁炜刚执政，阁试“瓶中紫牡丹”诗。王穉登有“色借相君袍上紫，香分太极殿中烟”之句，袁炜赏叹击节，呼词馆庶吉士，数落道：“公等以诗文为职业，能道得王秀才十四字耶?”于是引为记室，校书秘阁。袁炜推荐王穉登于朝，将以布衣领史事，未成。袁炜卒，无子，王穉登渡江，往宁波东钱湖哭其墓，前后三十三天，行程九百里。

隆庆元年（1567），王穉登再游京师，徐阶当国，很与袁炜修憾。有人劝王穉登不提自己是袁公客，他不听从，刻《燕市》《客越》二集，反而备书其事。

王穉登曾随文徵明、黄姬水、周天球学习书法。行草儒雅媚秀，平实自然；篆隶也精，隶书遒古，胜于真草。“闽粤之人过吴门者，虽贾胡穷子，

① 《明史》卷二百八十五，列传第一百七十三《文苑一》戴良附王逢，中华书局 1974 年，第 7313 页；田柳：《诗礼相传的梧溪王氏》，载徐华根编：《江阴著姓望族》，上海古籍出版社 2008 年，第 393-403 页。王逢生子三，在松江、江西繁衍。

② 崖略：概略。

③ 元《梧溪集》提要，《景印文渊阁四库全书》第一二一八册，台湾商务印书馆 1986 年，第 563 页。

必踏门求一见，乞其片缣尺素，然后去。"①

吴中自文徵明后，风雅无定属。王穉登曾及文徵明门，遥接其风，振华启秀，嘘枯吹生，主词翰之席三十余年。嘉靖、隆庆、万历年间，布衣、山人以诗出名的有十几人，俞允文、王叔承、沈明臣等尤其为世所称，然声华烜赫，以王穉登为最。钱谦益称他：为人通明开美，好交游，善结纳，谭论娓娓，移日分夜，听者靡靡忘倦，并奖引寒素，敦笃故旧，不仅仅以文彩见重。状元宰相申时行晚年以元老里居，对他特相推重。王世贞与同郡人友善，却不很推重他。等王世贞殁，其仲子王士骕因事下狱，王穉登倾身救援，人们因此重其风义。钱谦益说自己当壮年时王穉登仍健在，以数相闻而未往谒，铸成终生遗憾。

万历中，诏修国史，大学士赵志皋等推荐王穉登及其同邑魏学礼、江都陆弼、黄冈王一鸣。有诏征用，未上京，而史局罢。

王穉登著《吴郡丹青志》，是绘画史名著。另有《明月篇》《清苕集》《荆溪疏》《虎苑》《采真篇》各二卷，《雨航记》《吴社编》各一卷，《金昌集》四卷。

子王留，字亦房，亦以诗名。②

5. 清东沙江阴祝塘诗人王谟

王谟，原名元熙，字圣穆，世居江阴祝塘，华墅支裔孙。曾祖王鼎铭，万历己酉（三十七年，1609）副贡生。祖王道清、父王楷，均邑诸生。

王谟年少颖悟，髫龄入书塾读书，每天诵读秦汉唐宋大家文数千言。年十四补博士弟子员，有声庠序，旋即食饩。岁科试，则名列前茅，与当时韩锡爵、范光晨齐名。碰上清康熙初年，朝议改试八股文为策论，王谟更加肆力于诗古文辞，所作尤其精当。曾游顾山，宴于昭明文选楼，酒酣之际，赋《山茶》二律，振笔书纸，云涌飙发，坐客都悚然意下。虞山钱谦益见到此

① 钱谦益：《列朝诗集小传》丁集中《王校书穉登》，上海古籍出版社 1983 年，第 482 页。

② 以上引文与事迹据钱谦益：《列朝诗集小传》丁集中《王校书穉登》，上海古籍出版社 1983 年，第 481-482 页；《明史》卷二百八十八，列传第一百七十六《文苑四》王穉登，中华书局 1974 年，第 7389 页；顾季慈辑，谢鼎镕补辑：《江上诗抄》卷二十八《王穉登》，上海古籍出版社 2003 年影印本，第 290 页。

诗后，感叹道：“梧溪有嗣音矣!”梧溪，就是元代著名诗人王逢。王谟因此别号“梧溪”。他与邑中朱大理廷铉、管学博天祚、吴中翰永福等人结社联吟，时称“江上十七子”。后设馆常熟，又与严讷、赵用贤等人迭主坛坫，称“东南十子”。

王谟为文沈博绝丽，残膏剩馥沾溉后学，多有刊刻传播。著《工竽集》若干卷。然困于场屋，以岁贡生终。事迹载乾隆县志，学行特详。

王谟居乡整躬率物，与弟王诰，学行相砥砺。王诰字玉封，郡庠生。时人语称：“圣穆岳岳，玉封森森。”子王佐，字云五，读书好古，著有《古文管见》及《古今诗选》等书。①

6. 状元文章：清西沙无锡在城支王云锦

王云锦（1657—1727），字宏骏，号海文，又号倬亭，晚年又号古愚老人，世为无锡人，西沙在城支二十世。父王志宁，字用康，积学名儒，一生诚心教人，从游者云集，以岁贡司训安徽青阳县学，如胡安定（瑗）教授苏、湖二州，敦尚行实，为文章皆传经义。

王云锦与兄弟禀承家学，苦心愿效显扬，刻自策励。王云锦九岁能文，其父设帐于家，一日，以“今天下”三字课徒，王云锦私底下为文置上，其父阅而惊奇，后来知道是他作，喜悦道：“大吾门者，此儿也。”年十九补邑增广生。三十四，中康熙二十九年（1690）江南乡试经魁。当时主考王尹方，锐意刷摩旧习，阅卷四十昼夜，所得文传播海内，而王云锦与选其中。然而七上公车，年五十成进士。

康熙四十五年（1706），大廷对策，对于吏治民生及积贮、明刑等大政，融经会史，大畅厥辞。廷对时大臣列其卷上，康熙帝识别其手书，说：“此赵吴兴书法也。”亲读其卷，称其温醇和厚，得盛世气象，亲擢第一。王云锦素来朴讷，不参与名士坛坫。康熙帝拆卷时得其名，问大臣识此人否，一时读卷官十八人无人知其姓氏。松江杨瑄上前对曰：“是素有名之王尹方庚午所取士。”大概王尹方素负知人鉴，而于此科尤其加意，流传京师，虽天

① 以上引文与事迹据江阴《东沙祝塘王氏宗谱》卷二十五，王家枚：《圣穆公传》，2014 年，第57-59 页。

子亦知道此事，故杨公以此为对，一时传为美谈。赐宴之日，正值王云锦五十诞辰，天子遣近臣陪宴，阁臣自京江（张玉书）、安溪（李光地）以下，无不以国士相待。孝感（熊赐履）还以其女与其子结婚。

授翰林院修撰。勤于职业，如在诸生时。越三年，康熙四十八年（1709），充会试同考官。朱元英、张起麟等出其门下。李光地为主考，对王云锦极为称赞。四月，康熙帝在淡宁居，亲试翰林学士经艺诗古文，有《殷三宗论》。王云锦发明古帝王享国长久，原本于学，本栾城（苏辙）之意而畅发其旨，康熙帝大悦，钦定为馆元。王云锦先后纂修《政治典训》《康熙字典》等书。

康熙五十三年（1714）春，奉命提督陕西学政。陕人踊跃欢喜，谓俗言状元天下福。

陕西残于兵燹，文才调落，又习俗强悍，诸生多把持官府谋为奸利，有司循例请革，每年不下数十人。王云锦亲为化导，诣明伦堂集诸生说书，因为讲解，谕以安分毋犯法。有司以狱上则核实从宽免，有司虽以势劫持，他不为所动。诸生无不畏其威而怀其德。秦西古称尚武，而宁夏尤其厉害。王云锦每次考试，张幕演武，场中面试骑射，不是技勇绝人，不与选。兴安县介于万山中，道从褒斜，沿汉江而下五百里，极其险恶，向例调考，人以为苦。王云锦下车即传檄：“不以一人惮劳，致诸生跋涉。”自己跋涉前往考试，留有记事诗。河西古浪所，旧设学而久废，王云锦念其人才特起，请复旧制，事虽格不行，而议者咸感其德。

王云锦周览三秦风土，颁示条约，首端士习，次正文体。秦士素尚材力，向学者鲜少，大都四书但诵白文，为文偭矩①改错，剽窃雷同，其来已久。至此时，多士群然矜奋，开始知道寻绎传注，旁及五经性理诸书，取法明代正、嘉以来先民尺度。

王云锦化导多士，全本其父遗教②，以宣扬圣世文明，对于陕西为功极大。王云锦本来仁厚长德，而持守介然。凡按部各郡县，杜绝夤缘请托，当

① 偭矩：违背正常的法则。
② 遗教：家教延续，弘扬正教。

路者或致币帛、通殷勤，必予峻拒，即势焰烜赫，时与龃龉，也所弗顾。

在陕四年，兴革众多，却积劳成疾。康熙五十七年（1718）春，任满复命还京。冬，即引疾归里。六十一年（1722），举乡饮大宾。雍正五年（1727）卒，享寿七十一。

王云锦归而闭户课经史，旁涉内典道书，种花莳药，淡然自摄，疾亦寻愈。为诸生时研钻经史，排纂《纲目金鉴类编》，重加校勘，昼夜弗辍。尤其潜心易理，曾作《秋林读易图》。时艺以雅正为宗，有《辨真稿》已刻、未刻二集行世。

王云锦始终韬晦，无援于朝。当初康熙帝拔他为进士第一，称谓“孤寒状元”。当他未第时，常年客馆吴门、白下，家赖德配尤氏执勤操作，以佐孝养。其父虽官司训，苜蓿荒寒。兄王是，字名骏，困于童试，垂老获一衿①。弟王季思，字芳骏，亦尚为诸生，环堵萧然如故。王云锦一穷孝廉，榰拄②其间。遭父、母丧事，经营殡葬，家极贫，丧葬如礼，不诿于兄弟，而独力肩任。备历艰辛，友爱弥笃。兄无子，王云锦命长子兴濂为其后，嫁其四女，而给费以养寡嫂。与弟王季思尤友爱，出入必偕。

王云锦笃于内行，性醇谨温厚，少城府，贵显后，虽以巍科家居，出言煦煦，惟恐伤人。又好施惠，能急人之难；仿范文正公遗意，置义田百亩，赡养宗族贫窭人，手疏条例，使子孙世守实行。而且无忘故旧。少年从学钱禹田先生，是一位古风君子，王云锦能向当事扬搉其隐德，与其父王志宁先后并祀乡贤祠。王云锦为德乡里，所费不赀，而啬于自奉，布衣蔬食，视为固然。故乡里中谈及他，无不额首称“长者，长者”。

子四：长兴濂，太学生，嗣伯兄后；次郡增广生兴洛，乾隆丙辰（1736）举人；次兴汾，乾隆辛酉（1741）举人；次兴沂，太学生，皆恂恂谨饬，能以文行世其家。③

清著名诗人、史学家赵翼记载了王云锦“不欺状元”的故事。

---

① 衿：秀才。

② 拄：柱。榰柱，支撑。

③ 以上引文与事迹据《王氏三沙全谱》卷首，杜诏：《王殿元海文先生传》，彭维新：《故修撰王海文先生传》，清光绪二年（1876）。

雍正中，王云锦殿撰元日早朝后归邸舍，与数友作叶子戏。已数局矣，忽失一叶，局不成，遂罢而饮。偶一日入朝，上问以元日何事，具以实对。上嘉其无隐，出袖中一叶与之曰：“俾尔终局。”则即前所失也。当时逻察如此。云锦孙日杏语余云。①

王云锦诚实做人，言语无隐，被称为“不欺状元”。赵翼特记这是“云锦孙日杏语余云”，并论“当时逻察如此”。这个故事由王云锦之孙亲口告诉赵翼，应该当真。不过时间不对，因为据传记和世表，王云锦生于顺治丁酉（十四年，1657）三月二十五日，卒于雍正丁未（五年，1727）四月十一日，寿七十一。康熙戊戌（五十七年，1718）王云锦退归，再没出山任官，雍正丁未（五年，1727）逝世于家，不太可能有这档和雍正帝的事情。即便有，应该是和康熙帝的事情，即五十岁中状元在京到出京任陕西学政之前，或者任陕西学政回京那一年时间之内。

雍正五年（1727），无锡杜诏撰王云锦传，称“吾邑文物名邦，科甲称极盛，而自唐宋迄今，上下千百年，以殿试第一人大魁天下者，四人焉。在宋则蒋忠文重珍，明则孙少宰继皋，本朝顺治壬辰邹公忠倚，后又五十有四年康熙丙戌而得王海文先生”。他并引王文正语见三槐家风素承，作为对王云锦状元门风的评论。

魏国公旦尝语向敏中云：状元及第，荣进素定，但当静以待之，若复奔竞，使无阶而入者当何如？又戒子弟：我家盛名清德，当务俭素，保守门风。先生（王云锦）故其裔孙，诚哉不愧家法矣。於乎！蒋忠文之在宋，孙少宰之在明，并列卿贰，成功名，独我朝于度（邹忠倚）先生早世，于时无所表见，然邹氏至今人文甲于一邑。今先生通籍三十年，亦不克大展其用，则其蕴而未尽发者，必发之后人。於乎！其可量也哉！②

7. 清东沙无锡鹅湖荐举博学鸿儒王会汾

王会汾（1704—1764），字荪服，号晋川，东沙鹅湖二十一世。高祖王道昌，明天启武孝廉，官蓟州卫镇抚，卒于任。曾祖王焕，赘居鹅湖蔡氏，

① 赵翼：《檐曝杂记》卷二《王云锦》，中华书局1982年，第43页。

② 以上引文均见《王氏三沙全谱》卷首，杜诏：《王殿元海文先生传》，清光绪二年（1876）。

为鹅湖始迁祖。祖王培元，累举乡饮大宾。父王起鸿，邑庠生，以优行举于乡，母钱氏生三子：长王会瀛，岁贡生，泾县训导；季王会淇，国学生，早故；王会汾为仲子。

王会汾生而颖敏，七岁就塾，读书则目数行下，强记不忘，而禀性谨严，不好为嬉戏事。父以研稼为业，他年幼随侍馆中。其父亲授经史，尤以学尚根柢，必一字一句皆讲读精熟。十七岁开始作时文，与同里各名流为文会，所在无不倾倒。十九岁秋，娶钱氏。

明年为雍正元年（1723），补无锡弟子员。因年岁渐长，家贫坐食，授经苏州阊门。不久受知于学使东昌邓钟岳，补廪膳生。

六年（1728）秋科试，以第一选拔贡成均。将赴廷试，丁父忧，居丧三年，尤其为宗鄙所推重。

雍正十三年（1735），巡抚高其倬、督学桐城张廷璐、制府三韩赵宏恩，汇举三十二岁的王会汾应试博学鸿词科。

乾隆元年（1736）春入都，秋，中式顺天乡试第四名。明年会试，中二甲进士。朝考一等一名。引见，授庶吉士。溧阳任兰枝宗伯延馆于家，共三年。

四年（1739），散馆，授编修。充《一统志》纂修官。

六年（1741），顺天乡试同考官，分校春秋房。

八年（1743）四月，御试翰林，钦定一等一名，时年四十岁。五月，即升翰林院侍读学士，充日讲起居注官。不久，授少詹事兼翰林院侍读学士。乾隆帝召对勤政殿，温问有加。

九年（1744）四月，补授内阁学士兼礼部侍郎，奉命稽察觉罗官学事。五月，特命在经史馆总裁上行走。钦点浙江乡试正考官，偕副考官欧阳正焕，取中张世荦、闵鹗元等九十四人；覆命回京，特旨充明史纲目副总裁。

十年（1745）三月，阅会试回避卷，取中溧阳史贻谟、同里秦镄等。四月，充殿试读卷官。

次年补授兵部右侍郎。因纲目经史全书告竣，议叙加二级。

十二年（1747）二月，充会典总裁，谢恩，召对乾清宫西暖阁。八月，仍典浙江乡试，偕副考官贵州学政周渼取中辛未殿撰、湖南学政吴鸿，翰林院侍讲、日讲起居注官梁同书，工科给事中巡视台湾汤世昌，户部郎中、钦差宝泉局监督冯光熊等九十四人；覆旨回京，转授兵部左侍郎。

十三年（1748），调补吏部侍郎。以持议不协，左迁大理寺少卿。

十五年（1750），钦点湖北乡试正考官，偕副考官、兵部侍郎王际华，取中翰林院编修柯瑾、工部员外郎鲁赞元等四十九人；覆命到京，先期已补授宗人府府丞。

十七年（1752）八月，念母钱氏年高，陈准回籍终养。以鹅湖旧居湫隘，奉母迁居苏城碧城（凤）坊，承欢朝夕，并授徒以供甘旨。

二十年（1755）六月，母卒，尽哀成殓，后即营谋葬地经年，与父合葬。

二十二年（1757），乾隆帝南巡，在籍丁忧人员例应一体接驾，以昭诚敬。王会汾先期渡黄河至鲁家庄迎驾，召见行在，垂问服阕后出处。王会汾敬对以受恩深重，服阕后即当趋赴阙廷，以图报效，得到首肯。恩赏大缎五匹、墨刻二张。冬，入都，授大理寺正卿，在阿哥书房行走。

自二十三年（1758）之后，七渝寒暑，每日趋走内廷，寅入酉出，未尝稍懈。自分乘此未衰之年，矢竭血诚，以报圣恩。到二十八年（1763）秋患痢，淹缠数月，至二十九年（1764）五月，医治稍平，于是勉力乘车至圆明园，冀望再效行走，而精神消耗，日渐苦瘠，延至八月初旬，竟以不起。

弥留之际，三子在旁，询及家事，一无所嘱，惟谕以天恩高厚、未酬万一为憾。当时汤对松等环侍榻前，三子再四请命，因口授数语，嘱汤对松书以相示。至初九日午，瞑目端逝。享寿六十一岁。

王会汾天性孝友，事父母色养倍至，与兄弟式好无间。经理政事，曾自谓随分尽职，不谙取阿。历官兵曹铨部，都以清介自持。至总裁各馆，口诵手披，必求校订详核、去取精当。两典浙试，闱中阅文，翻覆数四，务取华实并茂，故榜下都是当世名宿少年。为制举文沉雄浑厚，独追震川（归有光）、荆川（唐顺之）；古文根柢经史，兼熟《文选》；诗则宗盛唐，自订诗稿。典试时有《云槎集》《庚午稿》。乾隆十九年（1754）经营兆城，有《寻山集》。二十六年（1761）扈跸木兰，有《塞垣集》。在上书房与诸阿哥唱和，并与通使陈勾山（兆崙，博学鸿儒）、宫詹金雨叔（甡，状元）联吟，得诗百余首；在馆时，有《手注周礼正解》，均有存稿。后成《乐皋山堂诗稿》八卷、《宝彝堂文稿》，另著《治河略》四卷、《仪礼集注》十二卷。

自通籍后，王会汾始终慎交游，谨取予，故门无私谒，以厚居心，以和接物，虽于下人无疾言遽色。遇事可否，则崭然崖岸，不肯苟阿。捐馆后室无长物，只有御赐宸章宝翰、御制墨刻、御书福字，及貂裘、缎匹、纱葛、蕉扇、药锭。珍藏什袭，封识犹新。

子三：王龙见，副榜，安徽泗州天长县教谕，娶溧阳乾隆探花、翰林院编修任端书女；王相英，太学生，娶同里乾隆进士、甘肃兵备道署四川按察使、从祀乡贤祠顾光旭女；王樾，郡廪拔贡生，娶当涂县广德州学正朱裕观女。女二。①

纵观王会汾一生，由科举正途出身，除了奉母终养与丁母忧和闲居在籍成为孝子，达六年之外，从乾隆四年（1739）任官至二十九年（1764）卒于京任，共十九年，一直历官京华，位居吏、礼、兵部侍郎及大理寺卿，为国担当，主要从事文教工作，善于鉴识人才。王会汾三十二岁时就以贡生被推荐应试博学鸿儒，尽管没有取中，而经史深湛、文学超长是确定无疑的，这在之后中举人进士选庶吉士为翰林学士的经历中也充分彰显出来，平生著作除了诗文之外，精于礼学是其一大特色，并有专著传世。

王会汾为官清廉正直，宁愿降职也不苟同附和，惟以勤于职守，鞠躬尽瘁，死而后已。一生为官，似乎没有轰轰烈烈的大事，却有实实在在的绩效。卒后身无长物，仅有御赐实物，尚且没有开封，可见其生平没有贪婪之性或玩好之癖。这点在他奉母移居苏城之后，还得通过授徒来助生计，可以略见一斑。须知这时王会汾已经官居宗人府府丞，正三品，曾经当过三次乡试主考大人，而且两次是浙江、一次是湖北，都是文化发达人才之区。此外，临终之际尽显坦荡忠荩，没有任何私密嘱咐儿子，实在要有的话，也让他人代写转告。

---

① 以上事迹据《王氏三沙全谱》卷首《皇清诰授资政大夫大理寺卿加三级上书房行走前吏礼兵部侍郎宗人府府丞显考晋川府君行略》，清光绪二年（1876）。

8. 清东沙无锡瞻桥史学家王直

王文学名直，字子擎，号慎斋，无锡梅里人，东沙瞻桥二十二世。少无杂嗜，多读书。体察其父期望：欲以古学鸣，因考精史学未显闻，有待后人。

王直与仲弟王鉴，同贯长洲籍，补诸生。

王直四试省闱不遇，慨叹道：“士不能锐心好古，徒工对偶声调，与善进取者较得失邪?”于是废制举业，专攻古学。凡诸经传注、笺解、义疏，诸子老、庄、管、晏而下，包罗旁魄①，而于马、班、陈、范后诸史，横竖钩贯，务穷委源，辨是非，定功罪而后已。

王直曾言：“士不能佐天子出政令，活天下人，又不能提勇敢健卒，折冲边塞，便当撰述有用书，使姓名彪炳，列于著作之林。”

又曾言：“宰相荣辱人于生前，史氏进退人于身后，史职綦重。而士人伏处草泽，无繇成一代国史，当先辑郡邑志乘，以见史裁。如无锡一邑，泰伯端委②以来，素称文献邦，然前贤事迹半归湮灭，名家著述散亡略尽，从前邑志名宦起于唐，儒林始于宋，隐逸不载明以前，文苑缺略晋以后，唐代只传李文肃（李绅）小集，宋代只传李忠定（李纲）纂本，余皆阙如。”

因以无锡一邑文献分为二集，自前代史书、通省志书暨古今文集、稗野记载，都钩录类纂，网罗囊括，中寓显微阐幽之旨。殚心瘁力，日月既久，将次成书，于康熙五十七年（1718）闰八月以疾卒，年四十。

此先，王直忧患宋辽金元，四处繁芜错杂，而《宋史》尤甚，欲准欧阳修《五代史》例，删汰断制，以成一书，条例体裁已定，因辑《锡山文献》，于是中彻。

生平诗以杜（甫）韩（愈）为宗，不喜西昆、香奁诸体。文以唐宋八家为宗，兼及南宋诸家，而工绣鞶帨③之类，全都屏弃。

王直博学好书，以古文辞鸣世。购藏古书，储富而执要。曾说六经而下为世用莫如史，于是经有《六经日笺》，史则见端绪于《锡山文献》。另著

---

① 旁魄：磅礴。

② 端委：礼衣，指泰伯以周礼教民。

③ 鞶帨：腰带和佩巾，比喻雕饰华丽的辞采。

有《慎斋小集》《慎斋杂说》等书。

往昔班固《汉书》未成，其妹曹世叔妻班昭补成，“八表”及《天文志》均为班昭手笔。《锡山文献》为王直手定，“文集”系其弟王鉴续成。王鉴字子任，亦好学著书，有诗文集。

王直子二：王思志、王思尚，都能读父书。①

9. 清东沙江阴古塘诗人王季珠

王季珠，字馨吾，号铁花，东沙古塘支诗人，贡生，著《旷庐聊草》。他五十岁自称“不佛不仙，喜谈农务”②。清宣统元年（1909），王慰祖为其诗集作序，称其诗工、名重，在古塘支诗人中，“得与原吉（王逢）、百穀（王稺登）、圣穆（王谟）、梦屺（王文震）诸公并垂不朽，所谓不求名而名自归之者”③。

王季珠在诗句里会流露出三槐后裔的意识，譬如《自遣》：“医门累叶重高明，迄我偏忘问药名。五柳先生余本色，三槐后裔忝家声。身经治乱四朝运，人与乾坤一气清。自揆何尝无分量，独怜修炼未能精。”④

10. 清东沙江阴筑塘分华墅支举人学者官员王家枚家族

王家枚（1866—1907），字吉臣、洁丞，号寅孙。先祖筑塘（今作祝塘）二十三世王子舆（1685—1750），两举乡饮大宾，在清康熙年间，由筑塘徙居华墅（又作华士）聚龙街，为华墅始迁祖。而王家枚祖、父二代均以绩学世家。

祖王堃（1806—1853），原名斌，字简卿，号翼清，一号载甫。祝塘二十七世。东沙华墅王氏自王堃开始，以读书发闻于时。

王堃年少颖悟，读书兼行下。家贫，刻苦自励。年十五，以诗古入县学。逾年补增广生，旋即食饩，为邑廪生。岁科试名列前茅。深得时任暨阳书院主讲李兆洛的赏识，目为古大家，受业门下。为他题《书帷雪影图》，

① 以上引文与事迹据《王氏三沙全谱》卷首，浦起龙：《慎斋公传》《庠彦慎斋公暨配黄孺人合兆墓志铭》，清光绪二年（1876）。

② 江阴《东沙古塘王氏宗谱》卷六，王季珠：《懒鸿馆主人五十自序》，2020 年，第 121 页。

③ 《东沙古塘王氏宗谱》卷六，王慰祖：《顾山王馨吾旷庐聊草序》，2020 年，第 118 页。

④ 《东沙古塘王氏宗谱》卷八，王季珠：《自遣》，2020 年，第 122 页。

有“青眼吾垂老，素心子自知”之句。

王堃举道光十二年（1832）恩科江苏省乡试第十一名经魁，年才逾冠。与吴县冯桂芬同年，座师为萧山相国汤文端金钊，特拔于遗卷中。汤文端阅王堃卷，击节叹赏，以为必老名宿。到进谒时，见他年齿犹未壮，大喜过望，奖慰备至。冯桂芬在同年中唯一服膺的就是王堃，因为这科全墨名贵无逾王堃所作。

但王堃四上春官，三荐不售，因家贫亲老，不得不资禄以养，十六年（1836），由大挑乙等，以文学校官需次里居。从游者日众，一经指授，便破壁飞去。二十九年（1849），署崇明县教谕，继授高淳县训导，荦荦有治状，竟以劳故，于咸丰三年（1853）五月没于高淳任所，年仅四十八。

王堃平生敦行力学，“闳览博闻，早负经世志，为文根极理要，出入经史，如丰玉荒谷，一一可施诸实用”①。其门生龚聘英回忆他，“为人和蔼宽厚，胸无城府。与人语，煦煦然。然有不可于义，则又侃侃不少挫。”“平生喜积书，见异编，虽典质以购，勿吝也。所居宛委山房，藏书三万卷，一一手自校勘。虽大寒暑，昼夜不辍。自经史子集外，旁及道藏、释典，俱能探其妙义，钩索贯串，一发之于文。尤通古今政治之略。”②“秦汉以降诸子百家之文，抄选成帙者，厚以尺计。”③

王家枚说，他王父这些书“分贮三十二橱。当时藏书之多，与杨舍叶氏静观楼（一名水心斋）几相埒焉”。经过咸丰庚申（十年，1860）兵燹，“遗失十之七八。其所存者，仅总集、别集，数千卷而已。”嗣后他父亲“稍稍购置”。④

王堃生平对古今制义审择最严，虽屡试报罢，总不肯诡随俗尚。门下士

---

① 以上引文与事迹据《东沙祝塘王氏宗谱》卷三十三，王润生：《从伯父简卿先生墓志铭》（光绪二十八年，1902），2014年，第70页。

② 《东沙祝塘王氏宗谱》卷二十七，龚聘英：《敕授修职郎高淳县训导简卿王先生家传》（同治三年，1864），2014年，第65、63-64页。

③ 《东沙祝塘王氏宗谱》卷三十三，王润生：《从伯父简卿先生墓志铭》（光绪二十八年，1902），2014年，第73页。

④ 《东沙祝塘王氏宗谱》卷三十，王家枚：《重思斋藏书自序》（光绪二十九年，1903），2014年，第73页。

曾刊《宛委山房制义》及《律赋》行世。尤工诗古文词，诗近温、李，古文取法曾、王，著《宛委山房诗古文集》，未梓。又著《读史摘要》若干卷。在崇明作《筹海备览》，守卫高淳著《守望辑要》，二本都是军政书。咸同战后，王堃的著作仅存诗词数十首，集为《宛委山房诗词文剩稿》。行谊列邑志《文苑》传。① 咸丰元年（1851），他纂修筑塘宗谱。

王家枚父王泰阶（1832—1896），原名丽生，字平三、景韩、镜涵，晚年更号警庵。因咸丰军功，授五品衔，赏戴蓝翎。归家，家计益艰，以至于“隐身卖浆，以谋朝夕”②。

同治五年（1866），因母服阕，王泰阶始入邑庠，年已三十五。逾年补增广生。四应乡举不售，他绝意进取，授徒里中。子家枚、家枢始成童，他即自课，除四书五经外，授《昭明文选》及唐宋大家文，训诫说：“为学宜植根柢。根柢厚，斯文有据依。若斤斤于声律对偶，是犹木无根、水无源，其枯涸可立见也。”又说：“有文人之文，有学人之文。绨章绘句，雕虫状物，文人之文也。有裨经史，攸关世道，学人之文也。汝曹涉笔，当思为学人，而不为文人，则几矣。”

光绪十年（1884），王家枚补郡学生。又二年，食饩，始授徒家塾。王泰阶诏戒他：“汝祖父以颖异之姿，裕干济之略，年未五十，不获大伸其志。予早年迭更丧乱，以无以张先人之业，小子当思有以绍之！”王家枚五应乡试不售，王泰阶泣道：“小子其遂不克继先人乎？”至二十年（1894），王家枚举于乡，他颜色始稍霁，大概常遗憾自己不得一第，无以继先人，因而期望后人尤为挚切。③

王泰阶在光绪四年（1878）以增贡生捐翰林院待诏。著有《吴越纪游

① 以上事迹据《东沙祝塘王氏宗谱》卷三十三，王润生：《从伯父简卿先生墓志铭》（光绪二十八年，1902），2014 年，第 69-74 页；《东沙祝塘王氏宗谱》卷二十七，龚聘英：《敕授修职郎高淳县训导简卿王先生家传》（同治三年，1864），2014 年，第 59-67 页。

② 《东沙祝塘王氏宗谱》卷二十八，王家枚：《显考平三府君行述》，2014 年，第 137 页。

③ 以上引文与事迹据《东沙祝塘王氏宗谱》卷二十八，王家枚：《显考平三府君行述》，2014 年，第 137-139 页；《东沙祝塘王氏宗谱》卷三十三，缪荃孙：《例授奉政大夫蓝翎五品衔增贡生王君平三暨德配章宜人合葬墓志铭》，2014 年，第 75-79 页；《东沙祝塘王氏宗谱》卷二十七，李超琼：《王君平三家传》，2014 年，第 101-105 页。

草》各一卷、《青箱诗文抄》六卷。光绪四年（1878），他续修筑塘宗谱。卒年六十五。

王泰阶娶章氏，生子二：王家枚；王家枢，附贡生，国子监典籍衔候选训导。王家枢“积学甚富，旁及金石、岐黄，悉能探其奥衍”①。卒于民国九年（1920），年五十二。

王家枚五岁时，父亲就馆苏垣，母章氏，命就小几识方字。及七八岁，即岐嶷若成人，读书一目数行下，已知自爱，习庭训，风雨寒暑无有稍辍。江阴乡先辈徐挹泉侍御识为伟器。年十六，父亲担心他囿于乡曲，见闻不广，让他负笈金匮县鹅湖，从游设馆华氏的同邑章翊孙孝廉，接着师从锡山窦晓湘孝廉，共借馆鹅湖六年，稍识文章途径。② 光绪甲申（十年，1884）年十九，始应童子试，县试冠军，郡试第二，受知瑞安黄体芳学使，补郡学生员。越二年，即食饩，自此考试便优等，文誉籍甚③。“手校《说文》《汉志》，研覃诸子百家，靡不通贯。”④

江阴士风本来僿朴，自江苏学政黄体芳侍郎在光绪八年（1882）创建南菁讲舍，以朴学为倡导，“高材俊宿郁然云集，邦人士浸溉输灌，皆蒸蒸有砥学砺行之概”⑤。

王家枚既负时誉，不久录取入南菁书院肄习，为上舍生。他大肆力于经史，为有用之学。凡声音训诂、诗古骈俪诸体，无不宏搜博讨，殚精研究，振华挹髓，披躐堂奥，由此发为文章，渊雅典赡，踔越辈流。前后学使莅临江阴，王家枚必首蒙奖拔优异，选刻课艺内多有其作。而茂名杨蓉圃侍郎颐、宗室溥玉岑尚书良在江苏督学任上，尤其奇赏他。课评有“名人手笔，无所不有，文似班马，志在韩范”之语。⑥ 定海黄元同以周、同邑缪筱珊荃

① 《东沙祝塘王氏宗谱》卷二十七，章寿椿：《王卓臣先生家传》（民国三十五年，1946），2014 年，第 152 页。

② 《东沙祝塘王氏宗谱》卷二十八，王家枚：《显考平三府君行述》，2014 年，第 138 页。

③ 籍甚：有所凭借而更强大。

④ 《东沙祝塘王氏宗谱》卷三十，王家枢：《重思斋藏书自序附识》（宣统元年，1909），2014 年，第 75 页。

⑤ 《东沙祝塘王氏宗谱》卷二十七，缪抡俊：《吉臣王君家传》，2014 年，第 146 页。

⑥ 《东沙祝塘王氏宗谱》卷二十八，王庆熙、庆尧、庆燕：《例授奉政大夫度支部浙江司主事甲午举人显考吉臣府君行述》，2014 年，第 150 页。

孙、慈溪林晋霞颐山，先后主讲南菁书院，任山长，如缪荃孙所说，“爱家枚之文辞，有古作者风”“方知其学之有自也”，有父祖家学相承。①

然而王家枚五试秋闱不遇，戊子科（十四年，1888）额满见遗。

光绪甲午（二十年，1894），王家枚以优廪生举于乡，年二十九。以后朝野多事，家庭多故，四遇南宫会试，都不果就。

乙未（二十一年，1895）春，北上会试，行已有日，因父亲肝胃病发作，须亲奉汤药，不忍远去，逡巡累日，最后辍行。退而为南菁都讲。

戊戌（二十四年，1898）及癸卯（二十九年，1903）、甲辰（三十年，1904）春试，又先后丁父母忧，服未阕，不成。

丙午（三十二年，1906）夏五月，科举既废，王家枚思出为世用，赞助新政，入都就拣选知县，而例以貌去取，王家枚相貌清癯，竟然被黜。立即赋归。

明年（三十三年，1907）二月，因提学使保送，王家枚入京考举贡职，得州倅，不愿就职，又报罢。他身体素弱，旅京数月，感秋燥，屡致喘咳，意想急归。有人劝他援例捐纳，改请移奖部职。他犹豫累月，最后签分度支部浙江清吏司主事。在都时，王家枚为同乡陈都宪侃、徐给谏士佳，拟疏论时事，洋洋数千言，切中肯綮，由此名动公卿，被识为有用世才。

事毕，即整归计。濒行之际，气喘症大作，逾月病情更加剧，竟于十二月二十八日卒于京邸，得年四十二。弥留时，惟勉励在侍儿子庆熙：“以立志居心，仰承先业。”② 语不及他。配陈氏。子三：长庆熙，议叙县丞；次庆尧，国学生，嗣弟广文作臣之后；三庆燕。女二。

王家枚心性静一，绝无游戏征逐之事，读书治学非常勤苦，博览群书，夜必过半，寒暑靡间，虽舟车行路，卷不释手。为文典赡古茂，说经则宗许郑，古文辞则师法桐城，骈俪诗词则导源汉魏，遇名儒宿学，无不虚衷延访，讨论研究。

---

① 《东沙祝塘王氏宗谱》卷三十三，缪荃孙：《例授奉政大夫蓝翎五品衔增贡生王君平三暨德配章宜人合葬墓志铭》，2014 年，第 78-79 页。

② 《东沙祝塘王氏宗谱》卷二十八，王庆熙、庆尧、庆燕：《例授奉政大夫度支部浙江司主事甲午举人显考吉臣府君行述》，2014 年，第 158 页。

担任南菁都讲，王家枚更加“厚自期待，力窥于古之作者，冀有以自见，成一家言。详稽博览，精择而约取。尤留意于乡邑文献，有所得，必条举札识之，故年未四十，所纂辑已裒然成帙，多可问世之作矣”①。

王家枚传承了祖、父二代的书香，嗜书成癖，自述“光绪甲申（1884），余年十九，补府学生，明年始从事于考据之学。因将书院所得膏火及馆谷资，悉以购书。每应试归，簏中辄增书籍数百卷。颜书斋曰‘重思’，盖取《管子》‘思之，思之，又重思’之意，借以自勉也。迄今近二十年，所购又五六千卷”②。缪抡俊撰写家传，更是记载他“异编佳本，尤不惜购以重值。家故多庋藏旧本，经兵燹，存者什一。益以君前后所置，卷盈累万”③。王家枚曾对儿子说：“我王考简卿公藏书三万卷，一一手加丹黄，惟以读书望后人。今我所得，尚只十分之三，不欲积金以累汝曹，庶几后人毋忘祖训。”④ 经过三代人节衣缩食，坚持不懈购置藏书，到光绪癸卯（二十九年，1903）二月七日王家枚题识之时，“虽不能复广文公（王堃）藏书之多，而经史要用之书大致已备。后之人倘能读而世守之，斯亦幸矣”⑤。王家枚弟家枢并说他有的书还“假抄备梓。时与书贾、手民相往还”。而王家枢也能检录家枚的“课艺酬应之作，复得五六卷，爰丐张直刺少泉（直隶州知州张洵佳）世丈，选奏议、颂表、论说、传序、考跋、碑铭、祭文、诔赞、词赋若干篇，汇成二册，备资排印，分赠同志诸君”。⑥ 华墅三沙王氏重知识高于黄金的家族藏书文化特色鲜明，惠泽子孙，嘉益乡邦。

王家枚在力学之外，还著述、编书、刻书。他曾经感慨先泽郁而不宣，裒集其父遗著《宛委剩稿》《青箱诗抄》，校勘编次，梓行于世，并持示儿

① 《东沙祝塘王氏宗谱》卷二十七，缪抡俊：《吉臣王君家传》，2014 年，第 146-147 页。

② 《东沙祝塘王氏宗谱》卷三十，王家枚：《重思斋藏书自序》（光绪二十九年，1903），2014 年，第 73-74 页。

③ 《东沙祝塘王氏宗谱》卷二十七，缪抡俊：《吉臣王君家传》，2014 年，第 147 页。

④ 《东沙祝塘王氏宗谱》卷二十八，王庆熙、庆尧、庆燕：《例授奉政大夫度支部浙江司主事甲午举人显考吉臣府君行述》，2014 年，第 152 页。

⑤ 《东沙祝塘王氏宗谱》卷三十，王家枚：《重思斋藏书自序》（光绪二十九年，1903），2014 年，第 74 页。

⑥ 《东沙祝塘王氏宗谱》卷三十，王家枢：《重思斋藏书自序附识》（宣统元年，1909），2014 年，第 75-76 页。

子：“先人一生砥学，纂述甚富，惜多毁于兵，仅留此区区，当世世奉为弓冶①之传。”又曾指授儿子经史大义，说：“方今功令②，振兴新学，然仍宜多读古文，以经史植国文根柢；《左传》为古文权舆③，笔法句法，后人鲜有能及者。汝曹识之。”④ 自己覃思研精，发为巨著，有《重思斋诗文集》六卷。因惧惮经说莫知所宗，著《国朝汉学师承记续编》一卷。为保存地方掌故，撰《华墅镇志》四卷，历时十余年编纂《龙砂志略》十卷首一卷（今存光绪三十二年，1906 年，残稿本）、《梓里咫闻录》二卷。甲午（1894）举乡后，尤其留意乡邦文献，阐扬先哲，转辗借录，“网罗散佚，虽吉光片羽，珍如拱璧，罔不抄纂而庋藏之”⑤，撰《贡息甫先生年谱》一卷，选刊《定峰文抄》二卷、《赐书堂诗集》一卷、《醉（好）云楼诗集》、《龙砂诗存》二卷，并为亲友贡、仰、李三姓并同宗砂山、梧村王氏修辑宗谱，共五家，体例精核。又校刊《读史大略》《柳选四家医案》，编辑《龙砂耆旧传》，选刊《南菁书院文集》，编刻《重思斋丛书》丛书六种。

王家枚至性纯笃，初因堂上年高，不忍远离，后则叠遭大故，前后连不得与试礼部，乡居逾十载，奋思撰述。

弟王家枢师事于他，经淬濯陶镕，卓异非凡。光绪二十五年（1899）二月县试，知县李超琼“集童子军七百数十人初试之，以王家枢为之冠”⑥，后为名诸生。著《贡氏艺文志》一卷、《琅嬛小舍诗文杂草》二卷，主持纂修宣统元年（1909）祝塘宗谱。兄弟同居越三十年，怡怡无间。先人所遗田产，岁入租息，无分尔我，亦不计多寡。

王家枚天性慷慨，好施予，任华墅乡董，“凡一乡一邑地方利病之应兴革

---

① 弓冶：指祖上的事业。

② 功令：国家对学人进行考核、录用的法律、命令。

③ 权舆：起始。

④ 以上引文与事迹据《东沙祝塘王氏宗谱》卷二十八，王庆熙、庆尧、庆燕：《例授奉政大夫度支部浙江司主事甲午举人显考吉臣府君行述》，2014 年，第 151 页。

⑤ 《东沙祝塘王氏宗谱》卷二十八，章钟亮：《同年王吉臣主政诔并序》（宣统元年，1909），2014 年，第 165 页。

⑥ 《东沙祝塘王氏宗谱》卷二十七，李超琼：《王君平三家传》，2014 年，第 101 页。

者，率委重于君，君亦自以不得志于时，冀有所设施，辄毅然乐为之倡”①。

光绪二十三年（1897），秋收大歉。次年春，米价腾涌，饥民载道。王家枚首倡捐资，与诸乡老请求县令借拨积谷，又与黄明经哲卿等，就地筹捐，集三千余金，按保遍查饥户，籴米散给，使大小数千口得以度日。其他善举，如主议重建凝秀桥、修葺文星塔，疏浚应天河，筹置恤米公田、施衣给药，不惮烦劳，身先为倡，垫款千余缗。每收佃租，必较大例酌减。好周人缓急，宿逋每不责偿。“遇水旱或盗贼窃发，则深颦蹙頞，引为己忧。”②

王家枚秉性温和，雅量过人，“与人交，久而弥敬，虽遭遇横逆，从不以声色相加。诱掖后进，恳切周挚。遇朋辈急难，设法排解，身任不辞远近；有纷争，必苦口劝导，就其曲直剖之，罔不悦服”③。“以故宾朋之过从，乡人之启谒者，自朝至暮，恒踵相接。君日事酬答，稍暇则又喜治书史以涤嚣。久之，体益瘽，少觉惮烦。然人知君之和易可近也，益乐就君，君竟不能拒，而以基于病。”④ 确实，有人讽劝他宜惜精力，不当泛应自苦。他笑道：“所贵为士者，不得志于时，则泽及一乡，吾靳少抒素抱，岂好事哉？”⑤

王家枚读书志学，热心经世实政，“承重叶夙学，涂轨既正，造诣益醇，义理、词章、考据，兼擅厥长，尤留心经世之学，顾仕不达，年不永，仅得设施乡邑，荦荦以文辞著”。恒常以“新学虽兴，旧学要不可废”，告诫后进。⑥

章寿椿的继祖妣出自华墅王氏，王家枚每次拜谒她，她就让髫龄章寿椿向表叔王家枚“具谒见礼，且诏之曰：‘此为吾家富有学问之人，惜汝齿稚，不得令师事之。’”进而给他留下“貌白皙而身瘦削、恂恂有儒雅度”的深刻印象。以后章寿椿由清光绪癸卯科（二十九年，1903）举人任安徽南陵县

① 《东沙祝塘王氏宗谱》卷二十七，缪抡俊：《吉臣王君家传》，2014年，第148页。

② 《东沙祝塘王氏宗谱》卷三十三，章际治：《王君吉臣墓表》，2014年，第84页。

③ 《东沙祝塘王氏宗谱》卷二十八，王庆熙、庆尧、庆燕：《例授奉政大夫度支部浙江司主事甲午举人显考吉臣府君行述》，2014年，第155页。

④ 《东沙祝塘王氏宗谱》卷二十七，缪抡俊：《吉臣王君家传》，2014年，第148-149页。

⑤ 《东沙祝塘王氏宗谱》卷三十三，章际治：《王君吉臣墓表》，2014年，第85页。

⑥ 上引据《东沙祝塘王氏宗谱》卷三十三，章际治：《王君吉臣墓表》，2014年，第81、84页。

知事，为王家枢作传，称这兄弟表叔“诚可谓郊祁（宋郊宋祁兄弟）济美，轼辙（苏轼苏辙兄弟）并驾，无愧难兄难弟之目也”。[①]

（七）模范教师

我国素有尊师重教的优良传统和社会风尚，宋代以来，江南地区成为文化中心，尊师重教成风，人家无论贫富，教子读书，总是首选。教书育人成为衡量模范教师的标准。名师门庭若市，能够掌握德艺之间的平衡，教好学生，兢兢业业，蜡炬成灰，桃李满天下，故而在名师频出的三沙王氏子弟之中颇有可钦之人。

1. 清西沙无锡在城支名师王志宁崇祀青阳名宦祠、无锡乡贤祠

钱志宁（1619—1695），本姓王，字用康，号巽行，常州府无锡县人。自无锡沙头王胤，十五传至高祖王景佑，再迁陡门。又三传而为其父王之弼，隐居教授，世代隐德弗耀。王志宁聪颖过常人，未弱冠，以经书表，由苏州府长洲县籍补长庠廪膳生。每次考试名列前茅，名声远出辈行之上，然而谦抑自居，不与人计较曲直，至有义所不可之处则争执不下，声色俱厉，不为婞阿，人们开始或不能堪，后来知其忠信，最终非常悦服。清圣祖康熙十一年（1672）岁贡生。康熙二十九年（1690）四月，授池州府青阳县学训导。

生有至性，母徐氏患病，他中夜焚香告天，愿减己算以益亲寿。友爱诸弟，家本贫窘，两弟俱孤幼，馆谷所入，不为己私。父母殁，一切丧葬之费，黾勉独任，未尝分诿，且无间言，乡党称孝友。平居谦抑自持，愉愉自如。与人交，不骛为高论，必举“做好人，行好事，读好书”三语谆谆劝勉，其生平得力多不出此。亲友或相忿争，必论以道义，使各悦服。有不从，则再三诫勉，人们忌惮其正直。

有子三人，皆笃学能文章，他课督尤严，以身为师，不专尚口耳，深恶名士狷薄习气，曾训诫道：“士先器识而后文艺，汝辈当服膺斯语。”以远大相期许。尤精识鉴人才。

---

① 《东沙祝塘王氏宗谱》卷二十七，章寿椿：《王卓臣先生家传》（民国三十五年，1946），2014 年，第 153 页。

远近从学生徒，每年不下数十人，稍不中程，呵责不少宽贷。论制义、为文章必根柢经史，究极性理，一宗先正体裁，为当时名师，故老有言，说他“教如雄硫砒信，入其炉灶，信为神丹；麻缕丝枲，经其杼轴，皆成妙彩；又如参蓍之起虚羸，脂粉之助妩媚”，所以受业弟子取次登贤书①、捷礼闱②，指不胜屈。

晚年秉铎蓉城（安徽省池州市青阳县），感慨文风颓敝，每月召诸生扃试，每命一题，必亲为讲解，津津不倦。邑中多士③如拨云雾而见青天，延及旁郡邻邑，闻讯多来请益，由是士习丕变，文风大振，所成就尤众。学宪许汝霖称为江南司教第一，赋诗相赠。学宫圮坏，王志宁建议修葺，监督不辞劳瘁。历俸三年，康熙三十二年（1693）八月，以疾乞归。

解组后，与子侄闭户论文，浮云淡月，晏如自在。康熙三十四年（1695），年七十七卒。越十年，仲子王云锦康熙四十五年（1706）一甲第一，官翰林院修撰。康熙五十二年（1713）万寿，覃恩赠加子官。长子郡诸生王是，能文而赍志以殁，而季子王季思，亦以明经任庐州府六安州学训导，教泽留遗，久而不息。又三十年，而王云锦仲子王兴洛、三子王兴汾，相继登贤书。王兴洛子王日杏、王季思孙王鲁，同日补博士弟子。“锡人士交口称先生修德积善所致。”

青阳耆英追溯仪型，梁溪（无锡别称）俊秀佩服模楷，各具事实，上于当道，颂其有裨风教，于是康熙五十五年（1716）得崇青阳名宦祠、康熙五十七年（1718）得崇无锡乡贤祠，两地崇祀。④

王志宁年轻负盛名，而生平朴实醇谨，未尝以气加人，积学数十年，以经史为学问根柢，崇尚正宗理学，以“做好人，行好事，读好书”为理念，教书育人，不仅教诲子孙读书，功名兴盛，促使西沙无锡在城支声名大振，成为三沙王氏科举望族，而且大部分时间以塾师为生计，做到兢兢业业，教

① 登贤书：乡试中式为举人。

② 捷礼闱：会试中式为贡士，殿试为进士。

③ 多士：众多贤士。

④ 以上引文与事迹据《王氏三沙全谱》卷首，彭维新：《巽行先生传》（乾隆八年，1743），张起麟：《巽行公列传》，清光绪二年（1876）。

育之心，亹亹不倦，既容纳学生，又保护学生，名闻遐迩，更且垂老任职学官，成就后学，振文风，端士习，促进青阳学风兴起，人才勃兴。总之，其无愧于一代名师的称号，可为清朝王氏所产的模范教师。

2. 清西沙江阴在城举人塾师王戴

王戴，字薇庵，嘉庆十八年（1813）举人，江阴南街支廿五世。

王戴天资颖悟。年方九龄，塾师以“夜半猫捕鼠”命题，应声道：“春深鲤化龙”，名声始噪。及长，嗜好《十三经注疏》及“廿二史”，多借阅，过目成诵，数月即返，迭返迭借，习以为常。《玉海》、“三通”，并有提要，手抄成帙，根柢深厚，受到包尹农太守和汪海门、夏循陔、夏式庭三位广文①器重，结为忘年交。

学力阔深。行文思如泉涌，对客挥毫，奔赴腕下，而不废酬应，可得八九首；肖题而构，清奇浓淡，不拘一格，每一艺成，人争传诵。武进李兆洛题：“邃于理，练于法，故能径丈一字，方寸千言”，大约是定评。

教人肫挚。当时及门弟子鼎盛，每年必阅文八九百首，而各因其材，亦因其时，谓如驰道之马，欲擒先纵，骤施鞭勒，势必两伤，徐缓则驯服容易，此一教育观点近于创新，而收效独捷，在上登贤书、捷南宫，其次亦不失为名诸生。尤恤寒士，饮食教诲，无吝色，无倦容，以此成立者甚众。像进士、太子少保、兵部尚书曹毓瑛就是其门人。

交邻长厚。祖宅半归叔父，自己所得之半逼窄，鼎立不敷。恰巧邢姓高价售宅，如数给付。邢姓先将住宅典给徐、缪、包三姓，等到出屋交付，把花果竹木翦伐一空，他物称是汪姓，又争夺后园地界，王戴听之任之，说：“屋今归我，传舍耳，勿伤邻好。”

治家暇豫②。爽垲③将更改，得一怪石，高四五尺，嵌空玲珑，王戴因此筑精舍，颜名“小蓬山”。此外加筑又十数间。未雨绸缪，不独劳心，且兼劳力。虽朴而不华，然门阶户席，整理一新，其费甚巨，而王戴非素封，却又不肯波及于人，取给砚田，量入为出，愈忙愈闲，如此几近二十年。

① 广文：儒学教官。
② 暇豫：悠闲逸乐。
③ 爽垲：高燥之地。

居乡镇定。待人以柔克刚，虽外事不与闻，而人多信仗。道光二十二年（1842）仲夏，英国船只过境，王戴侨寓乡间，土寇啸聚，蚕食邻家，剽掠行路，势力极其张狂，王戴商议解散之法，晓以大义，怵以大害，具体做法，上者联保甲、严守望，使人外不得入，内不得出，其次只是乡人通行，再次则众人果戢，坚决停止来往。后各乡告警，只有王戴所居七八里中安堵无恐。

王戴日出而作，夜分而寝，心精力果，一上公车，即甘韬晦，怡养椿萱，子三女二，二子游庠，阖家融乐，家道昌隆。他仍杜门不出，食无兼味，衣必布袍，国课早完，古书急购，遗言豫定，家教肃然，良由恪守素风，慎终于始，而又不谈方药，不信堪舆，不渎神明，不畏鬼魅，最终着手成春，因心逢吉，灵通寝室，怪绝乡闾，世人艳称之而不知。厚同室，豁多金。晚年量泉煮茗、手植花木以自娱，而杜鹃一庭，尤绚烂，敦夙好，曾言：“栽者培之，树人之法，视此矣。”著有《博我编文》六集。①

3. 清西沙江阴东常秀才塾师王鼐

王鼐，字蔚堂，文行兼优，为一方名宿。少时往文林包氏外祖家，外祖苍曜见他循谨，以读书勖勉，其母包氏又严加督责，家业虽落，犹复摒挡资斧，延师训诲。等到学为制艺，应童子试，未获隽，则被包母呵责，所以他雪案萤窗，益深砥砺，最终能够镕经铸史，与时贤相抗。补博士弟子员。而鏖战南闱，屡荐不售，岁科试则列一等，终究未能食饩。于是坐馆授徒，引掖后学，谆谆不倦，远近争相延请。其所造就，半数青衿②。生平慎重寡言，言皆中理，为乡里所仪型、后生所敬畏。后举乡饮宾，仍以教授为业，不干涉外事。每假馆归，对族中及亲戚必一一省问，乐人之乐，忧人之忧。因此造庐请谒之人亲其丰采、挹其绪余，都说他有古君子风。王鼐自奉极约，修脯赢余，惟有喜欢广购书籍，居一室，左图右史，宴如自得。③

① 以上引文与事迹据《王氏三沙全谱》卷首，曹毓英：《南街支廿五世祖薇庵公传》，清光绪二年（1876）。

② 青衿：秀才。

③ 以上事迹据江阴东常《王氏西沙支谱》卷二十二《蔚堂先生传》，清光绪元年（1875）。

4. 清东沙江阴古塘派塾师王锦

王锦，别号次云，无锡泾皋饱学之士。性谨慎，行端方。其父早世，年纪虽小，事奉萱帏尽子道，敬胞兄西屏如师傅。凡内外出入，一切听命。笃志芸窗，寒暑无间。每课文不假思索，下笔则数百言，审题命意迥不犹人。郡邑试屡列前茅，然而年三十始为诸生。后南闱屡次不售，因于举业暇余游览术数书，于是淹贯堪舆、星卜诸说理。

授诸徒业，口讲指画，娓娓无倦意。曾说：“人以子弟授予，苟不尽心诲训，是非特负人，抑且负己矣。”

凡邻里戚族，无论大小事浼求，他无不尽心代理。其子侄或有过失，他必严为惩戒，使不再蹈犯。喜作诗，间有吟咏，逸情远韵，纯乎天趣。居恒食脱粟、衣敝缕，勤俭成家。咸丰同治兵燹后，王锦茹荼忍苦，不甘变产为温饱计。其家内外肃穆，长幼秩然。①

从王锦授徒准则，发自内心，可见他的教师职业操守，最为实在。

5. 清西沙江阴桐岐王瑛

王瑛，字渭阳，号慕陶居士。王均实十六世孙王岐周长子。“作文戛戛独造，脱尽恒蹊。一字未安，恒费数日推敲。每脱稿，见者无不倾倒，以为文止②、思旷③嗣音④也。”

年三十五，受知于学使莫晋，补学宫弟子。王瑛游庠后，随即绝意进取，以授徒笔耕为业，教人以小学为本。经他耳提面命后，弟子莫不循循于矩矱。

嗜好儒家“圣学，摈斥佛（教）、老（子）。以为处人伦之中，而佞乱伦之首，何为哉？且西竺（天竺佛教）、南宗（道教南宗）以佛、老为圣人，彼圣其圣而不圣吾之圣，吾曷为不圣吾之圣，而反圣彼之所圣乎？”因此，“吴俗岁首，户供佛像，诵佛号，以迎祥”，王瑛力排其事。

王瑛相貌清癯，不苟言笑，而眉宇充溢和蔼之气。著有《摈异集》十

---

① 以上引文与事迹据江阴《东沙古塘王氏宗谱》卷四《一帆公传》，清光绪四年（1878）。

② 文止：罗万藻，字文止，明江西临川人，古文家，擅长制义。

③ 思旷：徐方广，字思旷，明松江华亭人，擅长制义。

④ 嗣音：继承前人的事业。

卷，未梓。《家训》数则，刊于谱中。

配谢氏，有贤声。丈夫子一：有基，邑庠生。女二，均适人。①

王瑛是个儒学正学君子、有道之士。

6. 清西沙江阴司徒桥农村塾师王锦黻

王锦黻，字曦瀛，江阴西乡人。父王信良生三子，他是季子。成童失怙，不好嬉游，天性端凝，而气体羸弱。因先世以务农起家，王锦黻随兄耕作，没几日，病了。母耿氏训命说："吾家世传耕读，尔质既弱，曷不即读，或可光大吾门闾?"他受命，就傅里闬中，精心苦志，晨夕研究，数年之间，四书五经大旨悉备，奋然有思举业。遇上咸同战争，举家播迁。事平归乡，屋舍荡然无存，王锦黻襄助其二位兄长维持家计。科举锐志顿衰，便就村塾聚生徒教学。早出暮归，终日兢兢业业，自惧不尽心力，有所旷职。他曾经对人说："课村童较之城市为更切，农家者流其子弟入塾，不过虚应故事，略识之无②，遽然中止。苟不竭心开示，其不全功尽弃也几希。"王锦黻待人以诚，于此可见一斑。

他自奉俭约，处己严格。虽有赢余，终身未穿丝帛。和厚之气，接之盎如。遇有明经之士执经前来请业，他孜孜不倦，即使年相悬殊，也不计较。力学砥行，至老弥笃，自束发嗜书，穷年兀兀，老死于乡，最终不以习俗移易志向，浑朴中令人望而生敬。年五十而卒。配徐氏，生子三女一。据他女婿沙振声讲，与岳丈"频相过从，抵掌快谈，名理不绝于口，倾其胸臆，旁及古今人物而臧否之，欢如也"。③

作为生童而担任农村塾师，王锦黻诚恳待人，恪守师德教书，以自身体悟，深刻道出城乡子弟读书的差别，进而日复一日，为家乡江阴农村的基础教育尽到绵薄之力，自己也凭借所学知识，谋此职业，安度一生，并持家兴业。

---

① 以上引文与事迹据江阴桐岐《西沙王氏宗谱》卷十六，谢仲明：《渭阳公传》，清同治九年(1870)。

② 略识之无：形容识字不多。

③ 以上引文与事迹据西沙江阴《澄江司徒桥王氏宗谱 五房孝公支》卷三，沙振声：《曦瀛公传》，2015年，第25-26页。

7. 清中沙宜兴祝科塾师王正鋆

王正鋆，字廷芳，又字蔼臣，号植基，宜兴祝科人。王少鹏次子。年少颖敏，家极贫，而好读书。奋志攻读，热心进取，风雨一灯，寒暑无间。诗书文章无不熟然于胸，深得其旨趣。初时设馆乡里，为童子师，诲人不倦，循循善诱，受业子弟沾其春风化雨之泽者不知凡几。每当鹅山、滆南会课，一得命题，振笔疾书，他人汲汲，他独闲闲，屡执牛耳，声名大震，一时文人学士无不乐与结交。无奈屡试不售，久困场屋之中，名落孙山之外，并遇到清廷光绪三十二年（1906）科举骤停，未免郁郁不得志。一生教授四十余年，到处受人欢迎，争先恐后前来延聘，门下不乏蜚声学界、腾达仕途之才。他足不出户，手不释卷，口中咿唔不辍，题诗以志性，作记以颂德，不失为一介书生。

为人处世和平，立身端谨，能忍耐，不屑与人计较曲直。作事规行矩步，言笑不苟，待人以敬，持己以谦，孝事父母，友于兄弟，乡里莫不啧啧称为道德。光绪三十二年（1906）、民国三十年（1941）两次协修宗谱。[①]

（八）丹青妙手　艺术名家

士人往往兼具书画技艺与诗文才能，而书画艺术作为专门技艺的积累，除了拜师之外，还要个人长期坚持，群体互相切磋，才能独创成家。宋以来江南书画名家、大家林立，艺术世家不胜枚举，流派特色鲜明，其中就有三沙王氏不少杰出子弟，他们有的技艺一流，在中国书画艺术史上璀璨辉煌。

1. 明东沙无锡瞻桥王绂

王绂（1362—1416），字孟端，无锡人，东沙瞻桥十三世。博学，工歌诗，能书法。善画，写山木竹石，妙绝一时。明洪武中，坐累戍朔州。永乐初，用荐，以善书供事文渊阁。许久，除授中书舍人。

王绂未仕时，与吴人韩奕为友，隐居九龙山（惠山），就此自号九龙山人。于书法，动以古人自期。画不苟作，游览顷刻，酒酣握笔，长廊素壁淋漓沾洒。有投金币购其片楮之人，立即拂袖而起，或闭门不纳，虽豪

---

① 以上事迹据中沙宜兴祝科《王氏三沙全谱》，周志钧：《赠蔼臣先生寿序》，民国三十年（1941）。

贵人勿顾。有人谏劝他，他说：“丈夫宜审所处，轻者如此，重者将何以哉!”

在京师时，月下闻吹箫声，当即乘兴写《石竹图》，明旦访其人相赠，则是一位估客①。估客馈赠红氍毹②，请再写一枝作配。王绂索回前画撕裂，退还其馈赠。

一日退朝，黔国公沐晟从后面呼叫他，王绂不应。同列告诉他：“此黔国公也。”王绂说：“我非不闻之，是必与我索画耳。”沐晟走趋赶上他，果然请画，王绂颔首而已。逾越数年，沐晟又以书信来请，王绂始为作画。不久说：“我画直遗黔公不可。黔公客平仲微者，我友也。以友故，与之；俟黔公与求，则可耳。”王绂高介绝俗，如此可见。③

无锡惠山王文正公祠旁有“王孟端先生祠”，始建于清嘉庆十七年(1812)。惠山竹炉山房是其纪念地。

2. 明中沙长洲荻溪王涞

王涞，字浚之，号茗醉，康孝先生王锜子，中沙荻溪支十四世。性高洁，气通朗，幼学诗于刘元博，弱冠即以诗名。酷嗜茶，半炉活火，一盎清泉，有客相过就共坐啜饮，不减卢仝七碗之兴。吴嗣业、祝希哲（允明、枝山）、刘协中、陈汝玉，都是一起品茶的人。白石翁沈周为作《煮茶图》。杨仪部（循吉）、邢征君（参）、邵尚书（宝）有记《会茶篇》。

王涞精于绘画，绘事入古，直逼董源、巨然，不肯轻易为人下笔。县长郭公想索画一幅，久不可得，到郭去任，王涞才作《方岩图》赠送。郭在县日，雅慕王涞，请都太仆（穆）介绍邀请。王涞说：“令前乎？士前乎?”最终不往。

祝允明序《金石契》，歌颂他：“浚之英英，雅操不伍。时分秀利，削我氛土。”

《吴先贤赞》亦说：“时有王涞，大有隽资。”

---

① 估客：贩卖货物的人。

② 氍毹：毛织地毯。

③ 以上引文与事迹据《明史》卷二百八十六，列传第一百七十四《文苑二》王绂，中华书局1974年，第7337-7338页。

所传《四景图》，分幅题跋，倾动海内，名家巨公都称其画酷似白石翁。①

3. 清东沙娄东太仓王时敏

王时敏（1592—1680），字逊之，号烟客，江南太仓人，明大学士王锡爵孙。以荫，官至太常寺少卿。王时敏系出高门，文采早著。明清鼎革后，家居不出，奖掖后进，名德为时所重。明季画学，董其昌有开继之功，王时敏少时亲炙，得其真传。

王锡爵仅有独子王衡，晚年抱孙王时敏，弥加钟爱，另居别业。王时敏广收名迹，尽穷秘奥，于黄公望墨法，尤有深契，暮年益臻神化。他还爱才若渴，四方工画者踵接于门，得其指授，无不知名于时，于是他成为一代画苑领袖。康熙十九年（1680）卒，寿八十九岁。

子王撰，字异公。画守家法，得其具体。②

王时敏次子王揆（1619—1696），字端士，一字芝廛。王原祁之父。顺治十二年（1655）进士，康熙中荐博学鸿词科，不就。工诗，与黄与坚等称娄东十子。著《芝廛集》《畿辅七名家诗抄》。

4. 清东沙娄东太仓王原祁

王揆子王原祁（1642—1715），字茂京，号麓台。幼作山水，张挂斋壁，王时敏看见，惊讶道：“吾何时为此耶？”问知，于是大为惊奇，说：“此子业且出我右！”清康熙九年（1670）成进士，授任县知县。行取给事中，不久改中允，直南书房。累擢户部侍郎，历官有声。当时海内清晏，康熙帝右文，几余怡情翰墨，常召王原祁入便殿，从容奏对。有时在御前染翰，康熙帝凭几观看，不觉移晷。命鉴定内府名迹，充任《书画谱》总裁、《万寿盛典》总裁，恩礼特异。五十四年（1715），卒于官，寿七十四。

王原祁画为其祖父王时敏亲授，对黄公望浅绛法独有心得，晚年又好用吴镇墨法。王时敏曾说：“元季四家，首推子久（常熟黄公望）。得其神者，

---

① 以上引文与事迹据《王氏三沙全谱》卷首《中沙荻溪支茗醉公传》，清光绪二年（1876）。

② 以上事迹据《清史稿》卷五百四，列传二百九十一《艺术三》王时敏，子撰，中华书局1977年，第13900页。

惟董宗伯（松江董其昌）。得其形者，予不敢让。若形神俱得，吾孙其庶几乎？”常熟王翚名倾一时，王原祁高旷逸致突出超过他。王原祁每次作画必以宣德纸、重毫笔、顶烟墨①，说：“三者一不备，不足以发古隽浑逸之趣。”有问王翚的画如何，他说：“太熟。”再问他歙县查士标的画怎样，道：“太生。”大概以不生不熟自居。

中年后，王原祁供奉内廷，乞画者多出代笔，而自己只署名。每年宴请，与门下宾客画，每人一幅，为制裘衣之需，好事者缄金等待。

王原祁最著名弟子有黄鼎、唐岱，《清史稿》别有传。

王原祁曾孙王宸，字子凝，号蓬心。乾隆二十五年（1760）举人，官湖南永州知府。王原祁诸孙，多以画世其家，只有王宸最工。枯毫重墨，气味荒古。他喜爱永州山水，自号潇湘子，有终老之志。罢官后，贫不能归，毕沅为湖广总督，于是到武昌依附他门下。王宸以诗画易酒，湖湘间尤重其画。著《绘林伐材》十卷，王昶称为“画史总龟”。②

中国绘画到宋元大盛，元四家兴盛于太湖流域，明朝中期苏州兴起吴门画派，画风相承，深远影响后世绘画。明末松江董其昌接递旗纛，又被以王时敏为代表的娄东画派所接续。清初画坛盛名的“四王六家”（王时敏、王鉴、王翚、王原祁、吴历及恽格），以王时敏为首，而且娄东画派的中坚，即是太原王氏王锡爵后裔王时敏一脉，与琅琊王氏王世贞后裔王鉴一脉。康熙至乾隆间有“小四王”王昱（王原祁族弟）、王愫（王原祁侄）、王玖（王翚曾孙）、王宸（王原祁曾孙）；乾隆、嘉庆时期有“后四王”王三锡（王昱侄）、王廷元（王玖长子）、王廷周（王玖次子）、王鸣韶，恪守四王山水，世代父子妻女丹青传承，络绎不绝，在中国绘画史上浓墨重彩，蔚为奇观。③

---

① 顶烟墨：用极细的松烟制成的上等墨。

② 以上引文与事迹据《清史稿》卷五百四，列传二百九十一《艺术三》王时敏，子撰，孙原祁，原祁曾孙宸，中华书局 1977 年，第 13900–13901、13905 页。

③ 吴聿明：《娄东画派研究》之《娄东画人录》，南京大学出版社 1991 年，第 95–133 页；陆兆坤：《王时敏一家画人录》，太仓市政协文史委员会：《王时敏与娄东画派》，浙江人民美术出版社 1994 年，第 113–119 页。

5. 清东沙羌坂农民书法家王裕增

王裕增，阳湖羌坂人。年少失恃，渐就外傅，“姿性机警匹子建（诗人曹植），书法端庄追刘晏（唐神童，理财家）”，一时明师益友都以远到期待，邻里乡党都以大器期望。遇上咸同战争，他只得弃诗书，业耕耘。寒暑几更，而门户一新，田园广置。然而王裕增居乡恂恂如儒者，在乡闾族党之中，则举孝悌力田以相勖勉，“于东作西成①之余，则举典籍书法以自娱。此所以没世共称为老成，而祠宇犹多其遗笔也”。

为王裕增撰传的武进附生李宗弼大为悲叹地说：王裕增“无如生不逢时，使有用之岁月，半消磨于仓皇奔走之间；绝世之天资，竟湮没于手胝足胼之下”。假使生当太平，不遇上战争逃难，不需无奈为生计而厕身畎亩耕耘，能够“从容讲艺，登许、郑之堂，造程、朱之室，探钟、王之妙，得颜、柳之精，何难远追曾（王）旦之勋业，近绍（王）赞臣之箕裘也”。因为王裕增“其言则尽衷诸理，其字则秀色可餐，知公之得力于大家者深矣，乌得以荷蓧丈人②目之乎？”③

作为农民书法家，王裕增处逆境之下，面对现实，坚持在农耕之余，坚守兴趣爱好，也是难能可贵的一种人生态度，毕竟读过书，何况还有三槐三沙王氏的基因影响。

（九）仁济良医

不为良相，即为良医，这是科举时代许多士人的志向和职业选择，说明两者具有相通之处，都由仁而生就贯穿，只是等次境遇不同，良医收济世之效，也是社会不可忽缺的重要职业，结果是为国的良相总是凤毛麟角，而为民的良医却由此增多。三沙王氏世代曾经出过一批良医名医，有的自学成才，特别颖悟，妙手回春；有的世医传家，仁心仁术，救死扶伤，广施助药，赢得崇高的社会声望。

---

① 东作西成：指春种秋熟。

② 荷蓧丈人：出于《论语》，指农夫。荷，背或扛。蓧，竹编的除草农具。

③ 以上引文与事迹据阳湖（武进）羌坂《王氏宗谱》卷三，李宗弼：《裕增公传》（光绪三十一年，1905），2010年，第89-91页。

1. 清西沙江阴在城秀才名医王春

王春，字寅开，江阴南街支廿四世。文笔沉实，年逾三十始游庠，很快食饩成为廪生。他“每念古人作秀才时，先忧后乐，何等襟期①，今纵不能如古人，独不可学古人乎？”故其立心异，其立品异，即其立身于州闾乡党之间亦不异而自异。

孝友敦品。待胞弟推梨让枣，绰有古风。析箸分家，照民间惯例，为兄当居前宅，他却居后宅。因家宅狭窄不敷，自嘉庆十二年至十八年（1807—1813），六年之中三次鸠工兴造。当时胞弟登远馆教书，自经始至落成，他一人独任其劳。胞侄王模，质地最鲁钝，王春督课恒至夜分，日复一日，坚持长达近二十年，继而入泮为秀才。王春妇翁家中落，有奁田②，约定作为外孙读书日给。其妇翁疾革时，召王春前来申明前约。当时妇翁的嗣孙王冠伯十分窘困，王春就将此田让与他，并立即焚券。僚婿徐也效仿他的义举，亦并让了田。由是王冠伯得资成立。

教学得法。王春身为塾师，训教生徒，大旨在变化气质，而以日讲为课程，恐有遗忘，必令覆讲，在说经谈文之外，加开余课。以敦品行为先，任举古人忠孝节义事，要言不烦，使得略知千古，而以时艺次之。故从游门生多获隽成秀才，且知自爱。

刚方劲直，厚道不贪。本来秀才为童试作保，郡院小给，费有定数，当时商议倍增，经王春力阻，得以制止。新生贽礼起初不计较多少，后来一并不受。当时有一入泮者匿丧一日，廪生某倡议请扣除，乞求王春一起与名，王春反而劝阻他，某怏怏而去。最终扣除提议如前所请。王春以此预决某命不终。不久，某果然痈溃而死。王春自揣不肯圆融，必招时忌，从此不与廪保。

体恤远族。有数村，家璜塘业农，其人贫且戆，或构祸，或被人嫁祸，多有涉讼，经旬累月，势必倾家荡产，其讼必请王春作为居停主人。他都竭诚解散，任劳任怨，结果全免株连。其中有几遭不测、大费干旋的，王春在

① 襟期：期许。
② 奁田：陪嫁的田产。

其中多有隐德。

疗病济人。王春自“谓吾无上医医国之能，而有自济济人之愿”，于是究心岐黄，废寝忘食长达六年，故症即濒危，应手辄愈，然招必不往。富贵人以舟车至招，还是空返，而贫寒人有求必应，不索谢，并资药费，大概矜孤恤寡，情不自禁。

其他如丧祭之诚，婚娶之俭，妇女不入寺，童稚不出门，卑幼非整冠勿见，仆从非危坐勿谈，都可以为后人效法。

王春卓识远虑，曾说：“近人广购良田而子弟读书置之不问，不知田者富之脚、累之头，明季剿饷、练饷之加，可为炯戒。且子弟十龄以外，成败攸关，倘有蹉跎，悔之何及？余家读书已十数传，砚田乃良田也，士食旧德，闭户课孙，当务为急，敢以年逾古稀自谢乎？”以明末重赋为戒，培养子孙，重教重于重田。

王春以一介书生，开馆授徒，兼擅医术，在家在族，在乡邑，堪称秀才式范。①

2. 清西沙无锡坊前妙手王鼎

王廷栋，讳鼎，国学生，系出宋太傅二十三世孙，居无锡开化乡坊前镇。世耕读，好学，有大志，屡试南闱不售。“精岐黄业，一时称妙手。”事父母至孝，甘旨之奉不缺供，定省之事必身亲为。居家尚节俭，门庭雍睦，内外肃然，造其门不闻嬉戏声。一切冠婚丧祭事，悉数循礼。课徒教子，无怠惰心，谓若善，当则而效之；若者恶，当省而惩之，得先贤养正之意。著有《功过格》一书，遗子，嘱勿忘，遂卒。②

3. 清东沙无锡瞻桥名医监生王文濂

王文濂（1779—1852），号莲舫，无锡瞻桥人。家世以读书为业，他却屡试被屈；转而捐入太学，冀希棘闱战捷，又荐而不售；于是不得于身，期望于子。鹅湖文社同议捐成，王文濂亲率子侄前往课读，鼓励后学。等到长子王元标，与诸弟相继游庠食饩，贡成均，以教秩分发试用，他这才得以心安。

---

① 以上引文与事迹据《王氏三沙全谱》卷首，夏翼朝：《南街支廿四世祖寅开公传》，清光绪二年（1876）。

② 《王氏三沙全谱》卷首《西沙坊前支廷栋公名扬公父子合传》，清光绪二年（1876）。

王文濂尤业精岐黄，施诊舍药，以仁厚为怀，且对族中鳏寡都予以赒恤，并力捐义田，建立义祠。修理宗祊、坟墓，秩然备举。他为邻里乡党排难解纷，人们莫不钦服。邑有大事，无不参与。因齿德兼尊，王文濂被举为乡饮大宾，题准“德冠宾筵”匾额。享寿七十四岁。王文濂卒于清咸丰二年（1852）十一月二十六日，瞻桥在咸丰三年癸丑重建。王文濂在临终前还嘱咐他四个儿子亲家倡首重建。著《加年集》诗抄、《医理汇绎》十卷、《治痢论》一则，均付梓刻行于世。①

4. 清西沙江阴南马家湖儿科名医王金宝

王金宝，字寿生，号秀山，江阴青下让水村人。天性仁慈，幼时不妄杀生物。入学，颖悟过人。读十年书，为老师嘉许，教授他举业。他问用处，老师说为了科名，于是说：“所贵乎读书者，为其能活人、利物也。若只此，直为温饱计耳。我祖文正公自幼立志，不在温饱，故十八年相业焜耀古今。予福薄，不能迪前人光，然不为良相，必为良医。”由此谢师归，习岐黄。

不久，王金宝蹙然说：“天地之大德曰生，生人之理，端由婴孩始。痘诊，其最先也。”于是遍考前贤种痘法及惊风、疳疾诸篇，一一精心体察。医业既成，远近前来延访之人日不暇给。凡得他手视，病即痊愈。

他曾对人说：“医也者，操生杀之权者也。人以病儿付医，儿之命即悬医手。若不审其体质之强弱、受疾之浅深，及阴阳寒暑，司天、在泉诸关节，举手便杀人矣。且庸医俗士每谓小儿纯阳之体，动辄重用苦寒，全不思苦寒品味，最伐生生之气者也。壮年尚难过受，而可概施之小儿乎？仲景百十三方，首列四君理中，其义可知。总之，医不执方，药必中病。某虽不才，尝奉教于君子矣。故视一诊，必先察色闻声，审其寒暖、燥湿、强弱、浅深，或虚或实，偏热偏寒，六气之感召，五味之滞化，若者宜补，若者宜泻，若者宜调燮导达，慎之又慎，受之以谦，务使己之呼吸，上与天地，下与病儿，息息相感通，而后敢授方焉。古人云：‘宁医百男子，毋医一妇人；宁医百妇人，毋医一小儿。’盖小儿不能自道其身心之疾苦，无可问闻，所称

① 《王氏三沙全谱》卷首，侯桐：《议叙分县例封修职郎国学生乡饮大宾莲舫王君传》，清光绪二年（1876）。

哑科者也。予老矣，后之人若不能体予心，慎勿业是，而妄戕人生命也。”①

王金宝效仿其先祖文正王旦，胸怀大志，不为科举功名的温饱计而忙碌，果断弃儒习医，因为良医能活人、利物。通过自学成才，专攻小儿科，道出恪守职业操守是多么艰难，又是多么紧要，为三槐三沙王氏仁人济世的医疗事业做出了贡献，赢得了社会的认可和赞誉。

5. 清东沙江阴筑塘名医王培原

王培原，幼而好学，曾执经于奚翼斋、朱玉峰门下，经史传记能窥其大旨，书法宗欧阳率更体。屡试不售，于是刻意岐黄。对《景岳全书》《本草纲目》研究有年，又就正诸先辈，而尤精幼科，“痘未见点，望之即决，生死不爽，故人以活阎罗目之”。间或遇见疑难杂症，他医束手无策，而王培原独能起死回生。著有《临症治验》《看痘必读》《痘症粹珠》等集，藏于家。为人风骨棱棱，人不敢犯以非义。

子王大受，孙王映台，能世其学。这是一门三世医家。②

6. 清中沙阳湖礼嘉桥周陈名医王琮

王琮，字宗玉。父王御天，生子五人，王琮居长。自幼聪颖，于书无所不窥。一日，慨然道：“大丈夫在世，奚必詹詹焉向八股中讨生活？不为良相，当为良医。”于是便疏制艺，精习岐黄。每诊一病，无不洞彻本原，立一方无不高人数等，耻与庸医为伍。然秉性方正，不与外事，不特非分之财丝毫不苟，而嫉邪归正之风凛乎可畏。乡里中有事，他一到就解决，如有馈赠，却而不受。居恒治家整肃，训子侄辈义正词严。经理族中小公堂数十年，秉公持正，日积月累，建立周陈桥分祠。族党亲串目为“善士”。③

7. 清东沙江阴夏浦良医王锡九

太学生王锡九，江阴夏浦人。幼而纯笃，聪敏过人。年方十龄入学读

---

① 以上引文与事迹据江阴《西沙王氏宗谱 桐岐庙前南马家湖支》卷三，江清：《秀山公传》，2019 年，第 37-38 页。

② 以上引文与事迹据江阴《东沙祝塘王氏宗谱》卷二十五，王鼐：《培原王公传》，2014 年，第85-87 页。

③ 以上引文与事迹据中沙阳湖（武进）礼嘉桥周陈《王氏三沙统谱》卷一，王瑸：《长兄宗玉公传略》（乾隆四十六年，1781），清光绪三十二年（1906）。

书，即能会意，得其要旨。本期奋迹青云，走科举之路以图显达，无奈年未弱冠，怙恃相继而亡，茕茕孑立，无业资生，于是绝意功名，专心医理。到业成应用，无论贫富远迩，有请必赴。数十年中，“衔其恩者不一而足，感其德者欲报无由”。王锡九起自孤寒，成家创业，艰苦备尝。又能热心社会公益，待人以扶危济困为心，处世以秉正绝邪为念。地方有公事，他无不仗义而为。邻里有争差，他无不悉心解释，“理屈者虽亲不恕，情是者虽仇必嘉”，因此邻里乡党都敬仰他。

良相与良医，素来为我国古代社会士人的两种职业选择。两者职业不同，目的都是心怀“济世”，并付诸实施，却是别无二致的。所谓“士君子生于斯世，不为良相，必为良医。诚以良相者心存君国谋猷，良医者志在闾阎疾苦，分虽不同，而其所以济世之心则一”①。而良相历来稀少难做，良医就成为士人普遍的选择。名医王锡九，正是三沙王氏践行良医济世，进而实现士人抱负的一例。

8. 清东沙江阴九曲桥王昇王锦如父子神医

王昇，字景昭。昆季有四，他居末。先世自明天启间由王墅湾徙居江阴东偏九曲桥，王昇为二十四世。天姿颖悟，读书就能识字。长习举子业，应童试则列前茅，因颠踬于院试，弃举业，入粟成均，为太学生。习岐黄术，能入仲景之室，而升叔和之堂，对前来求医者不计报酬就答应。“所应皆著手成春，特著奇效，人咸以神医目之。”训其子明句读，审四声，讲贯必本诸注疏，及课以文，又示以清真雅正之理，法金、陈、张、罗之矩矱②，故其子王耀南出试童子军，所向无前，获隽岁科院试，屡列优等，食饩胶庠。

王昇生性廉谨，勤于家政，田园日益增。遇荒歉，倡捐助赈，平粜施粥，全活无算。③ 生子三，次子王锦如。

王锦如，字仲标，号耀金。幼端重，至性过人。入塾读书，倍超常童。

① 以上引文与事迹据东沙《江阴夏浦王氏宗谱》卷三，丁保成：《锡九君序》（光绪十三年，1887），2008 年，第 37-38 页。

② 矩矱：尺度，标准。

③ 以上引文与事迹据《王氏三沙全谱》卷首，殷李尧：《景昭王公传》，清光绪二年（1876）。

稍长，有干才，授以外事，次第布置，无矜情，无拂意。工举业，典型先正，清真无藻饰，不入时。屡应童子试不售，于是入赀，得布政使理问衔。道光二十九年（1849），江左被水灾，躬先平粜，为众首倡。咸丰十年（1860），避战乱入长阴沙，习岐黄术以济人，每试则验，踵求者日益增加，他立应无难色。家贫者授以药饵，不少吝。“人咸重之。”同治三年（1864），归里后重理旧业，自以青年时不为意，才肆力于诗古文辞，学日益进，无奈因家事烦琐，劳心成疾，不起，时年五十岁。

王锦如善事父母，承欢无违色，出必告，反必面，任以事，虽劳不敢怨。敬兄爱弟，极怡怡之乐。居亲丧，哀毁骨立。内刚外和，人无贵贱，与言必尽。人有疑难事相谋，则数言而决。自奉俭约，而解推弗吝。待仆隶有恩，能容其过。乡人有被负者，立为申雪。殁后，人无不感泣。①

9. 清江阴华市名医王德爵

王德爵，字寅甫，号雨时。由吴江迁江阴，乐意华市山水文秀，于是挈眷莅止，兼行医。

为人倜傥，风度伟然，天性坦白，无城府，交友如命。中年游京师，与贤士大夫过从，极文酒流连之胜。见闻既广，阅历增深，而医名亦日起。天姿高朗，多材艺，视天下无不可为之事，尚未甘为韩康②居肆。咸丰之季，家毁于兵，不得已，思借医术为营生之计。华市多俊乂，他倾身结纳。与直隶热河道徐士佳、河南陈留知县张洵佳等，都一见如故，订忘年交，并为后起联姻。

王德爵擅长外科，初至华市，医名噪甚。内科虽系兼理，然《内经》以下，无书不读，根柢深厚，由其著述之富，可知精力所萃，非近时悬壶市中之人可比。施诊无分贫富，不存形迹，不计酬谢，穷乏人或反予佽助。延请外出，虽远道奔赴，不闻以劳瘁推辞。曾有诗句：“虽为谋生计，常存利济心。”张洵佳说：“是可以见公之实矣。”

---

① 以上引文与事迹据《王氏三沙全谱》卷首，邵元晋：《东沙九曲桥支耀金王公传》，清光绪二年（1876）。

② 韩康：字伯休，东汉人，皇甫谧《高士传》中人物，因卖药三十多年，从不接受还价，为世人所知。借指隐逸高士，亦泛指采药、卖药者。

王德爵精弈棋，好吟咏，多抒写性情、感怀身世之作，积久成帙，名《自娱随笔》，前辈诸老均有题词。“与人酬接，无贤愚贵贱，皆以和蔼出之，以诚信孚之，故皆愿结识于公，而无一人一事之乖迕者。”王德爵至华市时，已届中年后，而意气极盛，剧谈宏饮，大有不可一世的气概。余暇则与二三知好，寻幽揽胜，大凡虫鱼草木、一名一物，性之所好，都入赏鉴，或咏以小诗，或并与朋侪和唱，境地清高，襟期洒落。性慷慨，好施予，急人之急，挥金无吝色，实则激于意气，并非可比素封。

光绪十七年（1891）殁，享寿七十四。妻詹氏，子二，孙二。

张洵佳说，王德爵待人诚恳，“少通世故，结交甚广，要在能知人，能识人，故一生所交无败类，所行无败事，卒获令誉，享大年”①。其诗被祝塘王氏宗谱收录，并被《江上诗抄》收载。

（十）名幕高参

作幕士人众多，一般为了养家谋生，长年在外，也可能间接参政，循机走上仕途。幕僚为地方主官出谋划策，贡献智力，参与刑名钱谷操办，就与地方行政相关，事关民生国计匪浅，稍有不慎，殃及国家与民众，更有机会接近贪污受贿，事体不小。因而幕僚的素质与能力极为重要，善则与主官双赢，反之双败。主官聘用幕僚，谋觅不易，而幕僚得遇良吏，结为知己，亦凭际遇。三沙王氏大本营地处苏南，与明清煊赫的绍兴师爷的故乡在地理上有一段距离，然而因苏南士子的道德与文化素质较高，作幕也得到官场青睐，在明清州县行政上占有了一席之地。三沙王氏士子有的选择幕途，展现抱负，清廉勤事，得主官得民心，成为著名师爷。

1. 清东沙江阴南巷王宝善

王宝善，字树庭，号荫江，例贡生，东沙南巷廿四世。

父王来仪，妣沈氏，生三子，王宝善位居其季，兄王国才、国良。王宝善幼就外傅，过目成诵，早有夙慧。一日自塾归，见王国才与客对弈，落子踌躇，从容进言道：“胡不出偏师，以取中权？”王国才听从他，一局果然

---

① 以上引文与事迹据江阴《东沙祝塘王氏宗谱》卷二十七，张洵佳：《布理问衔雨时王公传》（宣统元年，1909），2014年，第133-136页。

赢胜。

不久二兄相继逝世，王宝善只得弃儒，习计然术，鹿鹿①频年，迄无裨益，慨然说：“丈夫志在四方，安事锥刀之末哉！”径往河南新野访问戚好汪凤喈。到时，王凤喈已卸篆三日，王宝善忖度不可留，便离开新野。

此时欲归则无资斧，欲前则乏居停，云树苍茫，不知所往。正在踯躅之间，忽闻道旁役夫相语：此去大梁不远。王宝善恍然说：“吾闻大梁（开封）省会，冠盖辐辏，岂无识我于风尘外者？古人云天涯若比邻，吾于此行卜之矣。”于是投寄夷门（大梁别称），止宿逆旅②，质衣给食，恒虞不继。

恰巧春郊试马，王宝善与众人往观，等到通衢，有人乘高轩过去，忽一跃而前，径握其手，说：“子何以至此？”王宝善审视一下，则为同邑奚藕船，妹夫奚得时的族昆季，是故旧相识，于是王宝善具述前状，且乞援引。奚藕船说：“子来晚矣，吾新接皖省某君为聘，不日且南行，何暇为子地哉？”王宝善固请，因荐署安邑知县龙铎。他去司征席不到三月，仍赋闲还夷门。

龙幕有客与王宝善相善，是同郡钮牧村表亲。钮牧村当时在抚军幕客，因而为钮牧村言说王宝善有异才。钮牧村本负李膺③重望，喜汲引寒畯。听闻客言，径去汴邸访问王宝善。与谈幕务，大相知悦，并力劝他改习金谷④。王宝善于是师事同寓何君，然数奇不偶，钮牧村推毂⑤十四处，坐席未尝三月暖。最后就林县鲁我三之聘，于是淹滞数载。一旦，瞿然说：“吾浪游已五稔矣，不及此时归省吾亲，罪莫大焉。”王宝善自去里离家时，上有半百之亲，下有垂髫之息，仰事俯育，厥任颇艰，幸赖妻刘氏经营纺绩以佐家计，借此无内顾之忧，滞留豫省五载。至此促装南返，为母亲及两兄买山营葬，并遵父命，移家渚里，依奚得时家。事毕，王宝善再次北辕，终林邑之局，接就陈淡园之聘。

---

① 鹿鹿：忙碌。
② 逆旅：旅店。
③ 李膺：东汉名士，官员。
④ 金谷：钱粮。
⑤ 推毂：推举。

陈淡园谒选，得封丘知县，能以相术衡人，一见王宝善，说：“额方准圆，是为心术纯正之士。”于是肃衣冠下拜，说：“我秦人，无亲串知交相助为理，今既得公，天赞我也，请此后事无大小，悉咨公而行。”王宝善故司金谷，感东人之意，权理一切署务，九年之内，兼听并视，心血几乎耗尽，亟劝陈县令以抚字为首务。陈县令悉心民瘼，兴利除害，最终得署上考，封丘父老镌额以纪德政。陈县令说：“微我幕友王公，不及此。”父老请问其说，陈县令一一为父老细述。父老都感泣。

陈县令调剧邑，王宝善先一日启行，至南门，见有封丘人设席捧樽，祗候①道左。王宝善命仆人去晓知：“陈明府翌日始发，我王某，先期南下耳。”封丘人前揖说：“我等感王公佐治之劳，久矣，今幸得见，愿进一觞。”王宝善说：“瓜李之嫌，不可干也！公等爱我，幸毋为此！”封丘人道：“乌爱犹推，况父台佐治之人乎？敬我公，即敬父台也，封民何私焉？”王宝善揣度不能推却，望尘一揖，登车径去。

当时毕沅中丞抚豫，闻封人事，嗟嗟良久。明年，王宝善百拜交蔡春帆名湘，佐毕幕，正好有事南归，推荐王宝善代庖三月。毕中丞一见便器重他，欲援幕友保举例，为他策进身阶。王宝善以亲老固辞。嗣后，蔡春帆由保举佐贰，荐升知州，人们都替王宝善惋惜。

当王宝善馆林邑时，念父亲富春秋，克期三载一归省，率以为常。等到馆封邑，一日晨起，对陈县令说：“异哉，余归省未逾一年，心恒怦怦动，梦寐时见吾父，得毋我父近体有不安耶？”陈县令援引往事譬喻，王宝善眉头益蹙。明日，单骑出南门，命仆随后载行李。陈县令就行馆为他饯行。

王宝善抵家，见父亲起居无恙，心里慰藉。越两日，父亲忽然感疾，对他说：“我窃怪汝亟归，不意巧与病值，天殆欲使汝送我终耶？”王宝善边泣边慰。不久父病日剧，王宝善邀父党诸亲环绕床前，冀博其欢。不久父亲溘然而逝。王宝善哀毁尽礼，人称来仪有子。

王宝善抚孤侄王宗海如己出，在豫省时垫资为他援从九例，抵家后又贷数百金以助经营，五年之内，以子作母（子母钱），陆续归偿，但他开始就

---

① 祗候：恭候。

不介意此事。凡常熟祖茔及父、二兄丧葬诸费，亦不令其分任。这使以后长泾一支王氏，家业隆隆兴起。

王宝善待亲友诚恳周至，历久不渝。或有施予，亦不自为有德。间而作逸情，灏气①迥不犹人。晚年喜静，杜门不出。

王宝善思念妻子刘氏性行淑均②，逝先朝露，恒常郁郁不自适意。刘氏为太学生月村女，性柔顺，知大义。王宝善欲远游，顾及父亲年高，面有难色。刘氏说：“君行矣，予将以妇职兼子职也。”王宝善去意遂决。当王宝善蹇滞夷门之时，岁寄物色，仅敷其父膳羞费。值遇岁歉，称贷不通，刘氏织布轧轧达旦，以布易米。曾经自己枵腹，儿子王澜年虽幼稚，不敢先刘氏饱。刘氏说：“汝不饱，则读书不力，且令翁知汝不饱，则重翁忧，人其谓我何及？”到王宝善馆林邑时，银信源源而至，刘氏仍自刻苦，食脱粟，衣败絮，说：“行人未归，吾不忍坐享温饱也。”王宝善归里，其父称刘氏贤，王宝善对她更相敬重。③

王宝善为了家计，毅然弃儒弃贾，北奔闯荡，长年寓外，竟然不负壮志，作幕成功，实心辅助县令，赢得县令信任，使其政绩显著，赢得德政口碑，自己也得到民众敬重，然而摆正位置，不骄不矜。而其妻刘氏持家辛勤，赡老抚幼，母教谆切，消除其后顾之忧，也是助其成功的一个重要因素。

2. 清西沙江阴王建极

王建极（1659—1723），字用其，号立庵，江阴南街支廿一世。幼聪颖，沉静寡言，攻举子业，往往微吟默识，一二过即不忘。学书于外祖张拙，尽得其法。为文章幽闲秀洁，超然尘埃之表，不求苟合于时。年二十五，始受知于赵督学。然而屡赴棘闱，终不获售。一时名流硕士无不愿意与他结交。羡慕其书法的人，争得其片笺尺幅，即以为快意，故名闻远迩。

天性孝友，善承堂上欢，暇余则与其弟石崖歌吟酬倡，融融怡怡。生平

① 灏气：正大刚直之气。

② 淑均：善良公正。

③ 以上引文与事迹据《王氏三沙全谱》卷首《皇清例贡生显考树庭府君暨显妣刘太孺人行略》，清光绪二年（1876）。

无疾言遽色，温和重厚，未尝忤逆于人，故人乐与他亲近，他所到之处必固留竟日，花月之下，相与流连诗酒，虽不善饮，而喜人能饮。

王建极有佐幕之才。先有参戎韩公延入安庆幕府，以试事辞归，于是设教苏墅陶氏，诸弟子乐有良师，请业请益，更历两代，相对依依，王建极亦乐其处有亭池鱼鸟之适，因而久留于此。后来，湖北督粮道许禹青，是王建极的中表尊行，强招他前往，只得答应。刚至官署，就以一切翰墨相属。王建极以利济之术从容相劝，于是湖北之人沾惠，许公得歌德政。

王建极诗文重自矜惜，不以示人。自湖北抱痾而归，诗稿已多散失。嗣君王仲芳力购不能得，令人叹息沾襟。①

王建极一介秀才，以书法诗词见长，做塾师，入戎幕，出谋划策，利民之功，隐然可见。

（十一）好学不倦

三沙王氏无疑有许多士人好学不倦，恪守儒业本分，孜孜不倦，以为理所应当。或追求科名仕途，却非一帆风顺，亦无怨无悔；或作基础学术，心思凝结，往往锲而不舍，总有所得，争取再上一个台阶；很多人只是为了读书明理，为农为贾，谋生暇余，不忘读书作为生活消遣；亦有教子课孙，以求实现自己未达的科考夙愿，可能也就是放不下天性里存有的那份对读书学习的执着情趣。这种好学不倦、主动向上的态度和行为值得肯定，起码意味着三沙王氏书香门第之风习后继有人，读书种子土壤深植，生根发芽，不时而出，促使人才涌现，绵绵不绝，人口伦理水准和文化素质提高。

1. 清东沙无锡瞻桥王思志

国学生王思志，字宗伊，号莘逸，金匮梅里瞻桥人。父王直。

王思志四岁而孤，闻母训，即有志读父书。髫年相继两持大父母重服，尽礼如成人，为乡党所重。比及长大，弃去词章制举之学，务必以所读之书一一见于躬行实践。曾说：“士人束发受书，猎取科第，上则登朝堂，尽思虑，佐天子，出令而厝天下于泰山之安；次或宣猷分职，一邑一官，皆以实

① 以上事迹据《王氏三沙全谱》卷首，须天禄：《南街支廿一世祖立庵公小传》，清光绪二年(1876)。

政实心，登斯民衽席之上，乃为不负所学。然而有遇、有不遇，遇不遇，有待者也，而学则无待者也。屏迹里闾，洁身修行，内不忤于亲，外不欺于人，耳目见闻可矜可悯之事，量力济之，而吾心安焉。虽不从政，施之有政，是亦为政也。”

事母以孝闻，与弟景南欢好无间，人们不知其异母。抚孤侄为干理家事，纤悉必周。司社仓十四年，实惠普被，一乡感德。办赈有法，全活万计。他如减米价，修道桥，远客饥寒、乡人斗讼，待以排解曲全，不可殚书，然犹以为济人利物，是分以内事，有意为之以求福利，便是私心，而不肯为矫激之行。

疾且革，敕其子说：“死生常理，非余所悲，惟不得尽读父书，是吾恨也。”于是卒，年五十八。子三人：士镛，国子生，候选州同知；士鈖、士锡，均补博士弟子员，都能以读书世其家。

士人本分，贵在践行，不在书面。王思志临终犹恨不能尽读父书，是躬行实践，也是读书，不啻是读书本，真不愧读书者！存心利济，于家于乡，力所能及，立即实行；力辟果报之说，深探道义之源，而拥书万卷之人，或许见识也不及于此。①

2. 清西沙无锡在城塾师王道

王道（1767—1836），字用锡，一字赋棠，西沙无锡在城支二十三世。自曾祖而下三世无同产兄弟。诞时，父王贻荪（世表作诒孙）年已四十八，母葛氏年已三十九。姊二：长归顾而寡，次归刘。妹一，将嫁而死。

王道自幼端敏沉笃，无兄弟，以姊妹为兄弟。年十六失怙（父卒六十四，时母五十五），室徒四壁立，两姊家计艰难，葛母剧爱怜而不能为计。王道舌耕学耨，刻自节啬，每每以所入修脯及书院膏火资，分溉两姊；岁时致祭必诚必敬，妹亦祔祭。

王道年二十二，补博士弟子员。娶侯氏，乾隆十年（1745）进士、陕西汧阳及武功知县侯钧孙女，太学生侯宗善女，助馈养。更十年，丁母丧（母

① 以上引文与事迹据《王氏三沙全谱》卷首，钱俊选：《国学生莘逸公传》，清光绪二年（1876）。

卒七十一），于是淡于进取，专意课弟子，讲贯笔削，昕夕不倦，一期于理举辞达。有课艺改本三册，多可读，授门人府庠生季斌，藏以待梓。王道研求六经精蕴，参诸史氏，为文不尚词华，受业吴明远、安汇占、薛又洲诸先生门下，他们对王道无不决以远到。王道与物无忤，律己尤严峻，不受非分一钱，曾自警说："不知己有不是，必致取怨于人。偶然拂意处，断无暂留于心。"心力精勤，家有藏书，全部加以点勘整理，不使残缺。见未经读书，力不能购致，则或借观，或手录。年逾六十，犹能日写一二千字，字画端楷，无草率。为人师不下五十年，因材有造，不以猎弋科名为倖，而以读书识事理为立教本意。

子二：长逢辰，县庠生。次应辰，髫龄读书，每日数十行；稍长，习举子业，敏妙绝伦；尤其长于书法，工篆隶，凡古人真迹碑帖，一经摹仿，令人真赝莫辨；其余绘画篆刻，都有古意。

王道五世儒素，仅存一瓣书香，以坐馆为业，门祚似已衰薄。状元殿撰王云锦是王道从祖曾伯祖父，其曾孙已为王道边服兄弟，独念王道孤寒，加意推许，可见王道孝友性成，足以动人。① 道光十六年（1836），王道七十，预先作自寿诗："虚掷光阴七十春，读书识字愧无成。欲将忠厚承先泽，庭训谆谆不献频。"可想其生平行实与家教世风。享寿七十。②

3. 清西沙宜兴褚村农民王云奎

王云奎，西沙宜兴褚村人。少时束发受书，受业于周伯殷之门，夙兴晏寐，为同学所不及，而资性懦愚，常常惭愧学习所得落后于人。为人醇谨端默，不作厉色疾言。为文简直平正，不务采色，声音可人。折节读书数年，文学日益知名。才习举子业，弱冠父没，家境寝落，而母老、子幼、弟稚弱，业田数亩，入不供出，不得已而废八股，亟归治田，却不敢须臾废学。负耒后依然横经夕阳，溪畔荷绿蓑以课农，皓月墙边挑青灯以课子，终日勤动，未尝少休。向来所闻先生诸论及所授经古时文，惧怕就此遗忘而无底止，而时不暇给，无法尽读，因此神魂之际，若悬诸心目之间，有发于声，

① 以上引文与事迹据《王氏三沙全谱》卷首，林莹：《王先生传略》（王用锡），清光绪二年（1876）。

② 《王氏三沙全谱》卷下《西沙锡邑在城支》世表，清光绪二年（1876），第26页。

殊不自知。

直到五十余岁，血气衰耗，而渔樵终身，家室稍裕，子弟已经成立，隔三差五，趋谒周夫子，衣布衣冠，意思闲雅，执弟子礼甚恭。坐后，询《尚书》经义及庐陵文数篇，谈毕出，先生目送离去。言论状貌，不改初在书塾时，非类农家者流。夜半后，鼻间隐隐作读书声不辍，依稀仿佛如诵《尚书》，如诵欧文。以此常常为周夫子称道，是“素所称褚村王云奎”。

王云奎卒于道光二年（1822）七月，因家贫废书，从事稼穑，而致小康，却能梦中读书终生，非苦志笃好，何以能此？①

4. 清中沙宜兴塘渎坞王美中

咸丰七年（1857），塘渎坞王氏增贡生王美中，撰文回忆自己在金铭寺私塾的三年读书生涯。宜兴县治之北二十余里，有古金铭寺，创于梁，修于明，往往有名师设绛其中。清道光二十五年（1845），其师春帆设馆于该寺东房法云堂，他负笈从学。当时同窗，除了其侄王启勋、其老师之子士钦之外，还有同邑蒋雪堂、冯郁文、陈允斌、邵芾棠，更有从徽州府休宁县远道而来拜师求学的朱维藩、维桢兄弟。

由于王美中年幼，又天性朴讷，不大与人交言。每到文期，自个独坐寺后溪旁，波绿浪恬，对此心空而清，如入仙源洞壑中，终日不成一字。每至夜深，残灯古壁，独坐沈吟，有说寺多鬼，有说寺多怪，他却不恐惧，常至达旦，虽在严寒酷暑，亦是如此。

第二年，其师设馆寺内文昌阁，休宁二朱已归乡。春帆老师送行赠诗，有“纨袴原非佳子弟，膏粱讵足豢英雄”之句。王美中侄、蒋与冯都不在馆。新增其师次子士琛、同邑李国香、休宁吴士培三人。吴士培诚笃，作文善思，至夏天染疾，几乎要死，又患疮疥十分剧烈，将归去，泣告王美中道：“先父为读书事费尽心力耳。夫子命寡母拮据遣培越千里来，方甚喜得师，今又归去。有福方读书，培无福也。”王美中闻说，涕下不能止。王美中在旧岁与子熙走笔问候吴士培，且劝他学习，却杳无踪音了。

---

① 以上引文与事迹据《王氏三沙全谱》卷首，杨炳：《云奎王君序》（道光四年，1824），清光绪二年（1876）。

第三年，增褚国桢、谈尚清、钱仁山及启勋之弟鼎勋。①

（十二）力田务农　操办水利

1. 明中沙长洲荻溪王策

王策，字君谟，号近溪，中沙荻溪支十五世。父丧时仅九龄，母继而即世。时当明朝正德、嘉靖之际，门祚衰落，他依从官桥叶氏姑，姑妈怜爱并抚养他。一日，王策以博戏忤逆姑妈，姑妈泣着说：“汝弱龄失怙恃，来依我家，乃效为博徒乎？”即日趋归，以便测试他。

王策慨然，徒步至荻溪故园，一望四处荒烟草砾，惟独宗祠仅存，而祖遗有老婢跛而废，坚守不去，见王策来归，边泣边说：“王氏久不腊矣，今而归，庶无怨恫乎？吾虽老，当执役郎君，无敢懈也。”于是辟废地，按时耕种，蓄妪辟绩，以相佽助。

每遇节序，王策临祠致享，恸哭许久，听闻者都为之流涕。里中有张翁，见王策有异常之处，以女相配。王策弱冠有室，更加操作躬耕，稍稍能自给。力田则逢年，收息则倍，不几年，而堂构建立。

当时吴中赋役繁重，困于掌赋，里中以王策之名上报司计，于是为粮长，掌管里中赋役派征。王策悉心部署，夙夜寅劳，著绩御赋长达二十余年。每一敷陈，当事无不倾耳，胥隶为之束手。大约此时粮长一役，与古代三老相等，分地而治，凡是钱谷狱讼事物，得先质成可否，因此“乡人莫不德公”。

王策家业亦日益兴起，瓯脱②的田庐全部恢复，无存遗憾。举三丈夫子：文年、有年、武年，都能恢宏先烈，克绍家声。王策介然特立，胸有大志，一以承先启后为己任。周恤闾里，遇事有经画，然而生平无疾言遽色，人称长者。命侄承塾读书，让儿子文年隆庆三年（1569）修王氏三沙合谱，使文献有征。③

---

① 以上引文与事迹据中沙宜兴《塘渎坞王氏宗谱》卷八，王美中：《金铭寺读书记》（咸丰七年，1857），民国三十三年（1944）。

② 瓯脱：本指边境荒地。

③ 以上引文与事迹据《王氏三沙全谱》卷首《明中沙荻溪支君谟公传》，清光绪二年（1876）。

应该说，这是一个浪子回头金不换的真实故事。王策能够迷途知返，离不开叶氏姑妈貌似狠手的一击。即便家世尊贵，也丝毫挡不住家园败落的现实，惟有依恃个人奋发有为，走上正道，辛勤劳作，务实勤恳，创业成功，恢复祖业，不坠箕裘，才能赢得他人青睐与赞赏，过上幸福美满的生活。而担当二十多年的基层粮长职役，乐于为乡亲服务，排除私念，赢得政府和乡人的信任，投身公益，更是成就了一生美德，超出了一家一族的范围。由王策修建的凤凰桥，至今仍旧横跨在荻溪之上，予以行人方便。“近溪”之家声由此重振，再度走向兴盛不衰。

2. 清东沙无锡杨家圩王巷王功誉

王功誉（1653—1728），字元让，世居无锡杨家圩王巷，为东沙二十一世。父王纯玉，耆年硕望，尤为里党钦敬。清康熙二年（1663），辽东吴兴祚摄篆锡山，任无锡县令。他每次下乡问民疾苦，即造访其庐，到十三年（1674）解任，赠匾颜额“一乡矜式”。生二子，长子即王功誉。王功誉外貌敦朴，广颡而丰下，性静默，不慕荣利，不求闻达，平居恒常养鱼种竹，督课农桑，闲暇则煮茗焚香，潜参经史，兼及农田水利等书，又以其余，环集里中子弟，讲说《孝经》、小学，引伸触类，意义旁通，由此乡人对此有所观感的，多率①循循规矩。

王功誉念及杨家圩额田三万余亩，国赋民生所关非浅，自清朝以来屡遭淹没，于是慨然自任，会集各图耆老，诣谒县署呈词，请示丈勘围堤，派段加筑，险要之处添设旱洞水坝，其事载《治湖全录》。而王巷一带田畴最为污下，水道每为上游阻遏，虽然前人在青龙桥外课纳河粮一亩以便疏通，然而应由青龙桥曲折而赴龙潭闸，才通达外塘河，计长不下三里，势样却很窎远。王功誉于是相其形胜，将前章基荡车基西迁高渎河口，另浚三亩田为荡，作为过水之区，其粮由他自己完纳，不以累人。但此地毗邻生字中圩，地形尤高，水涨即直注而下。王功誉呈请当道履勘详明，中间创设腰坝，议定凡遇霖雨淫潦，即填筑以为捍卫，至开则必先等候中圩车戽三日，以杀其势，以后成为定例旧章都被遵循，而王功誉的村民逢到水患而得以有备

① 多率：大多。

无患。

王功誉一宗自高祖肇居杨家圩王巷，谱牒未修，他考虑代远年湮，涣而无纪，无以睦宗族而厚人伦，即往江阴古塘考明世系，序昭穆，别尊卑，于康熙六十年（1721）春纂辑告成，宗人状元殿撰王云锦为作表文。

王功誉以农夫筹划村里水利大事，甘愿牺牲自我利益，保障民利与国课，江南农业历经治理，水平提升，安民生业，由此可见一斑。无锡知县季继善额赠“林间硕彦”，博学鸿儒邑人秦松龄额赠“淡泊明志”。其哲嗣王家栋，老成练达，支持父亲从事，其中赞勷亦不少。①

3. 清西沙无锡杨家桥青莲墩农民王永年

王永年，世居杨家桥青莲墩右，系出西沙，为宋太尉二十三孙。父王魁元，妣氏张。昆季三人，王永年居长。早年失怙，有至性，事母抚弟，克尽孝友。乡党无间言，且善为排解，闾里中得其言，衅隙冰释。性喜读书，尤好农事，耕耘收获，躬亲其事，因而极为详悉水道出入之区。

附左②有张家圩，地形洼下，约计三千余亩。圩东田高土厚，水势直下，时遭淹没。王永年率弟有年、禹年，按亩计工，修筑堤围，以为保障，合圩得以全稔，为乡人感德。乾隆五十年（1785），遭遇大旱，沟渠尽涸，人多焦灼，王永年跃然而起，商议以为先代章程，固宜恪守，但取东河之水，曲折而西，其势穹远，每至不救，不若自南河车戽，由二四桥进水，既方便且迅捷，得到时人认可。于是禀告邑令，相地利，创坝岸，希冀成事。岂料射利之徒从中起衅，巽软③者想要中止。王永年说：“畏葸则事偾④，果敢则事成。若以物议沸腾而束手，不特国赋攸关，且民不聊生矣。”禀经府宪，最终遂志。这年亦称有年，一方赖以全生。

水利是农业的命脉，民以食为天，江南粮仓丰盈和民生顺遂都与水利攸关，这不仅是政府重头关注，而且与民间水利“土专家”的实际经验直接关

---

① 以上事迹据《王氏三沙全谱》卷首，季赵璟：《处士元让王君家传》（雍正九年，1731），清光绪二年（1876）。

② 附左：附近左面。

③ 巽软：怯懦。

④ 偾：败坏。

联。王永年执着农耕，具有经营智慧，不仅顾及一家收成，而且虑及一方丰歉，于旱干水溢之时，主动献计献策，罔顾流言，勇往直前，兴水利，保收成，国赋民生并举，流泽孔长，潜德佑世，仪型犹在。经行其地，见到“此某某公所修，此某某公所创”，也是立德立功立言之举，不因为是一位农民所为而被湮没无闻。①

4. 清西沙江阴南马家湖王氏世代修圩水利事业

王逸（1775—1843），字敦五，号竹溪。王学武长子。天性英敏，自儒书之外，天文、地理、医卜诸书无所不读。既读，即善识，数年后掩卷覆颂，不遗一字。作文以静细为主，瓣香在文，止思旷闲，人所言者他不屑言，他所言者人亦不能言。二十五岁，受知于学使平宽夫（恕），以第二名游邑庠。三试棘闱不获隽，援例入成均。将图北上，又中阻，以附监生终。

江阴马家湖地方圩田有四千多亩，然而地势低洼，经常水淹，必须适时修筑，保障民生安居生产。聚居于此的西沙王氏贤人常常担当此重任，慷慨义举，与政府一起，合力共持地方秩序及国家税收。

王逸家少康，好施济。每遇水旱，尤其倾囷倒廪，在所不惜。②

道光二十年（1840）办理荒事，最难措手。这年水势滔天，地方被灾尤其剧烈。王逸所居圩地尤其卑下，比屋没于洪波，不及檐仅二尺许，“圩民十室九空，炊烟断绝。屡蠢然而欲动”③，图谋有所不轨。王逸年已六十六岁，家居静摄有年，全然不问外事。至此不忍坐视，筹划济荒良策，先接济，继捐赈，继平粜，规画妥协，当即将建议上陈陈知县，得到赞同，命下施行，圩中人由此乐生。所谓王逸“一出而涸辙之鲋潜苏”④。

当水患方张，王逸对儿子说：“今不幸遭此大灾，议捐议赈，吾力已不

① 以上引文与事迹据《王氏三沙全谱》卷首《西沙杨家桥支九如公家传》，清光绪二年（1876）。

② 江阴《西沙王氏宗谱 桐岐庙前南马家湖支》卷三，谢厘瓒：《竹溪公传》，2019 年，第 4–5 页。

③ 《西沙王氏宗谱 桐岐庙前南马家湖支》卷三，谢厘瓒：《竹溪公传》，2019 年，第 4 页。此传记载此次水灾为道光癸未，则是道光三年（1823）。本文采用王逸三子所撰其行述的说法，记为道光二十年（1840）。

④ 《西沙王氏宗谱 桐岐庙前南马家湖支》卷三，谢厘瓒：《竹溪公传》，2019 年，第 5 页。

能支矣。然今岁之难为，吾不虑，虑来岁之不可为耳。”儿子请问其缘故，说：“圩中所恃者围岸，今没于水累月，土必淖；淖而益以风水之相搏，则坍坏必多；修筑之功，来岁必不可缓；圩中十室九空，其能枵腹以底绩乎？吾是以有忧也。”

等水退，圩岸果然大坏。圩人与王逸相谋。王逸道：“吾已熟筹之矣。此举工费浩繁，非吾穷乡所能办也。试入城而谋之，庶有济乎？”于是与众矜耆呈请陈知县，想要求从城局中拨给筑岸费用。起初陈知县不允许。王逸慷慨而言：“某等今日之请，非为一身一家计也。圩中数万生灵，咸托命于明公。明公痌瘝在抱，若以城局余资量赐圩民，俾得毕力于堤功，则圩民再生之年，皆明公再造之德也。”当时阳湖、无锡芙蓉圩都给公银筑岸，两县知县时时至圩监督。王逸援以为例，吁请再三，声泪俱下。陈知县知事不可了，应道：“诺。汝姑退，吾将告诸局之司事者。”

王逸退下后，旋即与司局事的张鹤圃详道情形，并请他至乡董理此事。语毕，而陈知县之命亦至局，于是得所请愿而归。归后，王逸命儿子与侄儿王叙丰，揆算土方以授众役，救之度之，越两月而告竣，回环十数里。至少到咸丰六年（1856）时，依然长堤环绕，蜿蟺巩固，田庐均得保卫。① 以至于“口碑啧啧，不啻郑白沃、白苏堤②也”③。

王德芬，字孔昭。父王东珣，号韫辉，为王逸长子。因先世筹赈，王德芬荫议叙八品衔，教育生徒，循循善诱，必准矩矱。其妻宋氏，太学生女，常对儿子说：“自高祖学武公以来，以仁厚世其家，轻财重义，乐善好施。凡遇水旱赈济、圩堤修筑诸善举，必倡率捐助，不恤倾筐倒箧，而善继善述，三代相承，为乡里表率。汝当克绳祖德，毋贻先人羞。”④

---

① 以上除已出注外，其余引文与事迹均见《西沙王氏宗谱 桐岐庙前南马家湖支》卷三，王东珣、东琪、东球：《先考竹溪府君行略》（咸丰六年，1856），2019 年，第 7-11 页；事迹并可参见《西沙王氏宗谱 桐岐庙前南马家湖支》卷三，谢厘瓒：《竹溪公传》，2019 年，第 4-5 页。

② 指郑白之沃，杭州西湖白堤、苏堤。战国时筑郑国渠的郑国、汉武帝时筑白渠的白公，并称郑白。

③ 《西沙王氏宗谱 桐岐庙前南马家湖支》卷三，谢厘瓒：《竹溪公传》，2019 年，第 5 页。

④ 《西沙王氏宗谱 桐岐庙前南马家湖支》卷三，王主信：《大父韫辉公暨先考孔昭府君行略》，2019 年，第 26 页。

王杰，号陶民。天性朴诚。承父遗命，以扶危济困为心。道光二十九年(1849）大水，圩堤冲决，民不聊生。王杰立即输捐，并劝有力者共出粟以济贫穷。明年春，督修圩岸，极尽心力。不数月工竣，因使圩堤巩固，一圩都受其福。①

王佩学，字宾贤。清道光初年，多发大水，南马家湖地形较低洼，一遇水潦，田庐漂没，农民无以自存。王佩学每次都出积蓄倡导赈蠲。水势安定，又再倡议修筑圩堤，务必坚固，作思患预防长久之计。道光二十年(1840）及二十九年（1849）被灾较轻的，得王佩学助力居多。②

王绍安（1816—1882)，号荣仁。父王佩学，祖王良佐，世居圩内柏木桥，耕读传家，从无失德。至王绍安，凡遇善举，如建桥梁、修祠宇、筑堤岸，他都竭力从事，不辞劳瘁。道光二十九年（1849）奇灾，水势滔天，低洼之区尽成泽国。王绍安偕同诸善士，四方筹募，借拯灾黎，全圩之民一直称道勿衰。

王绍安年幼读书，知大义，凭借丰厚的财力，能行善举。他“尝于农务之暇兼营商务。尤善心计，能识机宜，观风云起色，即知物价低昂，故数十年间叠次置田亩、建房屋，皆公货殖之力有以致此也”③。他在积极经营农商，获得个人家庭生活富足之外，不忘资助乡里公益事业，延续了优秀家风。

王道治，字志孚，号云岩，世居蓉城青溪之南马家湖。宅滨让水河，代有隐德。家门节行坊表相望。生八岁而孤，依赖母氏教养成立。

天性敏慧，于书无所不读，习举子业。弱冠后即撄风疾，艰于搦管，于是无意功名。钱振锽见到他：“状貌魁梧，言词诚悫，有善气，迎人之致，不禁心折。”最嗜吟咏，常以著作自娱。有《静修轩诗文集》传诵一时。课弟子宽猛相济，随质施教，孜孜不少倦，因而名声鹊起，四方钦慕，惟以不克延聘为憾。

光绪三十二年（1906)、宣统三年（1911)，天灾流行，圩民束手待毙，

---

① 《西沙王氏宗谱 桐岐庙前南马家湖支》卷三，刘沛：《陶民王公传》，2019年，第16页。

② 《西沙王氏宗谱 桐岐庙前南马家湖支》卷三，陈名寿：《宾贤王公传》，2019年，第18页。

③ 《西沙王氏宗谱 桐岐庙前南马家湖支》卷三，唐棣荣：《荣仁王公传》，2019年，第28页。

王道治素来不预外务，当时母氏在堂，恻然心动，命他设法张罗，以绳其祖武。他因而不辞劳瘁，四出筹募，官赈私赈，迭相接济，保全生命，不可胜计。常郡冯观察晓青，姑苏陆静庵、柳友三，锡绅钱绳武等，莫不钦其廉介，乐其真诚。水患之后，圩岸必坍，王道治又创议修筑，仰请史少司马秉贞、宋俊生等解囊助款，兼请华明府觐韩、祝月舫，后先驻局督工，使环堤围绕，蜿蟺巩固，圩民受惠广深。

至于创建飨堂、纂修谱牒，王道治都不避嫌怨，锐以自任。生平以笃言行、慎交游、节嗜欲三者为立身之本。他常说：“‘人生所行，孝弟忠信，本也；学问文章，末也。事不从性分中流出、伦常上做起，虽名满天下，多惭焉。’盖躬行实践，自道其得力处也。”①

5. 清东沙羌坵王谋

王谋，字步瀛。读书通大义，太学生。清道光二十年（1840）、二十九年（1849）大祲②，知县令按籍让富人赈贷。王谋前后出百金，然名不在富人籍。县令廉察他朴直，里中赈济让他董事。王谋一意周画，勤而不烦，审密而有法。所居比栏圩，王谋率乡民增筑，数十年间，虽有水灾，不为大患。③

6. 清东沙宜兴高塍厚庄王于鹤父子力排乡里积弊

王于鹤，字九皋，世居厚庄。父王国琇，多潜德，子四，王于鹤是其仲子。

王于鹤天性纯厚，有才辩，善于识人邪正高下；志意激发，勇于敢为，排难解纷，锄强扶弱，不遗余力。善事父母兄弟之间，自竹马嬉戏，至自首相对，未尝以意气、财产有违言忤色。教训子弟，竭尽忠敬延请老师宿儒。族中有好读书砥行的卑幼行，必假以辞色，谦而礼交。他与邑中名人交游，“才识器量，天授绝殊，而行谊学术，尤得之观摩，故以朋友为性命”。

---

① 以上引文与事迹据《西沙王氏宗谱 桐岐庙前南马家湖支》卷三，钱振锽：《志乎王君叙略》，2019年，第44-45页。

② 大祲：严重歉收，大饥荒。

③ 东沙阳湖（武进）羌坵《王氏宗谱》卷三，姚和：《姑丈王步瀛先生传》（光绪九年，1883），2010年，第27页。

清初，各州县承袭明季积弊，蓄草起科，两税出纳，胥吏因援为奸。漕政尤为剧烈，石米入仓，逾半耗注他名，民不堪命。当时博士弟子例得上书当道，大府、抚军迄至藩臬，都必须廷见，昌言[①]吏弊民瘼，使胥吏往往伏法，于是多所兴革，民困得苏。怀才不遇且有志当世事务的士人，经常假此以立名义。蒋太学恕持、陈州佐世求、尹文学祖黄、吴廪员方来，都公正发愤，加惠乡邑，不可枚举。其中肃漕政、豁板荒，尤其卓卓可以传颂。王于鹤当时年少，为诸先生出才力，“多所左右。至其荫庇乡里、反平争讼、没身感激者，又诸先生挟辅之力。故公之乡，推公为柱石者，无异辞”。

王于鹤笃于骨肉而淡于货利，昆季四人相得无间。叔弟王于鼎好读书，能制举艺，屡试弗售，又窘迫艰嗣息，欲废业治生。王于鹤恳切敦勉，为他经纪家事，家用不足，倾囊补助。邑里中凡兴作修治，他必率先输镪。鳏寡孤独暨不能婚丧之人踵门告贷，他无弗立应。闭户晦藏，谢绝外事。

配钱氏，善理家，能相夫。子三：希仁、希贤、希文，都克缵令绪。孙曾数十，多素封，能文章，联翩列庠序。

初始时，蒋太学辈慷慨屈力，为邑中兴革利弊，羽翼[②]后先者踵接，闾阎晏然。自蒋太学辞世，吴廪员发解为侍从，而督学严饬庠士，事非切身，不得赴诉当事。王于鹤与陈州佐、尹文学年皆笃老[③]，于是敛迹却扫，一二奋发之士非气力不足，即假公济私，由是士气沮丧，邑中事都听命于胥吏。

王希文勇于为乡里谋事，颇有父风。

王于鹤所居厚庄里在滆湖之东，滨沙湖，以芦洲为恒产。邑东北某，常率无藉子数百人，恣窃芦荻，州县胥吏出死力蔽护，无人敢撄其锋，滨湖人长久以为剧患。王希文只身犯难，讼诸臬司，将其置诸法，彻底根株痛断，人们戴德不衰。[④]

---

① 昌言：直言。

② 羽翼：辅佐的人或力量。

③ 笃老：极其衰老。

④ 以上引文与事迹据东沙宜兴厚庄《王氏宗谱》卷九，沈暄：《王处士九皋公传》（乾隆四十七年，1782），民国二十九年（1940），第7–9页。

7. 清东沙无锡刘潭桥庄前王文祥力农传家

王文祥，无锡瞻桥人。见刘潭桥之庄前，里仁俗醇，土壤膏腴，近有流水潺湲于其庄，远有高山卓立于其前，诚为乐居之地，于是迁家于此，成为庄前支祖。他勤耕力田，日出而作，日入而息，夏耘秋获，虽劳不辍，由此家业丰饶，还恒常以赢余接济邻里。年六旬无疾而终。生子二，命名存耕、隐耕，训诫说：“尔曹须谦以持身，宽以待人，勤耕力田，不务外驰，居家无逸，与人无竞，不亦安乎？”① 意在以农传家，安逸无忧。

8. 清东沙羌坵勤俭自立农民王志高

王志高，字宜大。早年失恃，家业极为窘迫。长大后耕作丘园，志向极高，绝不向人乞怜。妻江阴三保村许氏。初归时，王志高对她说：“汝为我妇，维当自食其力，方可出人头地。如欲偷安，请从此逝。”许氏唯唯从命，齐心协力，以耕织为事，维持家计。生子三，都无暇顾及，“若勿子”。二十年间，家业日增，门楣手创，村里都称为小康。王志高不识一丁，而认为读书人最好。一切自奉俭约，而重儒为子延师一事却有过寻常，二子都训蒙读书。

凡遇荒赈及修葺桥、庙，王志高无不慷慨捐助。其姻再侄羌荣藻，说他父亲常常以王志高为榜样，训诫说：“尔等将来或业农，或业儒，有能如公（王志高）之勤且俭者，不患业无不创、事无不成矣。”②

9. 清中沙宜兴祝科王茂旭力农兴业

王茂旭，宜兴祝科人。隐居陇亩，托迹于农桑畜牧之间，虽先业极为凉薄，而他日有积，月有累，逐渐庆丰盈而称殷阜。然王茂旭不徒以家计为事，而常以孝友居心，故能持己恭、接人恕，临财廉，交友信，遇到他的人都佩服他的至诚坦率之怀、恺悌慈祥之行，以为非侪辈所能及。年既老，愈益敦本原之思，慨叹祖庙未立，独力创建，不惜费，不辞劳，竟成厥志。③

① 东沙无锡《三沙王氏宗谱刘潭庄前支》卷一，刘鹤皋：《刘潭桥庄前支祖文祥公传》（光绪三十四年，1908），2015 年，第 131 页。

② 以上引文与事迹据东沙阳湖（武进）羌坵《王氏宗谱》卷三，羌荣藻：《志高公暨德配许孺人合传》（光绪九年，1883），2010 年，第 39-41 页。

③ 中沙宜兴祝科《王氏三沙全谱》，万松龄：《茂旭王君寿序》（乾隆十二年，1747），民国三十年（1941）。

这是清乾隆朝博学鸿词第一等一名宜兴万松龄为一位太原三槐后裔祝科普通农民撰写的六十寿序，点出王茂旭两个层面的德行，一是勤劳致富，改变贫穷命运；二是超越一家，惠及家族和乡里，赢得了社会尊敬。

10. 清中沙江阴清化贫农自立王兆仙

王兆仙（1818—1879），字绍先，居江阴清化乡凤凰里东庄。祖王乾，父王义恬，都以务农为业。王义恬生三子，王兆仙居次。

王兆仙天性至孝，自少就有成人气概。年十三即丧父。家极贫，母亲想让他出继外姓，他不愿意。母亲对他说：“汝屋仅半间，田无尺土，将何以自存乎？”王兆仙安慰说：“儿岂终身贫困哉？愿将父所遗之租业耕稼自给，而奉吾母焉。”于是出作入息，不惮勤劳，数年间，家小裕。母亲即为他授室陆氏。陆氏亦婉娩听从，孝姑助夫，勤于纺织，由此昼耘夜绩，妇馌夫耕，同心同德，刻苦成家。一有赢余，即购田亩、扩房屋。如此岁复岁、年复年，如衔泥成垒、集腋成裘，至咸丰庚申（1860）世变之前，已置良田六十余亩、建造房屋十宇。

王兆仙又孝事母亲，母殁则尽哀尽礼，棺木殡葬都竭诚而无遗憾。生平志气高卓，不取非义之利，友于谊厚，克敦仁让之风。当康裕之时，又曾赒苦济贫。

王兆仙姻弟苏嘉祜为王兆仙作家传，称赞他：“公真农家之丈夫哉！”“回溯少时，田无尺土，屋无半间，其创业之辛苦，可胜量哉？可胜言哉？”并且为之感慨道：王兆仙“假使当年无毅然自立之志，隐忍而就育于异姓，亦安能成此大业，而裕后光前哉？世有穷檐之为父母者，往往因家贫多育，欲省食指，而以童稚无知之子，俾之为人螟蛉，以糊其口。彼为童稚者亦不能自由，强其心而谓他人父、谓他人母，卒至不克树立以丧其气，岂不伤哉？岂不恨哉？若是，则公之立志可传矣，公之为人可风矣。”① 这是一位差点被送人的贫农家子，依靠有志自立，辛勤佃种，以农桑起家，改变了生活，走入了小康境界。

---

① 以上引文与事迹据东沙江阴《砂山王氏宗谱》卷十二，苏嘉祜：《绍先公传》（光绪二十三年，1897），清光绪二十三年（1897）。

11. 清中沙宜兴塘渎坞农民王会隆意识到农士一致

王会隆，气象峥嵘，双眸炯炯，声若洪钟。幼时课读，长大务农。曾对人说：“农之道，与儒等。察天时，明地利，知旱潦之备，辨物产之宜，其经营，智力稍疏，即与学殖之荒芜无异。余于农，其真有学于此哉!”在他的认识中，业农与业儒，虽然职业不同，可是不付出勤劳，同样只会荒芜，不会有所收获的。因而，他依靠耕田的生财之道，就是“勤劳日习，晨夕不遑。凡自田蚕畜牧以及灌园治圃，无不体察精明。立身朴实，居家俭勤，以此田园日广，堂构聿新”“家声丕振”。他治家严而肃，与人交往，直而宽，“人有善则誉之，有过则箴之”。在乡党，“周人之急，扶人之危；见长者敬以礼，幼者怀以情，乡人咸爱而慕之，畏而敬之”。年逾五旬，三子已成立，农务家事都能代任，属于后继有人。享寿七十三岁。①

士、农为仁者，职业有异，行为却一致。承汝梅认为清东沙武进羌坵王近荣是仁农。“尝思有仁者之行，斯享仁者之寿。仁者达而为士，则名显声赫，照耀史册；仁者隐而为农，则齿高德劭，俯仰林泉，要皆天之所以优渥仁者，其致一也。若王翁近荣为界沟上支分尊亲，其貌古而朴，察其情诚而笃，问其业朝而耕，殆即为农之仁者欤。”②

（十三）能工巧匠

1. 清西沙无锡大岸桥圬人王朝忠

西沙大岸桥二十四世王朝忠，四岁丧父，母亦相继亡，蒙舅氏提携，兼伯父惟宁，以养以教，得以成立。家故贫，绝无恒产，传以圬人③艺，雕琢堆砌，精巧夺人，故家道日隆隆起。

性勤俭，尤好善，得殖则给与邻里孤苦之人，且为人排解，至公且正，人皆目为长者。

配徐孺人相待如宾，勤于纺织，同心黾勉，积蓄御冬，钗荆裙布，井臼

---

① 以上引文与事迹据中沙宜兴《塘渎坞王氏宗谱》卷七，裴恩绂：《姑丈会隆王公传》（道光九年，1829），民国三十三年（1944）。

② 东沙阳湖（武进）羌坵《王氏宗谱》卷三，承汝梅：《王翁近荣寿序》（光绪三十一年，1905），2010年，第109页。

③ 圬人：泥瓦匠。

亲操，不辞劳瘁，交邻惟和，事长以敬，相夫企孟光之风，督子效敬姜之诫，宜室宜家，未尝有纤毫拂，真贤内助。子鸿坤，媳杭氏，箕裘克绍，眉案相庄。文孙四人，皆崭然有头角。此可称为“行不在高，惟正则名；业不在大，惟巧则精”。①

王朝忠是一个自幼父母双亡，靠舅父、伯父教养的绝贫之人，凭借泥瓦匠精湛手艺发家，建立和睦家庭，过上红火生活，还能帮助邻里贫苦人家。

2. 清中沙阳湖礼嘉桥周陈王思玉木工发家

王思玉，七岁失怙，家中遗田不及一亩。母徐氏日夜纺绩，为俯育之资，逾九年又卒。王思玉从此孤苦伶仃，一无所恃，即数分之田亦已售于人，只得为人佣作。数年后“业木工，专心致志，业日以精，运斤成风，得心应手。凡营栋宇、治器械者，不求他工，惟君是求”。他“无一日舍业以嬉”，又日用节啬，于是家业隆隆日起。配胡氏，食贫作苦，相助成家。生子三。王思玉少时孤苦，习木工手艺，自励成才，勤以务本，俭以节用，始困终亨，渐入佳境，② 不失为践行三沙王氏实面家风、勤劳兴家的典型。

3. 清西沙江阴南马家湖支木工王振兴技艺高超

王振兴，玉祁人。王元章仲子。有兄弟三人。幼诚悫，读书知大义，有老成风范。因家境所迫，弃儒而农，随父力作。

经咸同兵燹，避外返里，四壁萧然，箪瓢屡空，惟有更加刻苦自励，日积月累，渐致饶裕。他先居玉祁东市，家室十分湫隘，于是择地李家巷，构屋三楹，拓田数十亩，桑麻鸡犬，俨然世外桃源。

王振兴并“且于农事余，间讲梓人之术。凡木之拳曲而痈肿、盘根错节者，一为引绳墨、准规矩，无不蔚为美材、成为大器，真能使天下之物，无失所之欢，此焦尾之桐，必待尝音于伯喈也③”。性孝，弱冠后父母继逝，勉营丧葬，尽哀尽礼。生平无疾言遽色，乐善好施，热心赞成地方公益事

① 《王氏三沙全谱》卷首，张仁美：《西沙大岸桥朝忠王君序》（咸丰五年，1855），清光绪二年（1876）。

② 以上引文与事迹据中沙礼嘉桥周陈《王氏三沙统谱》卷四，孙清载：《王君思玉序》（光绪四年，1878），清光绪三十二年（1906）。

③ 焦尾枯桐，指良琴。焦尾琴：东汉著名文学家、音乐家蔡邕，字伯喈，使用从烈火中抢救所得的烧焦桐木，亲手制作，成为我国古代四大名琴之一。

业，“仁厚长者之名，啧啧人口”。自奉俭约。①

依靠力农和精湛的木工手艺，王振兴勤苦致富，家业兴隆。

4. 清东沙羌坘王增高工艺过人

王增高，羌坘人。襁褓时失怙，赖母教养成人。年稍壮，崇勤俭，力稼穑。农作之余，兼习工艺，心灵手敏，有过人技能。他大概立意民生在勤，勤则不匮，因而日出而作，日入而息，手足胼胝，不敢稍自暇逸。十数年来，经营积蓄，置田产，造第宅，规模较胜于畴昔，且事母至孝，冬温夏凊，子职无亏。配邱氏，勤俭温良，夫妇相得。王增高并以身任族尊十余年，未能完成修葺宗祠、编纂族谱，作为生平第一憾事，嘱托儿子。儿子最终完成了他的遗愿。他临终嘱训儿子王炳庆“以孝谨勤俭、尊祖敬宗为务”。②

王增高没有读书，应该心灵手巧，因而能成工艺能手，通过勤快业农加手艺，营造了小康家业。清附贡生缪福生由王增高事迹，得出认识，说：“人生在世，苟有一技之长、一艺之能，克勤克俭，无怠无荒，颠危不改其节，谨慎时存诸心，处常如变，始终如一，亦未尝不可以谋生立业，广大门庭。”③

5. 清东沙江阴夏浦王芹玉撑船为生，成立家业

王芹玉（1632—1717），王克用长子。幼醇谨，敦孝友，性出天成。年十三，即遇明亡甲申（1644）之变，故居华塘毁于战火。父亲王克用携二子家眷避乱毗陵，奔走道途，星行露宿，黯然魂销。清顺治二年（1645），流离至江阴夏浦，侨居孟济墩南麓，构一椽，聊蔽风雨，捋荼蓄租，拮据数载④。王芹

① 以上引文与事迹均见江阴《西沙王氏宗谱 桐岐庙前南马家湖支》卷三，戴宗德：《振兴王公传》，2019 年，第 45-46 页。

② 东沙阳湖（武进）羌坘《王氏宗谱》卷四，缪福生：《增高公家传》（民国三十七年，1948），2010 年，第 3-5 页。

③ 东沙阳湖（武进）羌坘《王氏宗谱》卷四，缪福生：《增高公家传》（民国三十七年，1948），2010 年，第3 页。

④ 源出《诗经·豳风·鸱鸮》：“予手拮据，予所捋荼。予所蓄租，予口卒瘏，曰予未有室家。”拮据：手病。捋（luó）：成把摘取。荼：茅草花。捋荼：辛苦劳碌。蓄：积蓄。租，通苴，茅草。卒，通悴。瘏（tú）：患病。室家：指鸟窝。

玉以为“予有室家”，何至类似巢幕之燕[①]？然而居住很短时间，衅起萧墙[②]，茅舍竹篱，尽为灰烬，伤心鸿飞冥冥，未能求备矰缴[③]。一无所归，于是寓食江滨，牵一舴艋舟，唤渡中流。病涉[④]的人都赖此相济，王芹玉想以此作为栖身工具，免却人们往来泥涂受苦。于此可见王芹玉虽居患难而不忘仁爱，大概素性如此。嗣后居住陈村，家业渐饶，螽斯庆衍。配徐氏，贞静寡言，雅相契合，生子四。王芹玉卒于康熙五十六年（1717）。[⑤]

王芹玉在明清之际，随父亲历经磨难，自江阴华塘辗转流落江滨夏浦，靠撑舟济渡营生，自立兴家。后父亲和弟弟王仲玉回迁华塘，自己留居夏浦，子孙绵延，终成大族，形成王家村（今於王村），自己成为夏浦始迁支祖。夏浦王氏以后定居农耕，兼营商业，开设酒坊、子息，富甲一方，也读书出了秀才，清咸丰三年（1853）独创修谱，记录宗史，最终回归了三沙王氏大家庭。这是一支在江阴土壤上不畏艰辛万难、自强自立成长的典型三槐东沙庶民支族。

6. 清西沙苏州皋桥会计王睿照

王睿照（1721—1791），字逊颜，号巽岩。生而岐嶷，有至性，十岁遭父丧，事母张氏孝谨。稍长笃志于学，期克自立。世父[⑥]王栻器重他，命他作诗古文辞，他援笔立就。年十七娶袁氏，张母说得贤助。因急治生，母命王睿照辍儒业，习会计。

王睿照丧父时，仲弟玉田仅五岁，季弟筠亭才百日，他教养兼备，使至成人。嗣后奉母命，析箸分居，纤毫无所私。家财不丰，命诸子各专其业，训诫利市毋贪，名场务实，诸子亦仰体堂上意，或操筹，或入黉序、食廪

---

① 巢幕之燕：燕子把窝做在帷幕上。比喻处境非常危险。

② 衅起萧墙：祸起萧墙，祸乱发生于内部。

③ 鸿飞冥冥：出自汉扬雄《法言·问明》，“鸿飞冥冥，弋人何篡焉？”意思是大雁飞向远空，猎人便无法捕获。矰缴，短箭。矰，zēng，射鸟拴着丝绳的短箭。缴，zhuó，系在箭上的丝绳。出自汉高祖刘邦《鸿鹄歌》，“虽有矰缴，尚安所施？”

④ 病涉：苦于涉水渡川。

⑤ 以上引文与事迹据东沙《江阴夏浦王氏宗谱》卷三，王培：《芹玉公行略》，2008 年，第 22 页。

⑥ 世父：大伯父。后通称伯父。

饩，各克自负荷。

乾隆五十一年（1786），苏郡大祲，王睿照捐资赈粥，与邀优叙，得恩贡生。

王睿照捐资倡议修葺祖祠墓，立规约，申详各大宪，得两江总督尹继善奖饬勒石，为子孙世守。凡是度岁艰难的亲串族党，王睿照便在除夕携金过其门，就其门窦暗掷给他。①

（十四）诚信良贾

1. 清东沙江阴澄南王璠小本经营创业，发家成族

王璠，字一清。世居安庆府。清康熙年间，安庆年岁大歉，贫穷小民不能自立的，大都就食四方。王璠亦因年俭②，贸易无肥，即偕妻孥转徙至江阴。开始以小本经营，卜微利，其后铢积寸累，囊有余资，随即在城南外石子街买地数弓，建屋数楹，聊以蔽风雨而栖托有所。

王璠以一担行李，率妻携子到江阴澄江镇，无所凭借，创家室，置田园，已而生子，子复生孙，孙又生子，子子孙孙，世守旧庐，家业日益隆隆起，子姓日炽而昌，或析居东外，或分处城内。“朴者负耒，秀者横经，居贾行商者多有之。”

王璠配金氏，生子二：绍安、绍昌。孙七人，分为七房，仅长、三两房无传。王璠被奉为澄南迁祖。③

据家谱记载，东沙江阴万户王敏（十世），其子王恕（十一世）迁居安庆。王恕八世孙王璠（十九世），辗转回迁老家江阴。王璠依靠勤俭小本经商，持之以恒，艰难创造家业，立住了脚跟，衍生出澄南王氏这又一支东沙王氏，最终汇入三沙王氏大家庭。

2. 清西沙苏州皋桥商人王鼎铨遇盗亏负本金偿付他资讲诚信

王鼎铨（1634—1719），字子重，又字上根，晚号竹圃。因子职，清朝

---

① 以上事迹据西沙苏州《太原王氏皋桥支谱·传略》，陈希哲：《巽岩公传略》，民国十年（1921）。

② 年俭：年成不好，谷物歉收。

③ 以上引文与事迹据东沙江阴澄南《王氏家乘》卷二，王舜年：《始迁祖一清公传》（光绪三十四年，1908），清光绪三十四年（1908）。

封儒林郎。

王鼎铨善于治生，每年行走四方，恒常擅于获利。临财不苟，安于义命，往往入险出夷。他北游都市，同好总是附资，等到还家就偿值。曾经途中遇盗，同行人都股栗，藏匿逃去，强盗抢劫其资将尽。王鼎铨计无所出，独自奋身抢夺。强盗手持利刃，王鼎铨睨视他，他的利刃忽然堕地。强盗离去，藏匿的一群同行人亦出来，意想王鼎铨必定遇害，及相见，都称幸。检视行装，尚存资十分之二三。至燕都，得倍称①之息，又稍补十之二三。等到返回家里，附资人家听闻他途中有警，都来探问起居无恙，之外，“初无一言索直”。王鼎铨于是“发橐中金，如数分偿。人人出意外，谓如是则居者享其利，行者反独受负乎？曰：‘盗劫吾财耳，于诸君何预？’令持去，而橐中金亦尽。数年铢累，悉归乌有。”有人讽劝他，王鼎铨说：“得失命也，财物何可负？”他“自此摒挡②出门，往有攸③利，家食稍稍瞻给矣”。

王鼎铨敦厚好施，乡里推重。凡遇桥梁、水道、育婴、广孝利济于人的事情，时有助施。周急不稍吝色。居家节俭，啬己而厚于人。康熙四十八年（1709）上元，苏州知府陈鹏年举用他为乡饮介宾。④

西沙王氏苏州皋桥支，先世自常熟宛山分居虞山山塘泾，以耕读为生。至第三十世王三让字养淳（1576—1633），明末迁居苏城皮市，隐居授徒为生，成为皋桥始迁祖。生子二。到长房长孙王鼎铨，卜宅皋桥定居，生三子三女，并创立家祠，自此子孙藩庶，家族人才兴旺，地方闻名。

3. 清中沙阳湖礼嘉桥周陈王寿林农商发家

王寿林，字寿兴，周陈人。父允莹。王寿林十岁，慈父见背，母夏氏日夜纺织，教养兼至，并延师训诲，以至成立。王寿林年幼时已知母氏劬劳，就傅勤读，以孝道事母。年长，弃儒而习农，勤耕作，节财用，手胼足胝，不避风雨，寒暑无间；农隙则为商贾之事，公平贸易，孜孜治生，未尝一日

---

① 倍称：加倍。

② 摒挡：收拾料理。

③ 攸：语助词，无义。

④ 以上引文与事迹据西沙苏州《太原王氏皋桥支谱·行述》，王栻：《子重公事略》，民国十年（1921），第 8-12 页。

偷安。由此家道日昌，衣食足，财用敷，田园广，绰绰然有余裕。为人不苟笑，心细气和，不妄言，自壮至老，与乡邻无口角之争。配何氏，生三子三女。王寿林通过切实业农经商，成功兴家，“聚顺而多子孙”，康寿弄孙，其乐融融。①

4. 清东沙无锡杨家圩王隆发

杨家圩分杨巷支二十六世王隆发，字乐耕，无锡陡门处士王汉文长子。九岁而孤，家赤贫，俯仰所供，衣被饮食，仰赖节母吴母日夜纺绩，还延请师傅教诲王隆发。

王隆发稍长，忧虑无以治生，强弃儒业，为人佣耕，中更歉岁，忍饥节食，以求养母。他讲求农事，于水利蓄泄尤其完备详善。继而思虑佣资不敷，转而就贾。当“时市风狡猾，行贾交易纯乎权诈，以公之忠厚朴诚介其间，不识机械为何物，人咸虑其不济。乃籴贱市贵，逆亿所中，获利尝倍蓰。廛肆计会，价银浮错，虽相隔数百里必还致，市徒皆叹服。由是经权子母，汔小康；承堂上欢，亦赖以丰腆，而自奉极其俭约，衣粗食恶，饱暖外无他求”。“既操懋迁术，往来大贾间，壹以坦直，有失入，必白而还之，人咸信服。由是遨游江淮，风帆千里，辙渐远，业渐裕焉。”曾对人语：“予本饥寒中人，深识饥寒苦，节省己之衣食，以衣人食人，惠且不费。”故凡遇施舍等善举，每每倾倒囊箧，不留余力。

咸丰十年（1860），太平军南进常州，居民皇皇走避，苦无舟楫，王隆发原本善于操舟，即将曩昔所行贾舟，载粮与乡人，乘男女，拥挤争渡，一舟不足，更出己资别买一舟以共济，因而赖以逃脱者多达八十余人。

太平军撤退，乡人归集，庐舍悉数被毁，独王隆发所居犹且完好，便招与同居，授以田器，始得耕作以遂其生。兵燹后露骸枕藉，王隆发具棺遍索，择地收埋殆尽。里人有贫不能婚与贫不能丧葬的，力助其费，偿不偿悉听其人，未尝追索。事无论巨细，但得裨益于世，无不竭尽心力。

平时敦笃孝友。吴母病，躬侍汤药，匝数月不离侧。吴母谢世，丧祭仪

---

① 以上引文与事迹据中沙礼嘉桥周陈《王氏三沙统谱》卷四，王枋：《族伯寿林翁序》（光绪四年，1878），清光绪三十二年（1906）。

具，勉从丰备，因默痛贫时殁父，年稚未能治事。同怀弟早世，衋然①如折手足，抚其七岁子，不啻己子，为其授室，为其稽田，不忍析处。

严以治己，宽以待人，和以接物，人或以非礼冒犯，恕然不与人计校，人们亦佩服其器量，不忍冒犯。

重实行而轻浮名。王隆发早年迫于境遇，未能卒业诗书，而善恶义利之辨，洞烛其微，一言一动，往往与圣贤学问相隐合，垂老又深以不学为耻，惟以力学无追，淬励其后人。配张氏，生三子三女。次子王承鼎，国学生。同治十一年（1872），遣次子戒三（承鼎）师从许仰山，且以务为切近有用之学相谆嘱，故戒三郡县试屡列前茅，王隆发不以为喜，院试不售，又不以为忧。常常对儿子们说：“力田可以自给，读书期于有用，汝曹各守厥业。”

许仰山为此发论说：“陈实之谨厚，王烈之朴诚，岂所望于农且贾者哉？乃市井货利之场，每以欺诈相倾轧，公驰骋其间，不染恶习，谁谓农贾中无奇人也？溯其孤寡，伶仃佣工糊口，何一寒至此欤？比夫家产充牣，尚俭约自适，不异贫时，所操为何如耶？贫贱时不戚戚，富厚时不汲汲，行乎素位，惟以济人利物为兢兢，其不以困厄终其身也固宜。”此为由农而贾，以朴实盈利，依赖诚信，发家致富，仍旧节俭持家，教子助人，有难得的家教品行和职业道德。②

5. 清西沙无锡坊前王琳

王名扬，讳琳，名医王鼎（见前）子。性温厚古朴，居开化乡坊前镇，有父风，尤具干才。中年家道窘迫，思先人之绪难以为继，舍读就贾，经理陶冶③中事，不数年书算悉精，久居沪上，一时同业中无出其右。凡外来货物，一律记明出入，练达之名一直啧啧人口。

咸丰十年（1860），太平军进攻上海，主人以千金之积相托，说：“同贾之人惟君为老成，吾与君半生宾主，此事须烦君手矣。”王琳闻“宾主”之言，起而应声：“诺。吾当匿之矣。但际此蹂躏之时，存亡莫卜，所匿

① 衋然：悲伤痛惜的样子。

② 以上引文与事迹据《王氏三沙全谱》卷首，许仰山：《乐耕王公传》（光绪五年，1879），过人远：《乐耕王公传》（光绪五年，1879），清光绪二年（1876）。

③ 陶冶：制作陶器和冶金。

之处主翁当知之。”于是相约密号，各自走逸。当时太平军已四面合围，王琳“犹逡巡不出，自思彼未托我则已，彼托我，我当为之保全，不然则负矣”。多方顾虑后，始自行。至黄浦，即遇太平军，被抓住。王琳从容而往。后有回来的人说，曾谋王琳面，与他说：“公何亦至是耶？”王琳说：“食其禄而患其主，臣之于君然，吾之于主亦然。虽至是，又奚憾也？”那人劝他逃走，他又说：“吾有子可成立，老夫年耄，亦任之已耳。”于是不知所终。

后主人回来发金，丝毫不爽。不禁流涕说：“吾之致公乃尔也。”述其事，闻者叹惜。此是“见危授命，古之遗忠”，忠于所托，诚逾性命，实际上就是讲的商业诚信，受到雇主重托，竭力保护，不惜在战时殒命。①

6. 清西沙江阴司徒桥农贾王满洲

王满洲，字大桢，王锦泰次子，江阴司徒桥人。幼志读书，秉性和厚。遇上清咸同战乱，不得竟其业，避难靖江县。遭母丧，归而窃葬。同治初年事平，南还，大乱之后，田即污莱，十室九空，吴中斗米数缗，糊口艰难。王满洲慨然说：“大丈夫生于乱世，上不能为国效力以杀‘贼’，下不能竭力耕田以供子职，谋生无术，将何以人为也？”于是与其兄王大干力田以事其父，数年之间，家境小康。“去而就商，往来江湖间，杂足于渔盐贩竖之俦，跋涉胼胝，不辞劳瘁。财稍盈”，乐施邻里贫穷，说：“吾不为守钱虏也。”平居寡色笑，恂恂然似不能言。每当受到里中无赖子狎侮，他亦不与计较。时人目为长者。居住不久，兄与他分餐，他不计田宅美恶，说：“事在人为耳。”王满洲为人，勤俭励己，忠厚待人。卒年五十四。

女婿缪羽仪在光绪十九年（1893）游庠，越明年，得怔忡症，馆处贰室几乎一年。见岳丈治家之严，操作之勤，每次劝他稍就安闲，王满洲就说：“凡人劳则思善，逸则思淫，予岂好自苦为哉！欲戒后世子孙：忧劳足以兴家，逸豫足以亡身也。”女婿不禁为之肃然改容。②

---

① 以上引文与事迹据《王氏三沙全谱》卷首，萧焕梁：《西沙坊前支廷栋公名扬公父子合传》（光绪二年，1876），清光绪二年（1876）。

② 以上引文与事迹据西沙江阴《澄江司徒桥王氏宗谱 五房孝公支》卷三，缪羽仪：《大桢王公传》，2015 年，第 6-7 页。

7. 清东沙羌坵商人王定山

王定山，王星耀长子。幼时极为颖悟，喜于有为。刚弱冠，值时年荒，饔飧不继，后又遭受咸同战争，随父避难江北，而且其父殁于流离之中。自己因此无暇读书，而真心向慕儒雅之风。战后于是“经营就生理，往来江浙，羁族苏松，戴月披星，奔驰蚤夜，栉风沐雨，跋涉山川，舟车忘千里之劳，行李无一担之苦，纵因货而沽利，每仗义而疏财，非惟坐贾市廛之辈，即都邑富人，无不服其信者”。数年之间，家业日裕，置田数亩，营屋数间，加上他“言抗直，行肫诚，柔不茹，刚不吐，立教义方，贻谋燕翼”，为人品行处事，令人信服，有助于他经商成功。晚年更慷慨好善乐施，忱然不吝，人称“有豪士之风”。配蒋氏，支持了他的事业。生子三，生女三。

王凌云在综合其伯父王定山的事迹，作出传述后，认为：“古陶朱公有致富术，太史公有《货殖传》。夫四民之道，为商与士者不同，然能各安本业、昌大门庭，盖起家则一也。”① 王定山即为一例，可以佐证。

8. 清东沙羌坵分支江阴商人王德魁利港兴市

王德魁，字金喜，世居后梅镇西石桥中街。王定山季子。原本王德魁随父经商为业，家道小康，衣食尚足。随着父兄相继谢世，商业衰落，家庭经济受到重大打击，王德魁不得已将设立的京南货号停止，出而佣人有年。但他粗识文字，年少有大志，觉得长年作嫁，终非久计。于是毅然决然，谋所以自展之道。当时无锡工厂肇兴，面粉事业日见兴盛，王德魁有鉴于此，即引起动机，将本地坊家的面粉运销锡邑，获利极丰。业此数年，本地贩运人日多一日，他觉得不能久持，为图久远，不如别开生面，向外发展。经过左思右想，决定向地濒江滨、一片荒凉的利港镇创业。把面粉运锡邑，贩归杂货，以有易无，深得经商之道，故不旋踵间而手头已稍稍富裕。

高家坦邑庠生高志尚董理乡政，观察王德魁精明干练，富有大志，即以爱女嫁与他。高氏助理家政，日夜不辍，克勤克俭，家业日隆。在人烟稀少的利港镇建筑市房，繁荣市集，开设京南货王泰丰号及粮食行等，使经济较

① 以上引文与事迹据东沙阳湖（武进）羌坵《王氏宗谱》卷三，王凌云：《伯父定山公传》（光绪三十一年，1905），2010 年，第 126-128 页。

前更为富裕。于是置田产，营居室。然清政失修，水盗横行，王德魁以商起家，不时招盗觊觎。在数年之间，先后被劫两次，并且浩劫之下，又招火灾。王德魁不免灰心商业，紧缩范围，从事耕耘，教养子女。

后因阖乡人士推举，王德魁接任年迈的高志尚，出长乡政。他首抓治安，坚决禁赌，消除了盗贼之源，却几次险遭毒手。此外开浚利港河，修理桥闸，为农家造福。①

王德魁富有商机头脑，推动了利港兴市、管理和开发，也为三槐创业仁风增德。

（十五）义行善举

1. 明中沙长洲荻扁王武年

王国烈，名武年，字虹桥，王策（君谟，字近溪）第三子，中沙荻溪十六世。自少倜傥非常，与兄王国章（文年）艰苦起家。长大，状貌魁梧，多勇力。有剧盗泊舟港口，瞰王氏宗族。王武年挟石投掷，剧盗咋舌惊去。一夕，王武年自华荡归家，且已醉，挐舟仅一苍头，与盗舰相遇，被夹舟而行。王武年令苍头棹舟，冲向盗舰腹部。王武年飞篙创贼首，落水，群贼哗于中流，王武年与苍头且歌且棹以归。扣王国章门，仔细描述扑贼情状，索饮达旦。

王武年每急人之难，被乡人倚以为重。有某，以比间微嫌，而其家有病人死，一群不逞之徒将他缚系于屋柱。王武年往谓道：你们“缚某，不过欲得钱耳。缚愈紧，钱愈不可得。曷若（何如）解缚，酬金之为愈也?”因拔柱放出，众人莫敢出声。

王武年家多下田，是里中儿不胜赋役，都将此田出售给他。王武年广自种耨，鸣金而食，分田为两区，旱则事下隰，潦则资高原。秋成时，崇墉栉比，相望可十里。反而因薄田，经营农稼得法，增强了经济实力，进而能够捐资支助文教事业，家庭也由此再度翻转，成为书香门第。

长洲学官倾圮，王武年见而感叹：“黄冠缁衣辈犹能新梵宇琳宫，奈何

① 以上事迹据东沙阳湖（武进）羌坵《王氏宗谱》卷四，梅首峰：《岳父德魁公行述》（民国三十七年，1948），2010年，第47-51页。

吴中多学士大夫，而忍先圣露处也?”拜诣官员，愿一力修葺。鸠工庀材，不烦官帑，而计日落成。当事有“功在斯文”之褒。王武年遇事慷慨，见义必为，动即底于有成，大都类此。

王武年最隆礼师傅。偶袭西绒衣，一日出馆，塾师对此心艳。诘朝，王武年遽尔持赠。馆师愕然。王武年说：“苟儿子成立，吾何爱发肤，况此衣乎!”后来家境日落，而儿子王腾程会文于清真观，王武年犹必竭致丰腆，以供名流饮宴，由是王腾程声称日起。王武年对于王腾程南闱考中举人十分自信，获隽日，刲羊，置酒以待，而捷音果至!“孰谓苦心教子，不可以义方致功名哉!”不久，孙王佐圣，亦登贤书。王武年犹鸠杖婆娑，应乡饮大宾，子孙冠裳侍列。申文定（时行）亦叹为盛德所致。王武年卒时，“成服者四十余人，列绅衿者居其半”，说明他以一个农民身份，居然因其生平作为，赢得了良好的社会声望。①

2. 清东沙宜兴高塍厚庄王国琇农民赎人义举

王国琇，字汉章，号栗园，王君庆三子，宜兴高塍厚庄人。恭谨仁厚，乐意济人缓急，尤其力任不易为之事，绝无难色。平居与诸从兄弟相互往来，无吝啬姿态，告贷则慨然给与，虽不见偿，不以为意。有人劝他惜费，他勃然说：“以钱财故，而薄手足谊，可乎?”

当地有陈某，鬻女给徽州程氏为婢女。程氏经商数年，将挈陈女归本籍。陈父大忧，具告王国琇。他说：“如若云，此女将终身沦落矣。”随即以十数金把她赎归，对她父亲说：“尔女字人②后，可偿我也。”

晋陵陈某迁居乡里，清康熙十八年（1679）亢旱，无法自存，便将儿子卖给同邑白氏为仆人。白氏狠戾刻毒，不以人理待他。其父听闻，来见王国琇，戚然说：“予子亦人也，今与犬马无异，死在旦夕矣，幸公垂救之。”王国琇说：“尔勿忧，十数日后尔父子当完聚矣。”亦即以十数金赎还。后数年，其父将死，泣戒其子，说：“子非王公，久已死于白氏矣。我死后，当

① 以上引文与事迹据《王氏三沙全谱》卷首《中沙荻溪支国烈公传》，清光绪二年（1876）。
② 字人：许配于人。

竭力报效，慎勿为负义人也。”①

在这二例清代人口买卖中，可见父母在无奈之下卖女卖儿的惨状，而王国琇获悉之后，主动出资，帮助救赎归良，使其家人骨肉团圆，而不求回报，义薄云天，可称壮举。

3. 中沙宜兴塘渎坞农民王质卿赈济

王质卿，王毓棠次子。赋性侃直，勤俭操家，惟有周恤贫乏不稍吝啬。

有欧姓，租佃王质卿田二亩余，积欠颇多，贫困无以偿还。后几年，欧姓夫妻弃世，其子更加孤苦。王质卿怜悯他，于是非但不索旧偿，并且赠送田给他。

有姊妹嫁北渠吴氏，生三子，都未成立，而其夫弃世，家业日落。王质卿与兄时时往探，有不给，便与酬，说：“吾以笃一本之谊也，安可漠视之哉？”

晚年为一分之尊，出首劝输，设大房分祭产，任怨任劳，不辞其责。②

4. 清东沙江阴南城王龙光兴办地方事业

王龙光（1717—1802），字敷文，号朴斋。年少时曾应文武科举考试，一不见售，便愤而弃去。学习计然术，以资财雄称乡里，占田至四十余顷，房屋数百间，设置质库一所，商贩领贷他的母钱多达数百家。

王龙光既然富饶雄财，江阴县中的公事大率丛委于他，而垂涎他财富的人大多吹毛求疵，对他加速诉讼。他机牙肆应，旁若无事之人。旧时县里育婴堂及暨阳书院的董事，赔累终身，不破家不止。王龙光将此事上言司府，请求以六年一轮更代，自此变为成例，他邑亦得以依赖。有邑豪素称健讼，善刀笔，为害乡里，触犯王龙光，他负气不相下，必列状其罪恶加以惩治，邑中讦讼之风为此衰息。王龙光由此名闻他郡。

王龙光状貌雄伟，为人有气岸，遇事敢为，而存心实际上仁厚。亲戚中有人构隙王龙光，后来其人有事，王龙光不念前忿，反而对他轸恤。王龙光

① 以上引文与事迹据东沙宜兴厚庄《王氏宗谱》卷九，王希圣：《栗园公行述》（乾隆十一年，1746），民国二十九年（1940），第4页。

② 以上引文与事迹据中沙宜兴《塘渎坞王氏宗谱》卷七，王柏颖：《述先父行略》（咸丰八年，1858），民国三十三年（1944）。

董理育婴堂，创规程，勤考察，孩婴得所。董理暨阳书院，裕经费，优奖赏，生徒蒙惠。乾隆五十年乙巳（1785）江阴大旱，野无青草，王龙光作为赈粜总董，首出私米五百石减价平粜，又劝各董更迭出米平粜，活人无算。曾任应天河总董，胥役不敢为奸，而河夫都踊跃出力，费省功倍。里中有海云庵，由王龙光曾祖建造，被不肖僧徒败废，王龙光怒不可遏，将他们驱逐出去，纠族人出资改为家祠，崇祀始祖以下祖宗。江阴城南王氏自王龙光开始有了先祠。

王龙光有干力，能为人所难，大率类此。他在家内行为亦多卓卓可纪，当他八十岁称觞时，远迩毕至，阗溢里门；当他殁后会葬，也是如此，说明他深得人心。享寿八十六岁。生时以例捐候选布政使司经历。有子七人，六人成室，都能世其家。

周仲简为王龙光作传，认为他不像柔懦的善人，仅能自守，却不能有为，而是强武有为之人，“强毅果敢，诚有为之才也”。尤其赞扬他生平有三项义举：一是“革从来董事不得代之弊，不知保全后几人身家”；二是“摧奸豪之牙角，俾乡曲被毒者冤气得伸”；三是“乙巳之灾，赤地千里，万民乏食”，他“首先出米平粜，为诸绅富倡，饥黎得以保全残喘”。而乡里细人嫉妒王龙光难犯，为他“混立名号，意图咒诅，此何足以损公之毫末哉？”①

王龙光在从事儒业遭受挫折之后，果断弃学，改事农商和金融，如鱼得水，挣得巨资，升为江阴巨富，是找准了适合自己谋生和事业发展的空间。随后被推掌地方育婴堂和暨阳书院等公益事业，刚毅果敢，排除万难，无惧个人安危，惩豪恶，除积弊，创新规，植正气，扭转恶劣习俗，减轻民役，惠及学子，又能化私为公，赈济饥荒，造福乡梓，利于族众亲串。他的义举作为有利于家族和江阴地方，有的方面影响甚至超出了常州府域。

5. 清中沙永康象珠王国桢商贾义行

王国桢（1746—1829），字雍望，号住干，国子生。曾祖淡庵，例赠儒

① 以上引文与事迹见《东沙王氏江阴南城支谱》卷八，周仲简：《例授儒林郎朴斋王公传》，2019 年，第 70-71 页。

林郎、岁进士、崇祀五峰书院理学。祖轶斋，增生。父处士虚轩，王国桢是其第三子。王国桢年幼性颖悟，读书过目成诵，虚轩曾以大器期待他，他亦矢志青云，思有所成，以副高堂期望。然年才弱冠，椿萱并谢，而遗金少赢，昆季成行，难能坐食，因此始谋废读而耕，继而舍耕而贾，前往祖籍地姑苏金阊，赢得巨利，获得极大成功。传记称“公惟尚义取，不务深藏，出其奇赢，首谋恒产，祖若宗祀事馨香，子若弟读书、婚娶，胥于是取资焉，而又非独善而不思兼善也。子敬（三国鲁肃）倾囷，冯驩（战国齐人）番（燔）券，急人之急如己之急，推之除道、成梁诸善举，亦必出资玉成其事，良由公所历者皆劳苦艰难之境，故能推己及人，不屑同于鄙夫悭吝之为”，给与王国桢高度评价，认为他经商成功之后，主动出资，购置田地，解决家庭子弟读书、婚嫁及家族祭祖活动，并且赈助地方，出资建设道路桥梁，“教子孙，因其材之所能赴，农工商必使之各执一业，故食指虽云浩繁，而岁入自裕”。享寿八十四岁。

王国桢的传赞由时任永康县训导的仁和人杨清寿撰写于清咸丰六年（1856）六月，除了叙述其创业的艰辛历程和品行之外，还提及他作为三槐子弟的所做所为，带来“槐荫满庭”的荣耀，是“家声之所以不坠，后嗣之所以克昌”的原因。

维古丽州，山川磅礴。王氏多贤，代有钟毓。溯公壮岁，艰苦备尝。逐十一利，业往吴阊。吴阊名都，公之祖籍。木本水源，弥深蕴结。多钱善贾，公本清贫。锱铢不屑，独守俭勤。俭可养廉，勤则不匮。经营小康，规制大备。承先启后，行是为师。解衣推食，德木（本）于慈。天佑善人，躬臻上寿。燕桂谢兰，飘香擢秀。德门在望，槐荫满庭。用告来许，式此遗型。①

浙江金华永康象珠王氏溯源于南宋。始祖王百三（1178—1266），名翰，字宣之，南宋宁宗嘉定二年（1209）进士，官国子监司业，居苏州阊门王义坊（后名黄鹂坊）。子二：王千二，名道，字济时；王千七，名义。

---

① 以上引文与事迹均见中沙永康《象珠王氏宗谱》卷四，杨清寿：《从四百十七国桢公家传》（咸丰六年，1856），2019 年，第 94-95 页。

王道（1209—1279），宋理宗端平（1234—1236）间苏州府贡士，子二：王万一，名庆，字天祚；王万二（1242—1315），名福，字天锡。

王道任处州丽水县丞，不久，在宋度宗咸淳二年（1266）乞归，道经永康黄园，将次子王福赘居胡氏，自己同长子还居姑苏。①

王福于元世祖忽必烈至元间②居永康西街。王福四世孙王原二，名智，明太祖洪武（1368—1398）初，再迁永康大坑。王原二孙王赵，字孟俊，行惟一，明英宗正统六年（1441）始徙象珠，成为象珠始迁祖。

此后后裔繁衍，分福、禄、寿三房，称福常、禄常、寿常，建有宗祠，以书香门第，崛起为官宦世家，赢得地方声誉。所谓“汉晋以来，海内称望族者首推王氏，而江左一派尤独盛于古。今其宗支之蕃衍，散处于会稽东阳、吴郡者，盖更仆未易悉数，可谓盛矣！惟丽州象珠王氏渊源亦出江南”③。

当今象珠王氏人数多达万余人。九百年来，这一支族尽管远离姑苏获扁祖庭，子孙却耿耿于怀，历世多方寻根问祖，要接上祖源，而在其家族文化中，三槐姑苏情节一直萦绕延续，当地人士也总是认同其姑苏三槐情愫。时至今日，他们终于获得三槐三沙大家庭的接纳：经三沙王氏族贤依据多方文献记载，经过审慎考订辨析之后，在 2021 年，认定其根源应属三沙王氏中沙支派，王百三名嵱④，即王翰，是三沙始祖王皋四世孙，王纂长子，首迁

① 以上事迹据武义《双柏王氏宗谱·行传》卷四，第 1-2 页；中沙永康《象珠王氏宗谱》卷二，陈岳：《成化壬寅纂修谱序》，2019 年，第 115 页。然而《象珠王氏宗谱》卷二《名表》，第 30 页，百三作嘉熙二年（1238）进士；万二作范二，字子锡。

② 忽必烈的至元年号，从他 1264 年的蒙古政权开始使用，一直用到他 1294 年去世。其中至元八年（1271）建国号为大元。元军 1276 年入临安灭南宋，1279 年统一全国。因此，这里的元至元，应该指 1271-1294 年。

③ 中沙永康《象珠王氏宗谱》卷四，杨清寿：《从四百十七国桢公家传》（咸丰六年，1856），2019 年，第 94 页。

④ 光绪丙子（二年，1876）《王氏三沙全谱》卷首《三沙总表》，第 3-4 页，记载中沙支祖王铎，子一王纂。王纂子五：峋，行伯十五；嶂，行伯十七；嵰，行伯廿三；崄，行伯廿六；峦，行伯三十一。无伯（百）三，名嵱。而中沙宜兴《荆邑堰口王氏宗谱》（光绪二年，1876）卷二《三沙总表》，则漏王纂，将王纂子六，记为王纂之父，即中沙始祖王绎（铎）子六：百三、百十五、百十七、百念三、百念六、百三十一。中沙宜兴《塘渎坞王氏宗谱》（民国三十三年，1944）卷二，与《荆邑堰口王氏宗谱》（1876）相同之处，在于记录了百三、百十五、百十七，共三子，却也漏了王纂这一代。

闾门王义坊。①

6. 清中沙阳湖礼嘉木商王鼎奎

王鼎奎，王佳祥季子。幼失怙。不久，即与两兄析箸。母陈氏对他绝为爱怜，忧虑他不克负荷，且未订姻，王鼎奎坦然无所顾虑。到长大后，力农谋食，侍母膳必尽其欢。母虽孀居而不觉其苦，并喜出望外，谓非意计所及。道光十四年（1834）秋，陈母见背，王鼎奎哀礼兼至，不以贫困缘故导致丧礼有所不周而生后悔。因此作苦益勤，在国课和时祭之外，每年积累十余金，此为种田年收入。又以胼胝所致不足以供自己挥霍，于是在家开设木肆，鸠工庀材必择其良，不饰伪以取人善贾，人们都信其公正，有所需求则至其木肆购取，使他虽不亟亟于谋利，而获利恒常倍于他人。有不能治棺人，他就以木肆中已成棺给予，并给以殓葬之费。咸丰时，乡里秋疫暴作，死者无算，王鼎奎舍棺助葬，尤其繁多于曩时。②

7. 中沙宜兴塘渎坞农民义举

王锦堂，字芳进，别字禄益，塘渎坞人。生平多懿行。曾在道途遇人恸哭，询问知道，因其父亲欠租被系，典钱偿还，而钱又被人盗去。王禄益如数给与，途哭之人的父亲于是得以释放。本性孝友，兄弟析箸时，他择腴产让弟，弟亦让他。事迹入《宜兴县志 · 人物志 · 行谊》。著《格言》二卷，藏于家。③

王槐整，字曰龙。家贫，依靠力耕与节俭，颇积余资。因而买低滩田四亩有零，岂料至清道光三年（1823）大水，被淹没净尽。自后岁屡不登。到二十年、二十一年（1840、1841），无麦无禾，连荒四载，王槐整变得极其贫困。然而他作为一族之长，公资出入，毫无沾染，使得宗祠积资渐有赢余，而且族内有事，无礼之人予以惩戒，循良之人加以奖劝，所以很得

① 王绍祥：《永康象珠王氏远祖溯源记》（2020 年 12 月 20 日），中华王氏网，http://www.chinawang.org/s/article/11196。

② 中沙礼嘉桥周陈《王氏三沙统谱》卷四，孙载清：《王君鼎奎传》，清光绪三十二年（1906）。

③ 中沙宜兴《塘渎坞王氏宗谱》卷六《人物志 · 行谊》，民国三十三年（1944），第 2-3 页。

人心。①

王锦斐，字寿益。精医术。遇贫穷人必赴诊，却其酬仪。曾拾粮串，约米四石余，急忙访查失主归还给他。②

8. 清东沙江阴夏浦王士奎助人

王士奎，江阴夏浦人。平生行诣卓然。年少习业黾勉，不惜饥寒。年壮克家，刚方自守，治家严肃。尤好抚恤贫邻，惜育孤寡。

曾有居邻某氏，遇回禄之灾，余薪积粟，一灰而烬，即寸布尺衣，尽付东风一炬。一家五口，苦口嗷嗷。王士奎百计盘旋，乞为遍借诸邻。数日之间，什无一得。随即归家，将笥箧绵衣典洋十五元，代谋居屋一间。工木四分，尚有未足，又将自己五亩田契一纸，抵洋二十元，理偿清楚。最后还给白米三石，以作御冬之计。过明年，某氏卒，又代理丧事。一切棺木殡费，全部贷偿。虽然家妇炊烟屡断，有所不计，且无出怨言。后数年，某氏长子执业田园，生理日积，颇得有余。一日，思偿王士奎，携洋夜至其门，王士奎竟然闭门不纳，且力为弥缝，以为事属虚无。其人伫立良久，终究因王士奎不肯纳偿而去。后来人家问王士奎其中缘故，他说：“天下亦一家耳，何况比邻？吾苟望报，不如当日早为坐视也。”

王士奎年逾五旬，即勉励儿子道：“宁人负我，无我负人，二语可终身持之。”享年六十三岁，无疾而卒。③

9. 清东沙江阴绮山企业家王鸿宾义举

王鸿宾，江阴王塘桥人。幼习剞劂，以技艺高超，任职于江阴华通印书馆，“合邑无出其右者”。二十年前至沪，创办鸿发印刷所。精勤将事，遇人谦和，于是事业愈益进发。印刷书刊精美，至今不少原物可见。而他对故乡地方公益尤其深明大义，慷慨以赴，为人不凡。曾说：“人生昙花之不若，复沉溺于名利之场，于世无所裨益，殁焉阒无所闻，其鲜有不为世所诟病。枉此一生，亦大可哀已。”

---

① 中沙宜兴《塘渎坞王氏宗谱》卷六《人物志・行谊》，民国三十三年（1944），第3页。

② 中沙宜兴《塘渎坞王氏宗谱》卷六《人物志・行谊》，民国三十三年（1944），第3页。

③ 以上引文与事迹据东沙《江阴夏浦王氏宗谱》卷三，萧翊清：《士奎公传》（光绪十三年，1887），2008年，第28-29页。

江阴双绮三官遵循地方需要，新创暨阳中学，王鸿宾膺任校董，鼎力翊赞。又重孝悌之道，与其族人建祠辑谱，虽时值荒歉，筹划不遗余力，未及半年，均已底成。他这建祠兼为地方校舍之用，仆仆劬劳，原非累积，却坚毅力行，不计毁誉。为此，江阴私立暨阳中学校董会董事长吴研因、副董事长徐雪帆赠文赞赏王鸿宾，是既数祖典，又复兴学校，“一举而二美具”“秉古昔圣贤之道，阐扬文教，不忘其乡土，使我愚昧之乡文光牛斗，其嘉惠于后生小子，岂浅鲜哉？且也风气所播，则皆乐于为善，整刁风，励末俗，殆更有足述者矣”。王鸿宾侧身践行，兢兢业业，实现了自己许下的人生抱负，“明大义为公益，应为世所称，炫耀乡里”。①

（十六）孝女与“女中丈夫”

1. 清东沙二十五世江阴南巷王澜次女

事亲尽孝。母亲久病，她朝夕侍奉汤药，毫不厌倦。母亲辞世后，她遵父命适路岐村太学生薛晶，不久病终，一时即以孝女称。邑尊采访崇祀。

2. 清东沙无锡菱岸孝女友弟王贞如

东沙菱岸二十二世王镠有一子王增，一女王贞如。王贞如因弟幼弱，父母多病，矢志守贞不嫁，侍奉汤药，朝夕恪勤，周余年如一日。弟早卒，遗下一子，她助嫂抚孤，慰诲殷勤。主持家务，外内无间言。父母相继谢世，哀号骨立，丧祭尽礼，乡党感慕。清嘉庆十六年（1811）政府给币建坊，至道光二年（1822），她寿登七十七岁。

3. 明西沙江阴东常王希祖妻夏氏

东常王家夏氏（1503—1570），父忍轩，母徐氏，年二十为王希祖妻。王希祖少而力家，屡典乡赋，往来于帝京，奔走拮据，夏氏即代王希祖孝事舅姑，舅姑安帖。即使王希祖曾经连年越岁，身在四千里之外，其父母感觉他如侍身侧。因而王希祖父母称道夏氏为“王之贤妇女”。舅姑死，夏氏相助王希祖成其丧，彬彬中礼，内外人举为首称。凡是王希祖心所欲为暨心所未为，夏氏颐动指举，无不先意达成。人见王希祖行止整楚，绰似素定，而

① 以上引文与事迹据江阴《绮山东沙王氏支谱》卷四，徐征吉：《赠王鸿宾先生序》（1949年），1949年，第41-42页。

不知由夏氏克助其经理，才井井有条的，于是而知其舅姑称夏氏为贤妇，更加深信不疑。

夏氏育子三人，都因门户赋役事，放弃举子业。夏母曾对诸子说：“吾为汝家妇，见祖、子、孙三世于兹矣，虽辛勤黾勉，家用不坠，而学士一源，遂忘所自，良可深惜！幸有诸生，可不善教以策成之，而顾与农夫常溷溷焉已乎?”她于是遍集明经名师，崇养行业，百里不远，期在必致，又能随时问寒问饥，勤勉不懈，因而其孙王之臣、王之宾，著声棘屋，可望振旧业而扬母声。

有子孙偶遭外侮，甚至不免楚辱，在他人闻之忿忿、衔不平之心者繁众，夏氏独独告诫说：“止其戕于我也则忍，我以其戕于我也，较而反戕之，则过勿仇也。益用自修耳已。”等到那侮辱的人得反坐罪，夏氏命子若孙为他白脱。后来那侮辱的人牵连别役，其子若孙不忘母命，又为他白脱。夏氏不止勿仇，而且反恩。因而人们皆称王氏子孙为善士。

夏氏长女适徐姓，年十七而寡，即将望五，秉志冰雪，始终弗渝，其母教不为无助，人们更称王氏之女为清节。夏氏晚王希祖二年卒，并且合葬，夫妻都享年六十八岁。夏氏病卒之日，双目炯炯，注视守节之女，其忧虑由此可知。

按照传统伦理，为夏氏撰写墓志铭的黄正色称赞她说：“母一家之风、一国之首”，夏氏“勤纴绩，亲井臼”，为妻为媳为母，懿范堪钦。“忠孝节义，国典攸高。王母教其子为善人、女为清节妇，诸子若孙又玉立向成，异日为忠臣为孝子，是基此矣。王氏其未艾也哉!”① 三沙王氏家风的传承，也有赖于嫁入王家的他氏女性。像此东常夏氏，深明大义，严以教子，宽以待人，铭记并弘扬西沙东常支自元翰林学士王玺以来一脉相传的清德，努力造就子孙人才，妇道姆教之崇高和紧要，于此可见一斑。

4. 清东沙江阴唐沙“女中丈夫”曹氏

据裔孙婿缪永华记述，江阴杨家桥东南王家巷王氏，由曹氏自唐沙迁徙

---

① 以上引文与事迹据江阴东常《王氏西沙支谱》卷二十四，黄正色：《夏孺人墓志铭》，2010年。

来居。曹氏为王家棨配。王家棨早世，曹氏缘于唐沙族繁地隘，密迩江滨，冲塌之虞朝不及夕，因挈三子卜居于此，创立基址，持筹会计，艰苦备尝。“今王氏谱载抚孤成立，节操冰霜，以女中丈夫目之，非虚誉也。”

清嘉庆十六年（1811）春月，缪永华因续修缪氏旧谱，稍有就绪，归息其外弟王降康家勤值堂，“阅其世谱，族茂支繁，簪缨奕祀，且有条不紊，不诚大江以南望族乎！顷之，降康偕弟同谓予曰：‘予族自北之南，今子孙粗备衣食，幸免饥寒，非曹太孺人之力不及此！’”①

王家棨妻曹氏孀居后，果断地携三子从唐沙江边迁居杨家桥王家巷，主动改变生存环境，另谋生路，开启一番崭新景象。为邈孤三株谋福祉，其勇气和艰辛万苦可想而知。子孙纪念其再造之功，不亚于大丈夫，因而类比如此。

5. 清西沙江阴桐岐王裕庆配吴氏纺织助养家

吴氏（1823—1859），王裕庆原配。王裕庆因无恒产，需要养亲，就往苏州生理，而恒苦不给。吴氏于归王家，力勤纺织，无日不有三匹布。那时花贵布贱，每织一匹，只得十余钱。然其利虽微，而吴氏终年无一日之闲，则一年可得十余万钱。加上数年持之以恒，而获利无涯。其后王裕庆仰事俯畜无虞，没有吴氏助力，不及于此。她又孝事翁姑，敬待丈夫。人称她“治内有经，茹苦于前”。咸丰九年（1859）七月，染时症，卒年仅三十七。遗子四、女一。邻里乡党无不悼痛。显然，吴氏持家有道，不仅勤于家庭织布副业，有力帮助家计，而且诞育子女辛劳，和家睦邻。②

二、三沙王氏“实面”家训践行的影响

王氏三槐三沙的家风意识，体现在两个方面，一是王氏子孙自我的三槐三沙意识与自觉践行，二是他人运用三槐家风的眼光来打量、评判三槐三沙王人的言行，或是赞许，抑或可能嗤之以鼻。

---

① 以上引文与事迹据东沙江阴《唐沙王氏宗谱》卷三，缪永华：《唐沙王氏迁杨家桥纪略》（嘉庆十六年，1811），清光绪五年（1879）。

② 以上引文与事迹据江阴桐岐《西沙王氏宗谱》卷十九，谢良翰：《吴孺人传》（光绪二十五年，1899），清光绪二十五年（1899）。

个人力量有大小，影响范围有宽窄，而所施仁爱披及，并不以影响力来衡量，只要具有同样的一颗爱心就可以了。所谓“仁则又有不同焉，有仁及天下、仁及一邦、仁及一乡之殊”①，指的就是仁所披及范围的大小，而非仁的有无。三槐家训熏陶其后裔的效果，也当如此观察，大至于国，小至于家庭族里地方，都能见到，就是一样具有重要的作用了。

清西沙江阴司徒桥“王宗祠创建以来，已历有年所。其堂为二进三楹，轮奂新美，神龛咸具。庭之东南有银杏一株，老干穿天，浓阴匝地，盖数百年古树也。昔晋国王公手植三槐于庭，决其后之必兴，果如所言。今观此株之荣茂、宗人之发展，虽功业大小不同，而与三槐今古辉映，一也”。武进潘友英为此撰记，“姑叙其创建之尽善，位置之适宜，与夫世泽之绵延，家声之光大，以示鄙人景仰之意云尔”。②

清东沙武进羌坝王恒强调，“吾宗文苑发源于龙门。《中说》一书，超前轶后。继而唐宋之际，朝散（王勃）、中丞（王仲舒）、魏国（王旦）、太常（王巩），后先辉映。至太尉（王皋）、学士（王胤）二公，于典型凋敝之后，并生挺出，俾三槐风雅历久弥新，谓非祖宗余泽，有以垂裕于无穷哉！”③

钱振锽则以王氏历史名人来期待羌坝人才勃兴：“羌坝王氏繁衍炽昌，三珠树④之流风，三槐堂之世德，庶几复有存焉者乎？”⑤

清中沙荆邑（宜兴）堰口王氏“上埂下场分（王）春霆，因大公祠后进大梁损坏，即于道光二十六年（1846）易换新梁，所费不赀他分，并装匾额一块，以铭三槐之遗意，为此附录存记，以昭示后世云”⑥。王春霆对于

① 中沙宜兴《塘渎坞王氏宗谱》卷七，谢崙：《永怀王翁八十有一荣寿序》（嘉庆十年，1805），民国三十三年（1944）。

② 以上引文均见西沙江阴《澄江司徒桥王氏宗谱 五房孝公支》卷三，潘友英：《王宗祠记》（民国三十六年，1947），2015年，第16-17页。

③ 东沙阳湖（武进）羌坝《王氏宗谱》卷二，王恒：《三沙重修谱序》（至正六年，1346），2010年，第28-29页。

④ 三珠树：唐王勃三兄弟，人称三珠树。

⑤ 东沙阳湖（武进）羌坝《王氏宗谱》卷二，钱振锽：《序》（光绪三十一年，1905），2010年，第20页。

⑥ 中沙宜兴《荆邑堰口王氏宗谱》卷二《附录》，清光绪二年（1876），第3页。

堰口王氏三槐堂大公祠的自觉无偿维修，体现了三槐后裔对于三槐意识的珍视和延续。

三沙王氏族人即三沙王人受到三沙王氏家训的教诲和熏陶，在生产和社会生活之中自觉践行“实面”家训，影响是非常明显的。

（一）提高了三沙王氏人口素质与社会声望

这是对于三沙王氏自身而言的，包括个人、家庭和家族方面。

三沙王人自小接受先祖三槐以来的宗规家训训诫，在人生轨迹之中，逐渐有意无意践行“实面”家训，实实在在，讲诚信，由仁孝出发，做好人、做好事，一方面是接受了教诲，另一方面是付诸实践，言传与身教结合，为子孙树立榜样，如此世世代代，守住核心价值标准，良性循环，形成三沙王氏门范，以及不同于其他姓氏的独到敦行之处。其人口素质，首先是政治意识和伦理道德素质，其次是文化教育素质，再次是专业技能素质，在为人处世和社会就业创业的工作之中呈现出来，富有成效，得人钦敬。于是三沙王氏修身立命，家庭祥和、家族和睦，美德善行成为榜样，是他人夸赞的典范。他人并与其通婚、交友，向其拜师和仿效，三沙王氏的天下望族声望远扬，不仅在江南地区成为姓氏宗族的翘楚，而且随着三沙王人活动和迁徙范围扩大，浸浸日盛，漫向全国乃至世界。当然，三沙王氏的文化心理认同与凝聚力更由此得到增强。

从社会学上讲，家规是硬规范，家训是软规范，都在导引做人的正确方向。这硬软二手的姓氏家族内部的社会控制方法，使三沙王氏每个成员逐渐养成了奉公守法、依照社会公德做人的习惯，进而使自己为社会其他成员所容纳，家庭可以日长天久，健康向上，并得以树立良好家教，潜移默化，保持家风一致。三沙王氏为人处世坚守家训要求的共同的人伦素养，使人品可考，诚信实在，一看就是三沙王氏家门走出来的人，因而其素质远远高于社会底线，赢得社会的认可与信赖，使三沙王人易于社会交往，从事各行各业口碑极佳，也就容易创业，容易成业。

家庭是人们日常生活的基本单位，至亲至爱，私密性极强。尽孝在家，友于兄弟，作为楷模家庭，点点滴滴，日朝一日过日子，此种行为能够持之以恒，经久奉行，得人公认夸赞，是非常不容易的。例如，宜兴厚庄王学智，“性孝友，事亲怡怡色养，深得其诸心。待诸弟友于倍笃，析箸时辞肥取瘠，人无间言”①。

明西沙江阴东常王观民，字我生。王玉达次子。少时即崭然见头角。及长，折节读书，然而明季岁凶②，家中落，于是带经而锄，力耕以致洗腆③。事奉两尊人恂恂④孺慕⑤。遇族中有人颠连无告，必竭力赒恤，说：“吾诚困，不忍其转于沟壑也。”⑥ 他是农民，“产仅中人，生计拮据，不舒愉”⑦，还能帮助族人。于此可见其孝子仁人之用心。配冯氏，生子二。

清中沙宜兴塘渎坞农民王永怀，六岁全失怙恃，庭训无人，全靠祖母躬亲抚养，俭朴成家，谦恭处世，终养祖母，乡人目为长者，是能够自强自立，而不至于嗜好纷驰、自甘堕落。因而於南仲记述他，会致以敬慕之意：“尝思百行之端，基于蒙养；观型之绪，肇自家庭。故夫克绍箕裘、家声不替者，未尝不赖义方之训，早谨孩提之服习也。不然，庭训无人，而始基不立，恐毕生远大之业，因少年之颓惰而隳也，比比然矣。吾于王兄窃有慕焉。”⑧

对于三沙王氏家庭和睦兴旺，人们常常站在三槐家风延承的视角上表达美好的祝愿。比如，“鸿案相庄，螽斯载咏，子如鼎峙，孙若镳联，蜚英声于一室，群从翩翩；绵祖德于三槐，小心翼翼，花开人寿，竹报平安”⑨。

王永德，字利用，王志高次子。“厥后祥征五福，兆协三槐，亦未可量。”⑩

---

① 东沙宜兴《厚庄王氏宗谱》卷十《雨亭王公传》（光绪五年，1879），民国二十九年（1940）。

② 岁凶：荒年。

③ 洗腆：孝敬父母。

④ 恂恂：小心谨慎。

⑤ 孺慕：尊重爱慕。

⑥ 《王氏三沙全谱》卷首，秦道然：《我生公传》，清光绪二年（1876）。

⑦ 《王氏三沙全谱》卷首《载宁王公传》，清光绪二年（1876）。

⑧ 中沙宜兴《塘渎坞王氏宗谱》卷七，於南仲：《永怀王兄序》（乾隆三十九年，1774），民国三十三年（1944）。

⑨ 东沙阳湖（武进）羌坂《王氏宗谱》卷三，袁骏：《赠心银世伯六旬寿序》（光绪二十四年，1898），2010 年，第 19 页。

⑩ 东沙阳湖（武进）羌坂《王氏宗谱》卷三，羌荣藻：《族姑丈永德公序》（光绪九年，1883），2010 年，第43-44 页。

“尝闻登仕途而有功于社稷者，则必流辉于史册；守民业而有功于宗庙者，亦当备载于家乘。行于千载之上而不愧、传于千载之下而有光者，余独见有先生其人焉。”他说的是清西沙江阴司徒桥王羲尊，字锦裳，王亦槐孙，王信良长子。“处一乡而望重，应三槐而启后者，惟先生有焉。”①

武进礼嘉桥镇之东，中沙王氏聚居。“晋国公尝手植三槐于庭，其余阴之满庭者，虽历千百年而犹觉其丰郁也。”②

“宋魏国文正公之裔，至元（王）祥二公之子真一公，始自宜兴徙居常之周陈里，数传以后，椒衍瓜绵，所居里地星罗棋布，而必称曰周陈王氏。”“今王氏以耕读传家，世有隐德，英俊之才、诚笃之士，林立其间，吾知登巍科、跻膴仕③，必有如其远祖魏公之大显其功名者”“此固可拭目待也”。④

中沙获扁派清化支王允嘉（1670—1732），字太和，先代自吴郡获扁徙居江阴名山龙砂之阳，草堂竹径，萧然物外。家世儒术，而恬淡退息，不以微名撄心。绕庐皆平原沃塍，朝耘夕耔，十亩自给，暇则望山听泉，俯仰自足，舍五峰而外，不知尘市为何物，过着安然自闲的耕读隐居生活。吴傅霖为作传，说自己“尝游获川，览湖山风月之胜，辄留连不能去。今识王君于龙砂，知君固获川后人也，雅量高致，有由来矣”。王允嘉配孙氏，偕隐相善。举男子六，都敦行尚质，循循谨饬，而长子殿卿，“尤英伟卓荦，见称宗党间，不愧为三槐贤子孙”。⑤

清江阴东常农民王胤球，号玉达，其传赞说：“晋公植槐，实福之坏（壤）。继及文正，鼎鼐盐梅。繄生我公，厥德不回。仁孝性成，如木之荄。啬于其躬，丰由以开。天之生物，载者必培。延及文孙，奕奕隽才。浸炽而

---

① 以上引文与事迹据西沙江阴《澄江司徒桥王氏宗谱 五房孝公支》卷三，吕声扬：《锦裳先生传》（光绪三十一年，1905），2015 年，第 7-8 页。

② 中沙礼嘉桥周陈《王氏三沙统谱》卷首，孙鼎煊：《中沙周陈王氏重修宗谱序》（宣统二年，1910），清光绪三十二年（1906）。

③ 膴仕：高官厚禄。

④ 以上引文据中沙礼嘉桥周陈《王氏三沙统谱》卷一，孙清载：《周陈王氏戊寅重修谱序》（光绪四年，1878），清光绪三十二年（1906）。

⑤ 以上引文据东沙江阴《砂山王氏宗谱》卷十四，吴傅霖：《太和公传》（乾隆元年，1736），清光绪二十三年（1897）。

昌，呜呼休哉！”① 将他直接三槐一线家风。

走出家门，周邻与亲眷可能就是同祖同宗的族人，血缘关系天然维系，属于基本社会组织和公共生活空间，较宜实现社会化的基层场域，具有重大的作用力。三沙王氏世代秉承家训，时时警惕如何做好人做好事，进而使家风不坠，在乡邻、亲眷、宗人、族亲之中最容易得到体认，赢得乡誉。譬如，西沙江阴东常王世桢被“众推为克家子”“诸孙三芝，挺秀读书，恂谨不坠其家风”。②

宜兴堰口王鸿宾，在光绪二年（1876），作传感叹其族人王又三，“以耕读为业，自幼真诚朴实，节概端方，不慕荣利，不尚浮华，不以家贫为念，常以谨守为怀，出则从事于田畴，入则加功于诗书，温柔处世，乡党之中无不嘉其高尚以慕之”“公之生平，真不愧三槐世泽之遗风也”“长次两君已勤耕勤读，丕振家声。”③

清东沙宜兴厚庄商人王企曾，王择中次子。“赋性朴诚，动娴礼法。以家业微薄，辍举子业，逐什一利，必诚必信；与人交，悬款④垣直⑤，贸易者辐辏其门，不数年，生理充裕。”配陆氏，淑慎温和，相夫子以勤俭，教诸子以义方，一时称贤内助。生丈夫子二，长之屏，太学生，有干略，练达世故，庚子（1900）、辛丑（1901），圩乡被水灾，近镇开设赈局，他协同诸董竭力干办，全活甚众，“庶几克振家声者”。

举人、拣选知县丁汾作传，评论王企曾说：“世人趋诈伪而忌朴诚，以其不能争先斗捷也，乃吾公观恂恂笃实，而家道日丰，朴诚亦何负于人哉？至其克敦孝友、收睦宗族，非天性过人，乌能如是？三槐遗荫正方兴而未艾矣。”⑥

---

① 江阴东常《王氏西沙支谱》卷二十四《玉达公传》，2010年，第31页。

② 《王氏三沙全谱》卷首《载宁王公传》，清光绪二年（1876）。

③ 以上引文据中沙宜兴《荆邑堰口王氏宗谱》卷二，王鸿宾：《又三公传》（光绪二年，1876），清光绪二年（1876）。

④ 悬款：悬切忠诚。

⑤ 垣直：光明磊落。

⑥ 以上引文与事迹据东沙宜兴厚庄《王氏宗谱》卷十，丁汾：《企曾王公传》（道光十五年，1835），民国二十九年（1940）。

商人王企曾依赖“必诚必信”的商业道德，“悬款垣直”的待人接物方式，取得生意成功，并且家庭和睦，儿子能恪承父亲孝友敦睦的品行，赈济乡里。关键在于，三沙承继“三槐”家风的概念深入人心，在他人眼里，总是如此看待并夸赞三槐三沙后人。

清乾隆八年（1743），彭维新为同年状元王云锦父王志宁作传，论称：“昔欧阳永叔为文正公撰碑文，称其父（王）祐植三槐于庭，谓后世子孙必有兴者，已而文正遭遇太宗、真宗，辅相两世，盖王氏之积德所从来远矣。先生（王志宁）世裔文正，虽其父子遭遇较殊，而其以宽厚食报，遗风余韵，非偶然者。王氏子孙，其益思奋起，无忘文正之遗绪哉！”① 视角从王文正到王志宁，一线传承，以此勖勉三沙王人奋进，无忝文正遗绪。

无锡瞻桥王氏“为地望族”。王荣祖王延龄父子以读书著述相承。

王荣祖，字霁云，体貌雄伟，清风亮节，为世矜式。好读古书，不为雕虫小技。曾用史事预拟成败，亿则屡中。尤慕陶靖节（陶渊明）为人，躬耕自给，不慕荣利。家有小园，多植名葩佳卉，焚香扫地，与骚人韵士觞咏其中。鹅湖林梅、孟皋善画，时值王荣祖八十，为写《伉俪图》，朱颜华发，衣冠甚伟，观者拟为神仙。著有《耕隐集》八卷行世。卒年八十八。

其子王延龄，字仲宣，少禀粹质，读书则明大义，深得其父钟爱。敦伦饬纪，宗族无间言。慷慨尚义，喜交当世贤豪，治家井井有法度。曾说“外言不入，内言不出，男女不亲授受，此礼不可失也”。家庭雍睦，一室天游，从无勃溪声，乡人称：“家法莫如王仲公。”其见重于时如此。著有《家训》五卷，远近传知。

侯嗣达论评说：“苏文忠（苏轼）与王定国（王巩）交，尝称谓七世名德。盖迁汴以来，至（王）巩方七世也。然三槐诸贤多迥翔殿阁，为时名臣，若（王）荣祖父子，一乡之善士耳，何以克世其德如此哉。灵芝醴泉，其亦三槐之芳泽乎？”从王荣祖父子“灵芝醴泉”的身上，映照“三槐之芳泽”家风。王荣祖暨子延龄，孙胤鹤，曾孙道源、道深，祖孙四代，“皆醇

---

① 《王氏三沙全谱》卷首，彭维新：《巽行先生传》（乾隆八年，1743），清光绪二年（1876）。

谨砥行，以世德闻于时”，① 正好是三槐三沙王氏家声一贯的印象在民间底层上的理解。

由此可见，三槐三沙家声世代相传，出现王文正后人王志宁、王云锦这样的子孙，影响逸出一家一乡，固然到了上佳境地，而出现王荣祖、王延龄这样的读书人家，讲究作《家训》训诫，即使子孙普普通通，家世和睦安宁，待人接物彬彬有礼，影响囿于一乡一族，也会被人交口称誉，岂非践行“实面”家训的结果呢？

（二）形塑三沙王氏所在地方社会风气，营建稳定和谐之区

这是对于三沙王氏所在的地方社会而言的。

在前述三沙王氏践行“实面”家训的人物类传里，有些人物事迹表明，他们的活动影响超出了一家一族，却又达不到波及全县、全省乃至全国的范围，属于一乡一地的区域，也就是地方社会的范围。而如上所言三沙王人一家一族的影响与此也有关联，因为有的家族聚居地域和乡邻地方范围，二者实质上是重叠一致的。

他们最主要的活动就是日常年岁救济乡邻，大旱大灾倡捐行赈，维持大家生计，又热心地方公益，如修路铺桥、开河浚渠、兴办学校，直接促进地方建设。一些人不仅足以信赖，人品仪型乡里，为地方楷模，又有较高的解决实际问题的能力，或充任基层赋役事务，任劳任怨，公平公正，或为里闬解忧排难，决断争执，无形之中成为乡里主心骨。他们树正气，领风气，规矩地方，促进乡里和谐关系，垒砌地方稳脚石，维护地方秩序，承担了家、国中间重要的社会功能。

明东沙江阴王伟，字德彰，号隐南，王贤（思中）第三子。生而颖异，成童习举子业，便工诗、善属文。游庠后，鏖战棘围不利，于是游学四方。明正统间，曾过江阴凤过乡，见华溪之上水清而腴，土厚而秀，可读可耕，情不自禁说：“乐哉斯土也。”徙居于此。因家本古塘，改华溪为华塘，以示不忘古塘之意。从此疏泉凿池，编篱结舍，养鱼则一寸二寸，种竹则一竿两

① 以上引文与事迹据《王氏三沙全谱》卷首，侯嗣达：《霁云公世德传》，清光绪二年（1876）。

竿，犬吠鸡鸣，宛似田家景象；游山问水，居然隐士风流，富贵功名视若浮云流水。

华塘本来僻处岫嵎山之南，风俗古朴，人心强悍，自从王伟迁居之后，“泽以诗书，被以礼乐，不数年而傲者驯、浊者秀，盖潜移默化有出于不自知者”。他平居恒常对人讲：“人能孝友于兄弟，施于有政，即是为政，奚必居位哉？”

王伟“仅以一衿终”，是明代一位普通秀才，在科举功名受挫、量能无法后续之后，重新规划适合自身的人生目标，改居乡里，以耕读为生，徜徉于天地之间，同时不忘遵循所学儒业的标准，立身持家，衍生出三沙王氏华塘一支名门望族，“一家一乡被其陶镕”，为化导地方风气变化，实实在在地做出了贡献。

在中国文化视野之中，王伟通过主动迁徙流动，寻找新的生活环境，娶赵氏，生子四。长子瓛，成化三年（1467）岁贡，由新城等县知县升户部主事。三子珣，太学生。孙男十一人。不仅家庭美满，子孙兴旺，人才茁壮，而且实现了自己的人生价值，即“古所谓豪杰之士，不必有过人之才也，但其克自树立，足以振拔于流俗，表著于一方，当时仰其风，后世被其泽，斯得之矣”。①

明西沙江阴东常王之臣（1544—1591），字国贞，别号抱赤。家世耕读。父王滨溪，守礼好义，善著一乡。母华氏。王之臣体腴神清，资性聪敏。其父母引以为奇，窃窃相谓：“我王氏科目，自翰林②而后三百年，始一发于族祖（王）瑞之公，今接武而起者，或是儿也。”③ “谓可令读，以起吾家也。”延请明师教授章句，他即能诵读；课文章，他就能说理。其父常训命说：“吾家自翰林公后几三百年，可与弟勉之！”王之臣于是自奋。年未冠，补邑庠生，继补增广生，试必优等，登科第拭目以待。王之臣亦以科第自负，一时籍籍，知有王生之名。其父更有深望，说：“令肄业，不使一干与户外事。”

---

① 以上引文与事迹据江阴《绮山东沙王氏支谱》卷四，杨大鹤：《隐南王公传》，1949年，第17-18页。

② 翰林：指泰兴元宣慰同知王端子、元翰林学士王玺。

③ 江阴东常《王氏西沙支谱》卷二十四，季科：《国贞公墓志铭》，2010年，第26-27页。

嘉靖四十五年（1566）春暮，夜盗至室行劫。王之臣父亲正在灯火下课读王之臣、王之宾兄弟，遽然见到，挟起王之宾避去。家人星窜。王之臣忆起母亲，奔走呼叫，被夜盗抓获。有夜盗窘迫他，其同党说：“相公善士，无相苦也。”①

隆庆四年（1570）秋，游南都，不第，于是发愤，就无锡南禅寺读书。毫无端由，致有雀角②，王之臣受到非分之辱。以后平居常议及此事，王之宾常常致恨。王之臣说：“释之。罪非自致，人皆称屈，即当道者既已明白，尔又何记？”③ 可知王之臣在二十七岁的年纪，正是血气方刚之时，碰上这事，后来还能恬不为较，真是度量绝人，其为人性格温和可见一斑。然年仅四十八岁而卒。

清西沙江阴东常王日茂，字与修，号征我。生而颖异，弱冠补博士弟子员。所居地河北有房基一所，王日茂全心鼎力营建，而木瓦等料居然一半为臧获④窃取，以致费用不赀，他亦不去过分追究处理。曾因漕兑孔急⑤，王日茂变卖产业得银四十两，托某交纳。其人匿银，佯⑥堕诸水，王日茂置而不问。⑦ 由此二事可知，王日茂平生处事豁达大度，非常人能致。

东沙宜兴高塍厚庄王学智，“为人慷慨，好施与，遇婚丧事恒佽助之，无吝色。（光绪）庚子、辛丑（1900—1901）两岁，圩乡尽淹，待举火者千百家。孝廉丁春汾议捐赈，煮粥高塍，公慨然出粟数十斛以助。距高塍二里有集福桥，岁久倾圮，募化重建，公捐百缗首倡。至于施棺木、给衣食，种种善端，不胜枚举。迄今沾其惠者谓有万石君遗风”⑧。

---

① 季科：《国贞公墓志铭》，说王之臣“闻执其母，奋身出援，贼异而释之，戒以无恐”。见江阴东常《王氏西沙支谱》卷二十四，2010年，第27页。

② 雀角：争吵。

③ 以上引文与事迹据江阴东常《王氏西沙支谱》卷二十四，王之宾：《抱赤公行实》，2010年，第25-26页。

④ 臧获：奴婢。

⑤ 孔急：非常急迫。

⑥ 佯：假装。

⑦ 江阴东常《王氏西沙支谱》卷二十四，王桂芬：《征我公暨张孺人梅孺人行实》，2010年，第30页。

⑧ 东沙宜兴《厚庄王氏宗谱》卷十《雨亭王公传》（光绪五年，1879），民国二十九年（1940）。

中沙武进礼嘉桥王国仁，“生平重然诺，好谦谨。遇强横过门，一以敬慎笃诚，柔其气。置田宅必倍值之。其有无赖增值者，或至七八，不忍拒。居恒惟与诸子念艰难、崇俭约，为其所为而不逾于分，取其所取而不吝于施。里中尝岁歉，有贷粟者倾困散之。逾年无还，负者自惭谢，戒诸子无索取，谓古人麦舟之助不仅此也，吾姑随力而已”①。

西沙江阴东常太学生王嘉惠被誉为“一乡之善士”，孝、友、忠信、才、廉，都有行实可称，简直就是乡里完人。“吾里称硕德者首推太学嘉惠王公。”“王氏世德相承，而公（王嘉惠）尤笃挚，营布业，不染市井浇风。父元吉公遘危疾，敬侍汤药衣不解带者弥月，人称公孝。昆季四人，怡怡怿怿，有田荆、姜被之风，人称公友。遇事贞悫，与人要约将身不渝，人称公忠信。里人有大疑难大徭役，人弗能决弗能胜，委之公，恢恢乎游刃有余，人称公多才。兄嘉谟公卒，公操管钥，出入动以千计，而囊橐萧然，不稍染指，人称公廉。”②

东沙江阴绮山王氏在1949年冬，由旅沪商人族贤王鸿文、王鸿宾回到七里庙故乡，倡捐辑谱、兴建支祠兼办小学校舍，“虽时值荒歉，筹划不遗余力，未及半载而卒底于成”，“顾其仆仆劬劳，原非累积，乃坚毅力行，不计毁誉，既数祖典，复兴学校，一举而二美具。”王鸿宾先前就大力翊赞创办暨阳中学，荣膺校董。③

（三）为国家建设和社会文化发展添砖加瓦

这是对于三沙王氏与国家层面的关联而言的。

历代三沙王氏涌现各类杰出人才，其中有政治家和文武官员，在中央军国大事和地方行政治理各个方面，包括大政决策、军事与战争、农商经济、民族与边疆管辖、文化教育及社会生活等领域，积极举措作为，勤政廉政，甚至鞠躬尽瘁、死而后已，卒于任上，更有大义凛然，为国赴难、壮烈捐躯

---

① 中沙礼嘉桥周陈《王氏三沙统谱》卷一，黄廷简：《彦生公传》（乾隆十一年，1746），清光绪三十二年（1906）。

② 以上引文据江阴东常《王氏西沙支谱》卷二十二，黄慕陶：《嘉惠公传》，清光绪元年（1875）。

③ 以上引文与事迹据江阴《绮山东沙王氏支谱》卷四，徐征吉：《赠王鸿宾先生序》（1949年），1949年，第41-42页。

的人物，政德可嘉，从而赢得了国家褒扬和地方民众爱戴，为之树碑立传，彪炳史册；又有思想家、诗人或文学家、史学家、教育家、书画艺术家和科技等方面专家，在各自的专门领域著书立说，有所作为，以至于发明创造，为国家、社会和民众留下珍贵的精神文化成果，构成了我国优秀文化遗产的组成部分。他们为国家建设和社会文化发展做出了应有的贡献，无愧于三沙王氏裔孙。

三沙王氏“实面”家教一线相传，将“至诚”“至孝”的丰富内涵凝练升华而通俗化，坚守了中华优秀文化精华，秉持主流的儒学核心价值，从自身出发，正心、诚意、格物、致知，坐实在修身、齐家、治国、平天下四个层面。

为人处世，做好自己，乐于助人，忠于道义，仁者爱人，爱族爱家，爱国爱乡，具体内容又与时俱进，不断加增，形式更能因时因地因人变化，或长篇宏文，或三言二语，活络多样。

父为子言，祖为孙言，母训子女，兄弟相勖，姊妹相励，外家作勉，师友熏染，烙印心坎，终身受用。加上个人砥砺，生逢家庭条件许可、社会与时代际遇，化作实行。

践行三沙王氏家训的结果，是三沙王氏子孙成才成人。上者卓越英才，首而廉洁奉公，为国为民谋福祉，展现治理才干，建立德政勋业，留取丹心一瓣，千秋传诵，次而以学术文章，文化垂教，敷文铸魂，传神百世，成为所谓“三不朽”的立功者和立言者；中者为地方为家族度难关，仗义疏财，豪气超常人，无形之中，被地方乡邻推为主心骨，保平安，持公平，得公正，睦宗族，和乡党，致和谐，助国家助他人；下者乐观自在，成人成家，恂恂立身，正业谋生，勤俭持家，宽以待人，无损人利己，或恪守祖业，或创业开拓，堪称谦谦君子，平而不凡。

这四个层面三种境界的人生，围绕的基点就是一个“德”字，即所谓“三不朽”人生首位最重的立德。这无关其政治地位高低、职业差别、智力高下、年齿尊卑、男女老幼、家庭贫富、社会名望崇微，都是如此。以德立身，以礼齐家，明礼诚信，恪守社会规范。礼即社会规范的一种，属于自律自觉的较高层面，包含丰富内容和时代特色，由外在至内化，有礼才能多建良善之家，多出美德之人，无愧为三槐三沙王氏子孙，能够对得起王氏列祖列宗，像王文正所言，得飨食祖宗。

在中国文化之中，德的内容是十分广泛的，西周周公系统地构建阐释了德的体系，其核心在于人与天、地、社会的关系，社会治理的刑罚之治也在里面。而总的是以人伦为先，作为立身处世、创业葆久之本，也是最重要的人道。它首先把人当人，表现为有爱心，即恻隐之心，出自人的同类感，与禽兽之类的差别，赋予人伦以生物学之外的社会学特性。

世代接受训诫，子孙口授心传，各行各业人员，从诚起步，由孝衍开，这有天性基因，更是后天自为，习为品性，化为实言实行、家风乡俗，不以为束缚，而以为自觉自得，身处其中，何乐而不为！这就像三沙王氏家教家风的社会功能，于己、于家、于族、于乡、于国、于天下，均呈现正能量，取得正效益。

总之，三沙王氏践行“实面”家训，落实在各行各业本业之内，渗透在族人心灵深处，外在表现可以形形色色，基本精髓则完全一致，即说老实话，做老实人，做老实事，做老做实，讲信誉，取得人与人之间的信任，具有公信度。三沙王氏践行“实面”家训，成为家训家风的江南典范，家声悠远，既令三沙王人自引为荣，也令他人长久倾羡不已。这是一代代三沙王人积德所致，日久天长，形成了从中原南迁苏州、立足江南、漫延长三角，再外迁海内外其他地区而不衰的无形资产、一份永久的精神文化瑰宝和莫大的社会荣耀。

清光绪六年（1880），贡进士、候补长洲县教谕薛心梅，从惠山王灵护庙与王文正公祠合一的变化中，感慨说：“予思王氏历数朝来，其间为卿相，为英杰，为忠孝，为大儒，照人耳目、克光史册者指不胜屈，况重以文正公之德开其先、灵护公之神昭其盛，则三槐余荫自应历劫长新矣。”①

---

① 《王氏三沙全谱》卷首，薛心梅：《重建文正公祠记》（光绪六年，1880），清光绪二年（1876）。

三沙王氏家训选录

一、清东沙太仓王时敏《奉常家训》

我家上赖天地深恩、祖宗福荫，年来子孙连列贤书，今岁春闱，遂得叔侄同登两榜，里中侈为盛事。我自惟凉德，何以邀此异福？闻报之后，转觉营魂回骇，梦寐不安。因自念言，造物之于人，善予善报，恶予恶报，感应之理毫发不爽。我无善可称，而获此厚报者，岂非先德流衍致然？使自此益切兢凛，时刻循省，常忧满溢，庶几仰徼降鉴，延祚久长。使不然而遽自骄矜，略无戒惧，浸淫不觉，邪念萌生，便为拂逆天心，灾咎立至，念之能无震悚？而其间匡正逢迎、成败主人之事者，全由家人。今所以防闲之倍严、训戒之倍切者，端为此故。我子孙其痛自砥砺，尽除俗情，诸家人亦力祛夙习，务存大体，赞助主人多行好事，长保令名。如此则声实兼得，上下同休，岂有逾于此者哉？我欲作谕申儆，而端绪烦多，恐联缀未能明了，兹特厘为五款，开列于后，其谛观而恪守之，毋忽！

一、首先敦睦。

古人云："家之兴替在礼义，不在富贵。"所谓礼义者其类多端，而孝友敦睦为首务。循之则虽贫贱为兴，反是则虽荣盛为替。盖天性至亲莫如兄弟，犹身之肢体连心，木之枝叶附本。未有四支（肢）残而腹心不溃，枝叶瘁而根本不拨（拔）者，其挚谊深情、胶结而不可解者也。

自世降道衰，手足间虽有怡怡和乐之容，而无肫肫恳恻之实，甚至有以荣瘁异视细故生嫌者。此虽世道不古，习俗使然，而其端多起于小人。每见大家房分多者，其家人各有分属，妄分彼此，于传述之间往往默测喜怒，饰词耸听，原其初意，不过献谄效勤，见谓忠于所事，而嫌隙遂因之而生者，在今日遂为通弊矣。

吾家诸子兄爱弟敬，毫无间言，即家人辈亦无险诐之徒簧鼓生事，似可无未然之忧。但不免犹存畛域，恐将来遂至分歧，不可不预为防虑。此后诸兄弟宜益相勖勉，情好愈笃，家人辈亦同心协力，干办帮扶。一分有事，各分人体主人之意，竭蹶奔走，一如己事，勿分彼此。凡赋役诸务，通同商酌，必期妥便，画一而行，毋得专执私见，致有互异。倘有如前所云挑斗、妄生异同者，主人立行痛惩，以杜效尤。务并众心为一心，合众体为一体，臂指立应，呼吸相通。如此则一门之内和气盈溢，福庆自来，更何兴替之足云哉？若夫各房遭逢有迟速，境遇有顺逆，总繇天数，非可强求。然古人仕宦能使泽及九族，况一气分形者只此数人，而于其痛痒甘苦，能漠不相关乎？力虽未及，要当刻刻存诸心耳。

一、省察功过。

有一甲科问莲池大师曰：“世间何等人造业最重？”师曰：“惟公等七篇头两榜老先生造业最重。”甲科愕然曰：“如弟子侥幸以来，日夕兢兢，未尝敢造业。”师曰：“谁说公造？凡公亲族家人有造业者，皆公造也。”此言警策痛切，真是顶门一针。因知佛经所云，众生举心动念无非是业，即贤者亦所不免，可不畏欤？

古来名贤有日所行、夜必焚香告之天者；有设二器，以白黑豆分善恶，随其所行之事辄下一粒、日久而黑渐少者。千古芳规，所宜师法。乃若昧于感应，恣逞胸臆，则其过日积而不自知，良可矜悯。然缙绅犹有好省事，而仆从则务喜多事，其赞道怂恿、把持武断、颠倒是非，固其长技。此吾家从来未有，今且勿论。而佃户间因琐事相争、投揭告诉者，宜唤进详讯颠末，与之调停，勿轻批揭差人往乡查问。田野穷民尺布斗粟，一家性命所系，不堪骚扰。由此推之，则大家一言一动，于不知不觉中默蹈过愆者，正不知凡几，细微处可不加慎耶？

犹记我祖父鼎盛时，每晤上台，惟为公道，扬善雪枉，绝不知有嘱托事。我借门资入仕，浮沉冷局，固无势力可援，然自弱冠以至白首，未尝开一干求之口，得一非分之钱，比虽贫老，而子孙连发，或因此寸善亦未可知。今甲第重兴，继述伊始，正宜恪守家法，力挽时趋。每日惟以善恶二端事事简点，刻刻循省，自然邪念少而正念多。纵不敢如《感应篇》所云功行积累，妄觊地仙，并求多福，而但得寡过，身心泰然，其所得亦已多矣。

一、敬恭桑梓。

凡生同土壤、周旋累世者，非系戚党，即属交游，即其子孙衰替，久断往还，或市井谋生，衣冠路隔，而其始未尝不情联故旧，谊洽比邻。古人仕宦，过里门而下车，良有深意，岂可以忽慢视之、气焰凌之？且乡党序齿，载在《礼经》。曩见瞟邑庆吊公举屏轴书名，布衣俨列大老之上，此风犹为近古，今则亡矣。至于士大夫居乡少不简点，仆从假借横行，开罪亲党，在在皆然，而里巷间以口语细事诟谇斗争者，即素号清谨之家亦所不免。

吾家素守先世家法，严戢僮奴，凡家人与外人争殴者，但有只字相闻，不问曲直，立行笞责，故人知警惧，生事者少，颇亦省唇舌之烦。此行之数十年如一日，里中所共悉也。今子孙一时幸叨甲第，较前似处满盈，方切兢惕，恐蠢奴愚昧，妄谓可以恢张，遂复弛放，故特行严饬，务比旧倍加敛戢，遇人倍加恭谨。倘有人以非礼相加者，吞声忍受，唾面自干，不得辄有回答，致生事端。总之，吃亏一分，讨一分便宜；浑厚一分，养一分元气，于己有益无损也。

我尝怪世人体面、崖岸之说，最为害事。家人惹事，直者置之，曲者治之而已。乃争体面，立崖岸，曲护其短，强文其直，究或诎于公论，损望招尤，则是自伤体面，自坏崖岸也，果何益哉？我所以反复叮咛训诫者，实为保泰持盈之计，兼为阖家造福。大小家人，须深体吾意，痛除夙习。其兢凛奉行者必有厚赏，顽玩故违者必行痛惩，祸福悬殊，慎勿贻悔。

一、慎收僮仆。

沈文端公曰："大凡仆从，只将就足用，不必太多，太多则衣食于我者多，而生事亦多。至有不衣不食而为我服役者尤不可，盖彼非徒然，必借我以行其私也。彼借我以行私，我因彼以敛怨，则我之役彼者一时奔走之微劳，而彼之役我者终身名节之大窾也。此非我役彼，而实彼役我也，奈何役人而反为人役哉！"其言字字透骨，可为冰鉴。

吴俗好夸，大率富贵之家以坐榻后森然林立、车马簇如云涌为美观，亦甚非有道者所宜处。今应世方新，百凡以雅素为尚，无事尘俗，但仕途交际正烦，如写帖奔走，二三仆从固不可少。家中既无其人，不得不求之外。惟投靠者决不可收，盖此等人非故家旧仆，即衙门宿猾，其智巧逾于常人，初委之以事，必能以小忠小信效其所长，向后为患不小。前所云借我以行其私者，正是此辈，杜之不可不严。宜托居间者广为寻访，如里中有谙练世事、诚实可托、肯为人役者，用善价买之，庶可长久。然或有与眼前亲识瓜葛相关，不知误收，后仍非便，须再三详讯，一无妨碍，始可耳。

一、早完国课。

方今田赋功令最急，苟有逋悬，祸亦最重，此天下皆然，而江南为甚。吾家清白之遗，家无长物，各房析箸时惟分授田亩，贻之以累。当此春月开征，先期赔垫，鬻田路绝，典贷无门，且头绪多端，以赤手四应，剜肉医疮，良为剧苦。然既有田在籍，虽膏枯髓竭，催科自难宽免，输将岂容暂延？宜主人与管数家人时刻提心在口，殚思虑以筹画，焦唇舌以督催，捃拾经营，陆续投纳，完过随索印票，总册照数填明，庶可杜移易飞洒之弊。乃家人辈往往吝惜小费，图逸目前，事急则张皇失措，稍缓便不复经心，惟以遮掩欠数、那延时日为能事，主人亦以窘困莫支，暂图休息，姑且听之，不知完粮究不可迟，积累愈增繁重，譬如养痈，终必溃败。所谓漏脯救饥，鸩酒止渴，谋身适以自戕，即至愚所不为也。惟是新旧相仍，追比殆无虚日，无可搜索枝梧。田租虽微，犹必少借牵补，决宜于秋成之后计取所入，铢积寸累，尽以输官，而家中日用、人事应酬，凡百务从节啬，切勿轻以租入用散，则虽箪食瓢饮、衣穿履决，而身心轻快，魂梦俱安，较之日夕惊忧者所得孰多？使不然而秋冬所入随手用尽，一入新年枵然赤立，数月间征比追呼为期甚远（速），粉骨难支，必至败坏不可收拾矣，可不为深虑乎？且有田供赋，固臣民通义，毋容逋缓，况吾家新登甲第，列在缙绅，而下同顽户，观听亦甚不便。眉公先生曰：“士大夫居乡，以早完国课为第一义。”诚为至言。所当时刻书绅，虽力有不及，而心窃自勉者也。

已上诸款皆日用常行，非迂远难行之事。然多从克己退步，讨得些小受用，且每见大家规范多坏于仆辈，故反复痛切言之。每事申儆，为主人者但坚持主宰，勿有偏听，兼能以至诚感化，使上下同心，则不但元气长存，福祐绵远，而将来远大之业亦于此基之矣。勉旃勉旃！

康熙庚戌（九年，1670）西庐老人书

（清）邵廷烈辑：《娄东杂著》，广陵书社 2018 年影印，第 143-157 页。

二、清东沙江阴筑塘（祝塘）王氏宗约十条

养人才

读书为第一等事。读书子弟为第一等人。族中或父兄有志，子弟聪敏，而力不能逮，延师买书之费，有力者宜相给，以成其美。

恤贫穷

鳏寡孤独，天下之穷民，而无告者也。属在同宗，谊关一体，岂可如秦越人之相视肥瘠，不加喜戚于其心乎？务当并力维持保护。

助婚丧

妃匹为生民万福之本原，丧葬为人子送终之大事。族中有贫无以为娶、死无以为敛者，同宗者所当量力资助，勿得袖手旁观。

矜疾病

疾病相扶持，同井之义也，矧在同宗？遇有疾病，凡访医请祷，当各尽心力而谋之。

敬达尊

天下有达尊三，曰爵一，齿一，德一。族中有年高者、敦行者、名列缙绅者，我族人与有荣施也。朝廷且示优崇，同宗自宜尊礼，每事必请命而行。

表节孝

孝子、节妇，祖宗积德所致，天地灵秀所钟，国家教化所关。族中所当竭力旌扬，加意尊礼，以表励风俗。

御外侮

虽有他人，不如我同姓。族中有安分守己、无端而外侮频来、弱不敌强者，合族助之，勿为外人凌辱，遗祖宗怨恫。

锄豪强

族中倘有恃富欺贫、恃强欺弱者，此衣冠中之虎狼也。合族共挫抑之，务使贫弱者宁居、富强者敛迹。

洽款曲

族中岁时伏腊，举酒为乐。宜时常相聚，欢洽生平，勿视若路人。

防水火盗贼

守望相助，同井犹然，而同族尤为休戚相关。遇水火不测，暮夜有惊，所宜同心救护，庶几共享太平。

王炳图（云倬）作于乾隆五十年（1785）之后。

江阴《东沙祝塘王氏宗谱》卷二十三，2014 年，第 69-72 页。

三、清东沙江阴唐沙槐荫堂家训（十五条）

1. 人生天地间，如树木然，根本上栽培得好，枝叶自然畅遂。祖宗父母，根本也；子孙，枝叶也。今人有父母不能孝顺，祖宗祭祀不能诚敬，祠堂坟墓一切敦伦睦族之事，了不关心，根本上剥丧已甚，何怪枝叶之凋零乎？【尊祖睦族】

2. 人家父子兄弟间不能和顺，其弊有二，一曰重货财，一曰私妻子。而货财之重往往由私妻子起见。所以妇不善事翁姑，全凭为子者朝夕化导；妯娌不睦，全凭兄弟间善于调停。人能不听妇人言，家岂有不齐者乎？【和家】

3. 昔唐代宗谓郭令公曰：“不痴不聋，不作阿家翁。”宋太宗相吕端曰：“小事糊涂，大事不糊涂。”凡为家长者，宜熟玩此言尔。【治家】

4. 治生之道莫要于节俭，然有可俭者有不可俭者。

春秋祭祀、养父母、待宾客，是不可俭者。

自己及妻子饮食衣服皆可俭者。父母终天，衣衾棺木、造坟立石、一切送终之事，宜尽心力而为之，是不可俭者。

若作佛事追荐，虚无杳渺，靡费无益，读书明理之家宜革除之，是可俭者。

为子弟择师课读，是不可俭者。

娶妇嫁女，极平淡无奇，人人皆有之事，不必虚图体面、遇事铺张，是可俭者。

遇有疾病，延医服药，是不可俭者。諂神諂鬼，分外祷求，皆愚夫妇之所为，是可俭者。

若夫悬弧设帨，介寿奉觞，悉属暴殄，果能止之，非徒节财，兼能造福。

总之，遇无益之费，汰除净尽；遇当用之事，倾囊倒箧而出之，无毫发计较心，斯为得用财之大道耳。今人处丰裕之境，往往当用而不用，不当用而反用，宜其多意外之变，而卒亦不能久享也，悲夫！【节俭治家辩证】

5. 近世惑于堪舆之术，因此破家亡身者不可胜数。虽间有聪明练达之士，亦且入此迷途，殊不可解。按唐吕才序《葬书》曰：古者卜葬，盖以“朝市迁变，泉石交侵，不可前知”，“谋之龟筮。近代或选年月，或相墓田”，以为穷达寿夭，皆因卜葬所致。按《礼》，“诸侯、大夫葬，皆有月数”，是“不择年月也”。“《春秋》：‘九月丁巳，葬定公，雨，不克葬。戊午，日下昃，乃克葬。’是不择日也。郑葬简公，司墓之室当路，毁之则朝而窆，不毁则日中而窆，子产不毁，是不择时也。古之葬者，皆于国都之北，兆域有常处，是不择地也。”今以妖巫妄言，遂于擗踊之地，择日避时，以希富贵。伤教败礼，莫斯为甚者，以为确论。【信堪舆破家】

6. 教子孙以读书为第一。姿禀美者，如十三经、廿一史、郑氏《通志》、杜氏《通典》、《文献通考》、《朱子全书》等书，俱宜博览贯串，以成有体有用之学。择师必择其品行端方、根柢渊博者。若有文无行，师之从之，适以染其陋习，不可不慎。【读书择师】

7. 子弟纵令资质驽下，亦宜约读经书、小学，晓畅大义，使其终身有受用处。【读书明理】

8. 大凡男女，总不可无职业。男子不读不耕、不商不贾，势必游荡赌博，甚至吸食鸦片，废产丧身。女子不勤纺织，不操井臼，或看盲词小说，或好斗牌局戏，或街头探望，或入寺烧香，不避嫌疑，罔知廉耻，实败家之妖孽也。每见人家妇女赌钱，内外无别，虽有百万家业，不出十年，必至一败涂地。尝以此卜人家兴废，百不失一。戒之！戒之！【正业，无业】

9. 利己利人之事，智人为之。损己利人之事，善人为之。损人利己之事，小人为之。求人不利己之事，懵人为之。【四种人】

10. 有势不可使尽，有财不可施尽，有福不可享尽，有话不可说尽。【日用为人】

11. 佃户欠租，宜与讲情论理，切不可擅加声色，更不可擅自禀追，万不得已而一用，亦勿为已甚之事，致生意外之变。若遇疾厄孤寡之户，尤当格外推原。【佃户】

12. 国课早完，是保家第一着。【国课】

13. 僮仆婢女，一体是父母所生，彼不过贫耳，宜常存怜悯之心，度其体之强弱，以课其勤惰，小过则诫之，不改则挞之，不得过五下十下。若有大过，则逐之，毋出恶声诟詈，辱及父母、丧其廉耻。闺中爨下，各宜遵循勿违。【处下。下人也是人】

14. 席间常有布衣老公亲杯酒言欢，时常与不合时宜老前辈往来话旧，胜过结交官宦、乡绅。【结交】

15. 徐青来先生云：“不可行心上过不去之事，不可萌理上行不去之心。每日看小学、前人矩矱《传家宝》《功过格》十余条，反之身心，兼为妇女、儿童娓娓指画，牖其灵明，端其趋向，此【下阙4字】承先裕后之轨范也。【功过自小自修】①

东沙江阴《唐沙王氏宗谱》卷三，清光绪五年（1879）

四、清东沙常州羌坻王氏家训

家训十六则

一、孝弟为吾人第一要务。事父母、待兄长，必须尽孝尽敬，不可无理无情。

一、治家莫重于礼。凡寻常行坐亦须男女有别、长幼有序。若元旦及庆贺，卑幼尤当拜跪，平等分班相揖，即童稚亦使习惯成自然。

---

① 序号和每条提要，均为笔者加增。

一、教子孙惟耕、读两项，商贾、技艺皆末业也。妇女则蚕织纺绩，不必专工刺绣等事。

一、嫁娶须门楣相埒，不可求系援于富贵之家，亦不可联丝萝于微贱之室。

一、丧事主哀，附身附棺，必诚必敬，然亦称家有无，不必豪华是侈，文貌徒隆，外饰观而内不戚，以贻知礼者之诮。

一、延师以教子孙必求直谅多闻之士。品既克敦，学无不讲，庶使子孙日就月将渐受其益。修贽务必及时奉纳，礼貌不可任意稍衰。

一、交友须择正人，闻正论，往来有节，急难相周，切忌把酒终宵，谈棋竟日，嬉游征逐，渐启淫端。

一、同居毋蓄私财，毋造私食、衣服，毋争执是非，毋妇言是听。

一、子孙须效贤良，毋得贪嫖、爱赌、酗酒行凶。

一、妇女不得私出闺门以损妇德，亦不得临场观剧致坏家风。

一、出行必先禀告父母尊长，既返，必要参谒。

一、居家必夙兴夜寐以安本业，必量入为出以图可久。一切事宜不外勤俭，盖勤则不匮，俭则有余也。

一、门庭切应整肃，墙垣务要坚牢，早启暮封，尤须亲自检点。

一、邻里往来以和为贵。即或我之子弟与人之子弟致生嫌隙，亦当安慰人之子弟，责治我之子弟，他人见之自然敬服。

一、凡遇老成，必须诚敬。倘逢恶少，不可相亲。既有保身之哲，自无无妄之灾。

一、子孙发达幸得科名，皆因祖宗之培养，毋夸一己之聪明，凡事益当慎谨，所为切勿骄奢。

先祖格言二十八则

一、《诗》歌九我，我常心父母之心。史著二难，难在道兄弟之道。

一、善养生者养内，不善养生者养外。善治家者治己，不善治家者治人。

一、望重缙绅，争似寒微颂德；朋来海宇，何如骨肉孚心？

一、可怒之事，胜之以不怒，怒将自止。可竞之事，胜之以不竞，竞将自消。毁我者，我以无可毁胜之，毁亦不甚。害我者，我以无可害胜之，害亦不深。

一、至人恒若无若虚，盛德多不矜不伐。

一、爱人勿护其短，恶人毋没其长。

一、君子不辱人以不堪，不愧人以不知，不傲人以不如，不薄人以不屑。

一、浓华易于损志，淡泊可以全操。

一、福善不在杳冥，起居食息内，时牖其衷。祸淫岂阙幽渺？语默动静间，即夺其魄。

一、人以顺境为乐，君子乐自逆境中来。人以失意为忧，君子忧从快意处起。

一、闻誉而自矜，则德日损；闻毁而自省，则行日兴。

一、吾存而齿先亡，可见刚强不如柔弱。户朽而枢不蠹，须知偏执不及圆融。

一、蛾扑火，火焦蛾，莫谓祸生无本。果种花，花结果，当思福至有因。

一、大业鸿猷，常出幽闲镇静之士，不必忙忙。修征景福，多集宽宏长厚之家，何须琐琐？

一、逐兽而不知前有崩山，弹雀而不知后有深阱，贪心为害良多。听人言而信市上之虎，见弓影而惊杯中之蛇，疑心受累不浅。

一、凭怒徒足损己，饰过岂能欺人？

一、觉人之诈不形于言，受人之侮不动于色，公恕足以孚众志，坦自足以消群疑。

一、毋借公道以遂私情，勿行小惠而伤大体。有事斩然，勿临机而畏缩。无事澄然，勿过境而踌躕。

一、得志时当存一条退路，失意时须寻一条出路。

一、品诣常看胜于我者，则学问自增。享用常看不及我者，则怨尤自息。

一、闲时不学用时悔，富时不节贫时悔，醉不矜持醒时悔，安不将息病时悔。

一、喜时勿轻诺，怒时勿妄发。

一、至道之用啬，鄙细不可。吉人之辞寡，深密不可。才子之气高，骄矜不可。侠烈之生轻，斗狠不可。通达之财疏，暴殄不可。廉吏之守严，矫激不可。

一、不妄求则心安，不妄作则身安。

一、上好道，次好学，乃为成器之子。上畏义，次畏法，斯非刑戮之民。

一、耕先人产，读先人书，耕有余资以助人，读有实得以教人。

一、父母既没，时体亲心。兄弟怡怡，能友即是能孝。贫富不计，惟安本分。小心翼翼，治己即可治人。

一、言有物，行有恒，便是干城甲胄。仰不愧，俯不怍，何须文绣膏粱？

东沙常州阳湖（武进）羌坻《王氏宗谱》卷一，清光绪九年（1883）

五、清东沙宜兴厚庄王氏家训

家训十二条

顺父母

天经地义，广大精深。人有智愚，自难悉晓，但随分尽职，境遇不一，而至性无殊，富贵则务显扬，贫贱亦供菽水。倘其甘脆失欢，甚至语言触犯，慈父母虽一时含忍，而回首却黯然神伤。忤逆之人入庙必不能尊事祖宗，居室亦无以观刑妻子，无根之草安望其欣欣向荣哉？故父母不可不顺也。

和兄弟

人自父母所生，分而为兄弟，又分而有一从、再从兄弟，又分而有服内、服外兄弟，祖宗视之皆一体也。吾宗大祀咸集槐荫堂，长先幼后，雍雍穆穆，祭则同拜，福则同饮，祖宗在天之灵有不安而乐之乎？奈何锥刀致讼，动费多金，睚眦小忿，务求报复，甚且服属愈近则嫌怨愈生，何以霁煎燃之泣而固藩篱之破哉？故兄弟不可不和也。

教子孙

子孙之质，中人为多，不教而成，世能有几？往常见某氏子发名，某氏子立业，群相慕羡，自己乃姑息存心，罔知督责弟子，轻薄者誉为有才，愚钝者喜为诚实，富贵则纵其骄盈，不加约束，贫贱则任其偷惰，不忍鞭棰，至长而养成悍质，掷为废材，岂不悔之晚哉？故子孙不可不教也。

务术业

吾祖以耕读传家，欲绵先泽，读书固为第一。然或资愚质蠢，难图上进，则农为务本，商为逐末，各成一途。又或家无遗橐，资本萧然，即专习一艺，亦无不可。若乃不执一业，游手好闲，趋附则失己，诈骗则害人，即使服食不亏，甚且齿肥衣绣，均为羞辱先祖。故术业不可不务也。

端品望

名公巨卿，吐辞为经，举足为法，诚有科名不足重人，而人足为科名重者。尝见身通仕籍辄肆行无忌，横侵强占，虽云爪牙之借势，实因防范之疏虞，甚至奔走公门，夤缘请托，旁观讪笑，置若罔闻，虽曰显亲，实为辱亲之至！若夫布衣下士，博学积行，清操砥节，与缙绅先达并驾齐名，行载郡县志中、崇祀乡贤祠宇者，吾邑前辈亦不乏人，所谓匹夫砺行，化及乡隅；正士善言，流传奕代。凡我子孙，可不景仰仪型，而自甘污下哉？故品望不可不端也。

儆奢淫

盘中之食，粒粒耕余；机上之绵，丝丝织就。吾祖宗敦厚传家，治生之训尤以爱惜物力为先。若因家计稍饶，费度无节，无论饕食华衣，福享忌盈，亦思千金之室过耗则贫。子弟若幼耽奢侈之风，长何以安淡泊之守哉？至于逸则思淫，色荒尤甚，纵不至造祸招殃，而少年失足，即大节有亏。故奢淫不可不儆也。

择婚嫁

嫁娶必择德门仁族、楣当而户对者。娶妇资其姆训而端壶教。嫁女乐其才德而善观刑。若但贪取富贵之家以及巨商囊吏，罔知决择，娶妇则目前之骄悍可虞，嫁女则日后之凋零足患。至于或为惜财，或因钟爱，不论良贱，竟联姻好，宁不辱其先祖哉？故嫁娶不可不择也。

完国课

普天率土，莫非王民，而输课急公，亦征报效。且一亩之田所征有限，按期清完则易，积年并纳綦难，上负朝廷唯正之供，下贻子孙无穷之累，况悍吏追呼，受其陵辱，更有难堪者乎？故国课不可不完也。

谨阡葬

死以入土为安，葬取归藏之义。每有惑于堪舆，经年积岁停柩在室，或浮厝荒郊，倘一疏虞，罪莫可逭。更有已葬南山之南，旋迁北山之北，启棺拾骨，惨孰甚焉？此不过自为营求富贵之计，而竟不顾死者之安。故阡葬不可不谨也。

息争讼

讼之一事，非惟破产伤财，抑且弃掷工夫，斫丧心术。呈禀一投，则查批候审，发差会房，两造交攻，动致积年累月，士则荒学，农则荒田，欲明己是而人非，势必旁搜而隐讦，一字刻深，如闻鬼哭；单词扼要，易犯神嗔，使彼饮恨，我亦结仇，讼则终凶，良可惕也。更有刀笔营生，教唆词讼，以讲说差房作提篮活计，纵使一身侥幸，不涉风波，而怨声载道，积恶贯盈，亦何以延先祚而裕后昆哉？故争讼不可不息也。

戒赌博

自古无恃赌成家者。况一入赌局，义利不分，心怀窃夺，弗顾父母之养，不恤妻子之生，既诗书耒耜之弗亲，亦放僻奸邪之自比，犯官府明刑，荡祖宗基业，为奸为盗，流弊何穷？诱人溺人，天理不宥！故赌博不可不戒也。

禁胥徒

铨选三途并用，六房吏典，容有通名仕籍者，然而百不得一焉。以彼承事官长，侍立案旁，喜怒因乎货利，敲责任其重轻，况禁卒、隶徒、捕差、伙伴，更为戚族所不齿。纵使衣食奢华，声名喧噪，其视儒素家风不如远甚。士农工贾俱可以谋生，何必贪烟散之钱，而轻视祖宗之遗体哉？故胥吏不可不禁也。

附家规十则

家规者，一家之规矩，与国法相辅而行，祖父作则于前，子孙训行于后。官府之所治者治之，官府所不及治者亦治之，故家规立则国法可以不犯。第一家之中自孝弟而外，规矩之重几难悉数。爰敬增十则以附十二条之后。

宜家室

夫妇，人道之始，万化之纲。夫当正己型家，和而且敬，乖离狎昵，夫纲替矣。妇当无非无仪，以顺为正。牝鸡司晨，家之索也。或为生子纳妾，妻不能容，罪在妻；宠妾辱妻，罪在夫。若妾年少无子，身后当命遣之。不愿去者当优厚之。有子勿再纳妾，老鳏莫娶女妻。

别男女

男女之际，风化所关，不可不慎。《礼》叔嫂不相授受，男女不共厕浴，不同椸枷，不通乞假，不杂衣裳，僧道及三姑六婆不许入门，女子毋得出门看戏，毋得入寺烧香。《易》曰：“男正位乎外，女正位乎内。① 男女正，天地之大义也。”

尊师友

师道等于君父，好友比于金兰，生我成我，其重一也。教育子弟，必择端方有道之师、直谅多闻之友，切劘熏染以成其器；即在农家，亦有师友，慎所与处，必忠必信，必敬必恭，斯子弟无不中不才，家庭乃有礼有义。

重丧祭

人子大事，惟丧与祭，稍不自尽，后悔莫追。丧则附身附棺，必诚必信；衰麻哭泣，尽礼竭情。祭则随时随分，致爱致虔，事死如生，忾闻僾见，富贵毋怠，贫贱毋阙，为报本追远之通义。

厚亲戚

亲不越母党、妻党，无论贫富、贵贱、远近、新旧，皆当一体亲之。称谓必正，揖拜必虔，庆唁实加体谅，接待不尚虚文，斯为厚之道也。

恤邻里

比庐接壤，相为藩篱，互为唇齿。藩篱破则狐犬纵横，唇齿亡则腹心溃败，故必安危与共，有无可通。《孟子》曰：“出入相友，守望相助，疾病

① 《易·彖》这二句次序颠倒。

相扶持”，邻里睦则家室安矣。

戒华靡

俗之浇淳，家之兴替，可一望而知。童子勿衣裘帛，妇女勿穿红紫。老人虽尚轻暖，里衣必须用布。居室以适寝兴，茅茨聊蔽风雨。富人虽能润屋，墙栋切忌雕镂，非徒惜财，兼亦惜福。尝见人始则纨绮周身，继则鹑衣百结，前乃轮奂壮丽，后乃托蔽无椽，是惟戒之不早，故尔悔之无及耳。

务信让

勿说欺人话，勿作忍心事。宁拙毋巧，宁弱毋凶。笃实谦卑，乡闾敬服。虚骄诞慢，妻子心轻。毋朝令夕改，毋言智先人，则至诚可以动物，和气自能致祥。

济茕独

鳏寡孤独，谓之穷民，冻馁饥寒，惨深无告。人但知施舍僧尼为功德，而宗族亲邻，生无养、死无葬者，沾其一粒一文辄为动色。此即佛氏所云颠倒相也。多方赈济，生当周恤之，死当瘗埋之，无力则一言之赠、一手之援，亦胜布施僧道万万也。

惠仆婢

陶渊明以平头侍其子，嘱之曰：“此亦人子也，可善视（遇）之。”逾分越礼，自当禁戢；小疵细故，不宜重惩。左右服役，时其劳逸，恤其饥寒，御以礼义。俊猾之仆、美艳之婢，即当遣去，不可纵其淫狎，亦不可任意鞭笞。

九世孙　夔谨附

东沙宜兴《厚庄王氏宗谱》卷一，清光绪二十六年（1900）

六、清东沙江阴澄南王氏《世范》

凡士大夫有家法以示子孙，犹国之有训典也。谓之范，如铸金之有模范，不可过，又不可不及，俾子孙率之以为成规。一曰重天伦，二曰谨祠祀，三曰睦族属，四曰端阃范，五曰正婚姻，六曰敦士行，七曰务农业，八曰警靡荡，九曰惜身家，十曰戒苛刻，为人立身之道，大端不出乎此十者。

若子孙守而弗失，方克为肖子，为象贤，而世其家于勿替云。

1. 重天伦

人有五伦，君亲为大。君则成我，亲则生我。生成之恩同乎覆载，而不思以忠孝报之，可乎？不忠不孝，无父即无君，将禽兽之不如，尚可言人乎？故为人当知忠孝，以植人道之大本也。然所谓忠孝者，只在随分自尽，人人尽可行得。必至犯颜死节然后为忠，则忠者有几？必至割股刲肝然后为孝，则孝者又有几？但思上之所责望于下者为何事？亲之所责望于子者又何事？若能曲体此心，以报君亲，便是忠臣孝子。

兄弟一体所分，自不当有尔我之见。不幸而至于析产分财，亦当逊让雍容，初终式好，酿成一团和气，以上慰亲心，讵可相争相夺，较短论长，致伤同气之情？呜呼，人生世上瞬息百年，幸而有兄若弟，不慕长枕大被之醇风，鉴尺布斗粟之凉德，而为紾臂夺食之行，君子所不齿也。族有犯者，以不孝惩。

人之得力，本之于师。古者心丧三年，原不忍忘所自也。句读亲为口授，批评费尽心思，迨薪尽火传，而竟恝然置之度外，岂君子之存心哉？思报效之无由，只此诚敬之心矢之毕世，庶亦可以无负师恩矣。

2. 谨祠祀

《礼》：“君子将营宫室，宗庙为先”，急先务也。人莫不有所自出，族有宗庙，乃人知报本返始之道。《孟子》曰：“天之生物也，使之一本。”虽鸟兽草木犹然，而况于人乎？且族属疏远而涣散，思合亲疏远近，而束以尊亲之礼，必于岁时伏腊奉行祭祀荐享，宗族咸在，拜献有常，序立有位，馂燕有仪，恒足以通意达情，故宗庙之礼亘万世而无弊者也。第恐祖宗既创造于前，而子孙不能修葺于后，势必鼯鼪栖栋，难伸俎豆之仪；霜露沾裳，莫展粢盛之荐，既非所以妥侑先灵，而观瞻不肃，亦何能令人有入庙思敬之惕哉？祭祀废而礼义衰，礼义衰而宗法坏，所必然矣。蔑伦败度之讥，其能免乎？后人苟有仁孝之思，自当以祖先宗祠加意省视，或榱桷崩颓，或龛座腐朽，必及时鸠工庀材，共效厥力，区画修整。其有托故推诿，并侵渔所费，致误公事者，合族当惩创焉。

祀先宜以孝敬为主，事死如事生，所以教孝也。人有祖、父，犹水之有源，木之有本，其可忘所自来乎？凡为子、孙者，当思祖、父虽亡，先灵如在，则慎终追远，自必诚敬，如见羹墙，风木兴悲，不敢慢焉将事矣。近见不肖子孙，烛烬香消，烝尝阙典，而濡霜降露，祭扫愆期。嗟嗟，根本既薄，安望子孙荣茂乎？

3. 合族属

宗族虽有亲疏远近之异，实吾关切之人。夫我苟可以庇之，自当缓急相济，患难相扶，方不失仁厚之道。

昔范文正公既富贵，周恤贫乏，而于宗族尤笃其情。常谓子弟曰："吾宗族甚众，于吾之一身虽有亲疏同异之别，然自吾祖视之则皆子孙。若吾独享富贵，而不恤宗族，异日何以见先人于地下乎？"今人既不能推恩睦族，如公所为，又何可较量锱铢，肆其攻讦，自伤一脉之亲？凡我后人，若邀富贵，慎毋视同宗如陌路也。孔子曰：不敬其亲而敬他人者，谓之悖德；不爱其亲而爱他人者，谓之悖礼。[①] 由此推之，所谓亲者，岂第父母而已？凡属一本之谊者，皆亲也。上而尊长，下而卑幼，何一非吾所当敬？何一非吾所当爱？不此之爱敬，而为彼之爱敬，倒行逆施，悖德悖礼，是非君子之道也，其可训乎？

《礼》曰："合族属。"谓合聚一族之人，则无离散凌犯之事。又曰："缀之以食而弗殊。"程子曰：凡人家，须一月一会以合族。又曰：吉凶嫁娶，"更须相与为礼，使骨肉之意常相通"。骨肉疏者，为情不相通也。故古人有祭酺之礼，今当法之，以祭余之物，聚同姓之亲，其日则祭之日也，其物则祭之物也，其坐则以名分而列焉，其酒则以七行九行为率，弗敢慢也，弗敢哗也。正月之吉，既祭而未宴之先，则展家谱，读家训，以申戒族人，遂载登上一岁婚嫁生殁等事，岁率以为常焉。

《记》曰："敬宗故收族。"收族者，收养族人，不至流离失所也。凡九族之人，皆一本之子孙，分有亲疏，居有远近，莫非吾祖宗之一脉？顾吾力之所及如何耳。其大者如古人之置义田以赡贫者，次如古人之立义冢以葬族人之死不能葬者，设义学以教族人之生不能教者，又其次则助婚娶、恤饥

① 《孝经》悖德、悖礼，次序与此相反。

寒、拯患难、通有无，随力之所能而施之。至于一族之中，或有怀才偃蹇、抱德固穷、画粥断齑、守道自安者，犹当公与周恤，富者赡其寒饿，贵者广以嘘培，不特上体祖宗爱惜之意，抑亦为国家养育人才、为造物扶植善类，岂非积德之大者与？

4. 端阃范

《易》曰：“女正位乎内，男正位乎外。”此言夫妇之常也，反是则失其常，而欲家之齐也，得乎？有夫妇之伦者，当知所以各正其位，则男子自不惑于妇人言，而妇人自不敢干外政，齐家之大要，得之矣。

昔后妃不妒忌，子孙众多，诗人每称述之，此固八百年之母仪，而实千万世之阃范也。若徽音既远，妇德不修，往往有洛神巫女之姿，而具罗刹夜叉之性，河东狮吼，遂至杀人性命、斩人宗祧，其祸有不可胜言者。当先以仓庚疗之，否则律有明条，不可不出也。

治家之要在不惑妇人言，善言固可听也，但女流识见浅薄，贤者少而不贤者多，必夫纲独振，灼有明见，审其言之是非以为去取，方不致有骨肉分争之祸。若不问可否，而惟是闻狮吼之声，有言必听；溺雉鸣之爱，惟命相从，必至举动失宜，而惟家之索矣。故人之有妻，当预防其长舌肆毒，时以三从四德之说教化之，俾知妇道，则后日自不多言，而所言皆善，煽惑之惧何自而有哉？

夫妇和而家道成，昔人言之非诬，而其所以不和者，未必不由夫失其道，或纵妾凌妻，或忘家恋妓，忿争唾骂，习以为常，以致伉俪不谐，掩户泣秋风之扇；唱随不协，深闺悲夜月之砧，乖气致异，所必然已。

语云：“为人莫作妇人身，百般苦乐由他人。”彼离亲别爱，所恃者惟有我耳。苟耽情姬侍、罔念结发，自揣于心，忍乎安乎？即或妇有不是处，亦当念彼未尝读书明礼，惟委曲劝谕，使之听从，何得遂生嗔忿？且世人遇强悍之妇，则受其欺凌，遇醇朴之妻，别加以暴虐，欺善畏恶，岂丈夫之行哉？

夫妇为人道之始，《关雎》乃风化之基，男子而愿为有室，不可不知所以择配也。求忠臣必于孝子之门，岂娶妇而可不由道乎？盖积德累仁之族，家有素风，女子之贞洁柔顺出自性生，其于归也必为贤妇。若惟是声势相倚、财贿是图，吾未见有能善后者也。知阃范为万化之原，自不得不先谨此。

5. 正婚姻

配耦肇乎人伦，姻缘成于夙世，故一丝为定，而千金不移，士君子之行也。乃有一等凉德之人，既订丝萝，多生反覆，大约以贫富起见者十居六七。嗟乎，少君之与鲍宣，伯鸾之与德曜，一则脱簪珥而挽鹿车，一则去膏沐而操井臼，作两贤人以此千古，两女子亦以此千古，此古今食士之公案也。

即以世俗言之，婚姻簿上自有一定姻缘，衣禄分中岂无生成造化？拣得来固是尔命，推不去亦是尔缘，不如无负初心，完得一场旧案。假令弃此寒交，易彼铜臭，无论诗书之族，祖父贻羞，即此恶薄之心，鬼神不佑。几见欺心负义者，岂能克昌厥后乎？

吾族为男女缔姻，当思效仁人君子之所为，不以穷通富贵贱易其前约，则天理得而人心安，家道于是浸昌矣。

唐太常曰："夫妇，人之大伦，故配必以名族，而合必正。如再醮之妇，不宜娶也。"妇人从一而终，惟二乃乱。人或中年丧偶而思续娶，室女非其所宜，再醮之续，势所不免，然亦必择其妇德素娴、操履无玷者娶之。有等出身下贱，更历数姓，既廉耻不之顾，何名节之足矜？厌买臣之樵采，羞与为妻；艳相如之琴心，爰求好合，子细熟思，其可为我妇乎？

6. 敦士行

《周官》以乡三物教民，而宾兴之先，六德六行，而后六艺，明乎德行居文艺之先也。故读书之子，当以圣贤道谊相切摩，宅心制行，光明正大，孝弟以为本，忠信以为质，廉让以为舆，庶不愧为名教中人，而于畴昔之诵读，亦可自信为有用之学矣。藉非然者，迂视道学之准绳，而乐就嵇、阮之放轶，骨肉之间偷薄已甚，凡伤风败俗之行，亦肆然为之，而不顾德行既丧，虽有班、马、韩、曾之才识，亦奚济哉？

立身先本而后末，为学以实不以名。孔子曰："古之学者为己，今之学者为人。"夫为己之学，实学也，仁义道德，必身体而力行之；诗书闻见，必日就而月将之，是之谓暗修。而学为吾（人），有不然，致饰于外，驰骛虚名，而谄谀之。夫因之极口称道，名浮于实，而彼方泰然自得，骄诩闻人，恬不为耻，虽有良师益友之箴规，亦无自而入，不惟学问日退，且将流为无忌惮之小人矣，可不惧哉？

吾族子弟有志诗书者，当勉为实学，无徒浅尝从事，袭取虚声，自诬以诬人也。且宜键户潜修，不得分心声援。文章心性之业，正须自开溪（蹊）径，特立规模，何必循声赴影，效人颦笑哉？

7. 务农业

读书而富贵可期，尚矣。其次为治生之计，莫善于耕，盖耕为衣食之原，其业为可长也。若为商为贾，偶焉利饶益多，取之极欲，若远胜于力田。一旦利穷本尽，意味索然，未有不思反之农业者。然精神耗散，筋力困惫，何如常其业于畎亩，温饱之求可以取给于手足之勤也。且常其业者必恒其产，有恒产者斯有恒心，是为逐末者言，抑为务本者言乎？

祖宗创业艰难，守成匪易，垂法后人，惟耕惟读。二百年来我族人从诗书而外，俱以农事为本，而不事浮末，故仰事俯育，可以无虞，亦既庆遗安泽，为其后者守其常业。勤耕耨，时种莳，开源节流，以务本为治生之计，则衣食足而礼义兴，所谓有恒产者有恒心，安在王道之易易，不于此观之哉？

谚云：“大富由天，小富由勤。”此言农者不可不务勤也。又曰：“一年之计在于春，一日之计在于寅。”此又言勤之不可不及时也。

人之一家，岁有应纳之官粮，日有必需之杂费，上自祭祀燕飨，下及衣食婚嫁，事事要行，节节难省，未必不取田畴之间，故当农事伊始、雨旸时若之候，务须及时播种，胼手胝足，尽力田间，使秋成有望，仓箱盈足，而取用裕如矣。若好逸偷安，蹉跎过日，吾未见其克有济也。故曰：人之为业，惟勤为尚。读者不勤，则必废学，而显荣无望，贫贱随之矣；耕者不勤，则必失时，一失时而丰盈无望，饥寒随之矣，可不知所惕哉？

8. 警荡靡

从来纵欲败度之人，未有能保其身家者。尝见无知狂少轻薄不轨者，堕身花柳场中，千金买笑，遂以为风流乐事，殊不知锦衾绣帐，舞袖歌裙，无非陷人坑阱，入其中者则痴心迷恋，以至弃室忘家，囊空财尽，或尸痨染疾，疮毒遗殃，即七尺幸存，而生子每多不育，兴言及此，夫亦可以惕然猛省矣。若夫钻穴窬墙，乃小人之行，非君子所肯为。世之因荒婬（淫）而荡产倾家，缘好色而辱身败行，甚至阴司败露，罹法网以遭刑，触凶锋而殒命，比比然矣。且夫杀人者杀其一身，淫人者杀其三世，不惟失一妇女之节，生死含羞，即其父母翁姑以及伊夫子女，一或闻知，耻悬眉颊，痛入心脾，诚有饮恨吞声、无面目可以见人者。假若设身处地，何以为情？宜乎天道昭彰，不于其身，即于其子孙，以致贫穷孤苦，丧乱绝灭，世受其殃而莫可逭也。古人云："淫为万恶首。"宜三复斯言也。

赌博之禁，载之律例，功令森然，官长无不晓论禁饬。因赌而败家者十有八九，因赌而成家者万无一二。世有好博之徒，沉迷贪恋，日夜不休，银钱既罄，继之以田房产业，立券抵偿，盖不数年，纨绔之子变而为赤贫之夫矣。故夫温饱之家，因赌而致无衣无食、流为乞丐者有之，卖妻鬻子、骨肉分离者有之，父母不之子、妻妾不之夫，夫岂下愚不知自悔哉？盖至于此，悔已晚矣。曷若及早收心、自怨自艾、永不失足于赌博场中之为愈也？

9. 惜身家

逋欠官粮，为累非小。迩来功令森严，奏销法重。若钱漕，蒂欠不完，毋论绅衿，尽行褫革；若在小民，其不致以欠粮而毙诸杖下者几希，从未闻以逋赋殒身，而能诉冤于上、雪忿于期者。徒罹法网而仍不免于完纳，变产废质，勿克有济，必继之以鬻女卖男，官府亦岂肯怜其穷而代为之纳者？可见漕粮完勿完，关自己身家之祸福，虽穷困万难措置，亦当忍耐饥寒，设法输纳，无贻后日之累也。若逡巡观望，希冀赦捐，此不肖之心为身家之误，不既多乎？

忿事争端，讼非美事。果有含冤负屈、情不容已者，不得不控告官府。然或有人为之分解，说言公论，断以情理，剖以曲直，亦可不行。至于口角小嫌，家常细故，置之而已，忍之而已。乃无风起浪，霹捏虚词，到案投递，必准而后已，一经庭鞫，尽属无根，破家亡身，悔之已晚。凡此皆由极等蚩愚不知利害，一言不合，怒气相加，不忍一朝之忿，身家不惜，而且蠹棍为之刁唆，讼师为之扛帮，或曰先发制人，宁为原告，或曰从重归结，宁告上司，又自以为干证，邻里得钱可为我用也，衙门胥役贿求可为我助也，抱朋挈众，累月经年，酒食饱啖此辈之腹中，银钱皆入此辈之私橐，是讼未结而我之家已半破矣，况一告未已，而至再告，再告未已，而至三至四，必欲尽破其家乃止。嗟乎，此辈享我之酒食，取我之银钱，亦何乐而不为？此独是我固自有身家，奈何入其彀中乎？况一经涉讼，则奔走衙门，不能谋生营业，废事失时，耗散精神，迨至事结讼完，则资财已空，饥寒立至，清夜思之，未尝不悔，然悔已无及矣，奈何不熟思而深计之也？

10. 慎细微

人之持家，要在不失厚道。厚道者，即所谓天理良心也。如家用升斗、权度之物，所借以为出入者，人生日用之急，即一文之钱、半升之谷，得之岂不甚难？若与人贸易，轻出重入，天理良心全然勿顾，则雷火之诛，不旋踵而至矣。尝闻毛某家置一斗斛，上刻字文云：“出以是，入以是，世世子孙永如是。”盖以厚道为范也。凡我族人，亦当宜以此为法。每见世间有忍心害理、刻薄成家者，纵使目前不致败废，他日子孙岂能常享无涯之泽乎？

五谷乃上天所生以养人，最宜珍惜，是以天子有躬耕之典，圣人有重粟之心，无非为人足食计也。若或抛散田亩而狼戾不收，或废烂仓箱而红朽无用，甚至喂饲禽畜、践踏涂泥，此暴弃天物之甚者，以至天降凶荒、水旱荐至、饥馑之报，皆自取也。若损坏他人之禾稼，或溃堤防以淹之，或阻水道以旱之，或纵牲畜以践之，如此无良，益为造物所忌也。

寡妇形单影只，触目堪悲，女幼男微，百事未举，孟子所谓穷而无告者。若能眷顾周全，不惟保嫠妇于空闺，抑且慰亡灵于地下，是人间第一件积德事。乃有无良之人，不思怜念，反肆欺凌，而其甚者逼其再醮，希图取利，坏风俗，丧良心，莫此为甚。我族人切不可踏足于此也。凡伤风败俗一切奸险卑陋之行，皆正人君子之所耻，安得漫无顾忌而为之？

《论语》云：“惟酒无量，不及乱。”非恶其醉也，恶其醉而性乱耳。人有嗜酒无度，即气散神昏，或傞舞号呶，或裸形披跣，以至犯上辱身，种种悖乱之事，皆从酒醉而起。过量之饮，宜深戒也。

家齐之道，要在平情。尊卑上下之间所以处之者，或失于苛责更甚，皆不得其平也。袁氏垂训曰：“人家父子兄弟多有不和者，或因责望太过，或是分财不均，或人之性情作事不一，或听信妇女之言，彼此离间，惟此数者，皆不能家和也。”若悟此理，凡为父子、兄弟、叔侄，皆当各尽其道，父慈子孝，兄爱弟敬，上和下睦，则情意之间自然安协矣。①

东沙江阴《澄南王氏家乘》卷二，清光绪三十四年（1908），第1–17页。

七、清东沙江阴《祖父格言》十则

教训子孙，只是孝悌忠信四字。生子三四岁，便书方块字粘壁间，粗粗训解之。

读书自是好事，种田亦非下等。凡教子孙者，只此两事为最。

家若一心，则内外一团和气。人能百忍，则子孙百世同居。

宁可乞丐，莫入衙门作吏书。宁可佣工，莫入市井做经纪。

女人不登山入庙，男子不吹歌弹曲，便是好人家模样。

凡做人，极要安顿。就如一只碗，要放在台心，不可放在台角。事事皆然。

凡做人，须要在隐微处检点。有一客到人家，主人未出，于门缝内窥见其客以手拈桌上盐豆一粒，纳于口。客素有重名，至此遂为主人所忽。

人家无论读书、种田，须要早起。一年之气在春，一日之气在寅，岂可错过？

凡事一勤为主。大禹惜阴，陶侃运甓，何况后生小子乎？

不好争讼，不信祷赛，不逋官粮，守此三者，而其家不兴，未之有也。②

江阴《东沙祝塘王氏宗谱》卷二十三，2014年，第89–90页。

八、清中沙阳湖（武进）礼嘉桥周陈《王氏家规二十则并序》

王春台撰

余族《衍庆录》系祖后斋公汇集稿本，已有成书。余于敝笥中索而读

① 序号为笔者加增。

② 《三沙王氏全谱》卷首，清光绪二年（1876），格言有祖、父名字，共八条。《东沙祝塘王氏宗谱》卷二十三，2014年，第89–90页，去掉祖、父名字。后二条为新增。

之，然又忽自思焉。惟以为族大而无谱，是紊族也。君子忧其乱谱，具而无规，是浇族也。君子更虑其浇，则家规之与谱书当相为表里。余因揣度规模，定为二十则，首录谱，序世系也。次葺祠，新庙貌也。次记墓，重亡骸也。次时祀，致幽思也。分不可混，故次之以统宗。情不可乖，故次之以睦族。有以倡之则化，故次之以率表。有以济之则苏，故次之以轸穷。而家庭之际人伦最重，父母、长上、兄弟、妻子，人人俱有彝则，故次之以植孝，以敬长、以友爱，以刑于。而风俗之变，习尚为先，忿争嬉戏，淫荡奢靡，事事各有严惩，故次之以止讼，以戒赌，以惩淫，以敦俭。若夫耕作所以给俯仰，次务农。诗书所以识义理，次勤学。而至于其微而不可忽者，一言之间，生端起衅，后遂极重而难挽，故次之以慎言。虽然，此皆饬躬励行修之于显者也，阴德在冥冥之中实有司之者，惠则吉，逆则凶，断断不爽，故又以积德终焉。是为家规二十则。凡若是者，皆余祖后斋公之志，余为之倡其说，以望吾族人遵而行之，则萃而不乱者复朴而不浇，使远近闻之，相与啧啧，称吾族为仁里，是余志也夫。谨序。

续谱

千家之众，百年之远，而支分派别，世系可稽者，以有谱也。是以名门巨族以谱为重，而仁人孝子以修谱为先，然不能岁岁而修之。凡我子孙，于各人生殁婚葬，随时登记，远或十年，近或五年，陆续修入谱书，庶几昭穆相承，传之不替。

葺祠

宗祠者，祖先神主所藏。祠宇不修，则先灵恫焉，但历年久则有倾颓之患。凡我子孙，不时瞻仰，或为风雨所伤，或为鼠雀所损，稍或残毁，即宜及时修葺，则为力既易，而祠亦不至于圮。

记墓

祖宗夙夜勤劳创业以遗子孙，只为死后一坏（抔）土耳。每见世远人亡，百年荒冢竟不知是谁，以至垦为田地，掘为沟渠，何忍至此？凡我子孙，于祖宗坟墓必须记以碑石，刻其上曰：某人之墓，则世代虽远，石碑永存，平毁之患于兹可免。

时祀

祖宗生育之恩，等之高厚，无所用其补报。惟于岁时感霜露之思，遂以黍稷荐馨，此正人子事死如生、事亡如存之意。凡我子孙，当重其事，毋使缺典，以致痛馁而。

统宗

族之有宗，所以为一族之统也。然有大宗，有小宗。世嫡者，大宗也。五世之嫡，小宗也。大宗以主百世之族，小宗以主五世之族。远近相维，大小相统，庶支派分，而其绪不乱。凡我子孙，宜崇宗法。

睦族

同族虽众，其初出自一人。凡有休戚，自当息息相关，岂可以秦越人相视乎？凡我子孙，务要联为一体，患难则救之，忿争则平之，仇隙则解之，内变则息之，外侮则御之，斯为睦族之道。

率表

族有宗主，必有宗正。宗正者，秉公矢直，使一族之人咸就于规矩准绳之内者也。凡我子孙，宜择贤而有德者，毋偏毋陂，毋反毋侧。

轸穷

鳏寡孤独，天下之穷民而无告者。古之先王犹加怜悯，矧以同族之人而适有此，安忍坐视乎？凡我子孙，察其果穷苦无依，宜量己之力以周济之，不论多寡。一幅之布亦足护首，一升之粟亦可充饥。

植孝

人之百行，以孝为本。父母之恩，与天罔极。凡我子孙，宜各承顺其志，温凊定省，虽属粗节，具见孝思。至于父母或有后妻庶子，而欲阴厚以财帛、多与以产业者，亦当仰体二人，毋得违拗。

敬长　友爱

同族之中，其年近期颐者，谓之长上，所当敬以事之者也。尝见人家子弟，有恃爵位之尊贵者，有恃资财之富厚者，有恃学问之该博、文章之茂美者，高亢凌人，不可一世。此种虚憍之气，岂宜施之乡党？凡我子孙，永以为戒。

刑于

妻者，奉父母之命、行亲迎之礼、以承宗祀者也。若妾，则所买耳。故妻贵而妾贱，分也。凡我子孙，于房帷之内肃然整饬，妾虽少艾，不得宠之，使过其妻。

止讼

人之有讼，或起于忿，或起于财，不思片纸一入公庭，不受吏胥之吓诈，则受鞭扑之苦刑，究亦何益？凡我子孙，有气宜平，宁合忍以息忿，有财宜均，无觅利以起衅。

戒赌

世之至愚而不明者，无如赌博一事。夫囊中之物所积几何，而夜以继日消磨，以至于尽，久而资身无策，不为贼盗，则饿殍矣。凡我子孙，切弗效此愚人，为此拙计。

惩淫

“少之时，血气未定，戒之在色。”此系孔圣格言。每见人家子弟，误入烟花，遂致荡产，亦色不迷人人自迷耳。凡我子孙，永以为戒。

敦俭

“非帛不暖”“非肉不饱”，先王所以养老也。其他日用家常，则大布之衣，脱粟之饭，亦堪自供。至于宾客往来，只宜称我有无，不必盛设。祭祀原有常数，婚葬亦有常经。凡我子孙，当以节俭为主，毋尚奢侈。

务农

耕稼乃衣食所从出，粮税所由供，民之常业也。一夫不耕，或受之饥；一女不织，或受之寒，谋生之道，莫此为最。凡我子孙，世产宜专农事。

勤学

子孙贤不肖，家声之隆替因之，而父母之教育与否，又子孙贤不肖因之。故义方之训，传家之首务也。今之为父兄者，往往溺于禽犊之爱，以纵其骄惰之情。凡我子孙，欲通族变化气质，宜勤教诲，使之读书知义理。

慎言

万事皆起于心，皆起于言。出好兴戎，皆由于此。所以言为风波易动之物。每见薄恶子弟，矢口谈人短长，甚有摘人闺阃中事宣扬，以为话柄。余切痛恨此辈。若见阎罗天子，当入拔舌地狱。凡我子孙，当稔记吾言，三缄其口。

积德

祖宗为子孙计，必有所积。然积书不能读，积金帛不能守，莫若积阴德于冥冥之中，使子孙长久。凡我子孙，不论居家出外，宜以方便为门。所谓积善之家，必有余庆，此培本浚源之第一着也。

中沙阳湖（武进）礼嘉桥周陈《王氏三沙统谱》卷一，清光绪三十二年（1906）

九、中沙浙江永康象珠王氏《训词》

奉祖宣训曰：

我之与尔，形气既分。尔之入庙，济济兢兢。尔事二人，如何弗敬？服劳奉养，下气怡声。

兄弟既翕，谗言弗听。尔之守身，勤俭和平。尔之治生，工商读耕。尔勿负粮，以罹官刑。

尔勿为非，以玷家声。屠牛博戏，败俗违仁。交唆诬讼，贼义伤恩。有一于此，勿过吾庭。

听此训词，涤虑洗心。降福尔身，及尔子孙。眉寿康富，无或不承。

注：原妇音改为谗言，原游手改诬讼，因与时代不合，后商议改之。

中沙永康《象珠王氏宗谱》卷二，2019 年

十、清西沙江阴桐岐《渭阳公家训》（王瑛）

《传》云：“君子有诸己，而后求诸人。无诸己，而后非诸人。”

余生平别无好处，唯不会诞语，不作佛事，不喜赌钱，家居不入酒家，非公正不发愤，财色二字未尝失足，骄奢淫佚之风，疾之如仇。吾如是，望子孙亦如是。

至于嗣续一事，吾子孙即或不幸无后，更不幸而族中无嗣，亦勿养螟蛉。何者？养螟蛉不过惧为若敖之鬼耳，然试思死后神主入祠，春秋与享，

鬼何尝馁，且与其食异姓之食，何如食同宗之食哉？

余言如此，如负之，非吾子孙也。

江阴桐岐《西沙王氏宗谱》卷首，清光绪二十五年（1899）

征引参考文献

《东沙王氏江阴南城支谱》，2019 年。

《旧唐书》，中华书局 1975 年。

《况太守集》，吴奈夫等校点，江苏人民出版社 1983 年。

《明史》，中华书局 1974 年。

《清史稿》，中华书局 1977 年。

《王氏三沙全谱》（统谱），清光绪二年（1876）。

《史记》，中华书局 1982 年第 2 版。

《宋史》，中华书局 1977 年。

《太平镇志》，广陵书社 2009 年。

《王勃墓在越南》，源于王充闾 2004 年《人民文学》刊文访越始知，见 https://www.ycpeace.gov.cn/a/wenyuan/biaolihedong/20190123/5891.html。

《新唐书》，中华书局 1975 年。

《永康象珠王氏远祖溯源记》，江苏盐城王绍祥执笔，2020 年 12 月 20 日，中华王氏网（http://www.chinawang.org/s/article/11196）。

本书编委会：《家国千年：苏州历史上的家风与家规》，中国方正出版社 2016 年。

曾礼军：《江南望族家训研究》，中国社会科学出版社 2017 年。

陈国桢：《古都开封》第八集《三槐堂文化专集》，北京燕山出版社 2014 年。

陈寿灿、杨云等：《以德齐家——浙江家风家训研究》，浙江工商大学出版社 2015 年。

达良：《中华姓氏通书・王姓》，海南出版社 1993 年。

东沙《江阴夏浦王氏宗谱》，2008 年。

东沙常州阳湖（武进）羌坂《王氏宗谱》，2010 年。

东沙江阴《砂山王氏宗谱》，清光绪二十三年（1897）。

东沙江阴《唐沙王氏宗谱》，清光绪五年（1879）。

东沙江阴澄南《王氏家乘》，清光绪三十四年（1908）。

东沙无锡《三沙王氏宗谱刘潭庄前支》，2015 年。

东沙宜兴厚庄《王氏宗谱》，民国二十九年（1940）。

范成大：《范石湖集》，富寿荪标校，上海古籍出版社 2006 年。

干宝：《新辑搜神记》，中华书局 2007 年。

高琪：《王锡爵》，西泠印社出版社 2008 年。

顾季慈辑，谢鼎镕补辑：《江上诗抄》，上海古籍出版社 2003 年影印民国本。

顾炎武：《顾亭林诗集汇注》，王蘧常辑注，吴丕绩标校，上海古籍出版社 2006 年。

顾炎武：《顾亭林诗文集》，中华书局 1983 年第 2 版。

顾炎武：《日知录校注》，陈垣校注，安徽大学出版社 2007 年。

光绪《永康县志》，民国二十一年（1932）重印本。

海外太原王氏联谊后援会：《太原王氏》，北岳文艺出版社 1994 年。

韩愈：《韩昌黎全集》，中国书店 1991 年据 1935 年世界书局本影印。

江阴《东沙古塘王氏宗谱》，2020 年。

江阴《东沙古塘王氏宗谱》，清光绪四年（1878）。

江阴《东沙祝塘王氏宗谱》，2014 年。

江阴《绮山东沙王氏支谱》，1949 年。

江阴《西沙王氏宗谱 桐岐庙前南马家湖支》，2019 年。

江阴东常《王氏西沙支谱》，2010 年。

江阴东常《王氏西沙支谱》，清光绪元年（1875）。

江阴桐岐《西沙王氏宗谱》，清光绪二十五年（1899）。

江阴桐岐《西沙王氏宗谱》，清同治九年（1870）。

李贵录：《北宋三槐王氏家族研究》，齐鲁书社 2004 年。

梁白泉：《初议王唤其人》，《三槐堂文史研究》第 3 期，1996 年内印本。

梁满仓：《中华姓氏谱·王》，现代出版社、华艺出版社2000年。

楼含松：《中国历代家训集成》，浙江古籍出版社2017年。

陆永文：《关于宋太尉王皋墓遗迹简介》，《三槐堂文史研究》创刊号，1995年内印本。

钱谦益：《列朝诗集小传》，上海古籍出版社1983年。

清道光《铜仁府志》，《中国地方志集成·贵州府县志辑45》，巴蜀书社影印，2006年。

清道光《遵义府志》，台北成文出版社影印，1968年。

守屋美都雄：《六朝门阀：太原王氏家系考》，梁辰雪译，中西书局2020年。

苏轼：《苏轼文集》，中华书局1986年。

太仓市政协文史委员会：《王时敏与娄东画派》，浙江人民美术出版社1994年。

万斯同：《明史》，清抄本，国家图书馆藏。

王大良、王成：《中华王氏通书》，天地出版社2015年。

王大良：《关于宋太尉王皋及三槐王氏二房的几个问题》，《首届太平桥民间文化旅游节暨王皋生平事迹研讨会纪念册》，2009年内印本。

王大良：《中华姓氏通史·王姓》，东方出版社2000年。

王符：《潜夫论笺校正》，汪继培笺，彭铎校正，中华书局1985年。

王金中、王进雄：《无锡家谱概览》，2020年7月内印本。

王叔岷：《列仙传校笺》，中华书局2007年。

王素：《王文正公遗事》，张其凡、张睿点校，中华书局2017年。

王听兰：《三槐王氏总谱》，北京燕山出版社2015年。

王听兰：《王皋的丰功伟绩与坎坷经历 呼吁加强对王皋遗迹文物的保护》，《首届太平桥民间文化旅游节暨王皋生平事迹研讨会纪念册》，2009年内印本。

王伟丰：《悠然安于考槃：王问传》，凤凰出版社2017年。

王卫平、李学如：《苏州家训选编》，苏州大学出版社2016年。

王梓材、冯云濠：《宋元学案补遗》，杨世文、舒大刚等校点，人民出版社 2012 年。

吴楚材、吴调侯选：《古文观止》，中华书局 1959 年。

吴建华：《明清江南人口社会史研究》，群言出版社 2005 年。

吴聿明：《娄东画派研究》，南京大学出版社 1991 年。

武义《双柏王氏宗谱》。

西沙江阴《澄江司徒桥王氏宗谱 五房孝公支》，2015 年。

西沙苏州《太原王氏皋桥支谱》，民国十年（1921）。

西沙苏州《太原王氏皋桥支谱》，清光绪二十四年（1898）。

徐华根：《江阴著姓望族》，上海古籍出版社 2008 年。

徐少锦、陈延斌：《中国家训史》，陕西人民出版社 2003 年。

尹协理、魏明：《王通论》，中国社会科学出版社 1984 年。

元《梧溪集》提要，《景印文渊阁四库全书》第一二一八册，台湾商务印书馆 1986 年。

张沛：《中说译注》，上海古籍出版社 2011 年。

张英霖：《关于王皋事迹的史料探索》，《首届太平桥民间文化旅游节暨王皋生平事迹研讨会纪念册》，2009 年内印本。

赵翼：《檐曝杂记》，中华书局 1982 年。

赵振：《中国历代家训文献叙录》，齐鲁书社 2014 年。

郑樵：《通志・二十略》，王树民点校，中华书局 1995 年。

中沙阳湖（武进）礼嘉桥周陈《王氏三沙统谱》，清光绪三十二年（1906）。

中沙宜兴《荆邑堰口王氏宗谱》，清光绪二年（1876）。

中沙宜兴《塘渎坞王氏宗谱》，民国三十三年（1944）。

中沙宜兴祝科《王氏三沙全谱》，民国三十年（1941）。

中沙永康《象珠王氏宗谱》，2019 年。

周祚绍、范学辉、何成、任思亮：《历代王氏望族》，山东人民出版社 1997 年。

朱明勋：《中国家训史论稿》，巴蜀书社 2008 年。

朱彝尊：《明诗综》，中华书局 2007 年。

后记

初识太平，实地考察王皋故居阁老基和墓碣，漫步凤凰古桥之上，现场听闻王开征老师讲述秦桧之妻王氏出于此地，以后此地再也出不了凤凰的传说（研究证明此是误传，秦桧之妻王氏与王皋全然无关，不是父女关系），是在 1996 年 11 月 8 日苏州市三槐堂历史人物研究会第二届年会上。那时，村落尚未拆迁，王皋墓地位于菜畦之中。身为苏州大学历史系的一名青年教师，我因为接触江南家谱家族较早，因而忝任研究会副秘书长，这为我跟随前辈学者学习增加了经历。在随后的年月里，翻览到线装光绪丙子（1876）版《王氏三沙全谱》，是我当时所知部帙最为浩大的家谱，达到一万六七千页。限于时间和精力，加上中华王姓之大，分支繁杂，文献众多，我想这恐非我会研究的对象。孰料我对三沙王氏的学术机缘亦便于此萌蘖。

2020 年盛夏，任职于中共苏州市相城区纪律检查委员会的彭伟硕士与我联系，商讨中华三沙王氏家教家风课题研究的合作事宜。以后监委委员邓维华代表相城区纪委监委，与我联络，几经调查论证，最后决定，委托我撰写三沙王氏家风一书，并由相城区纪委监委和太平街道合建三沙王氏家风馆，作为廉政教育基地。11 月，相城区纪委与苏州大学签约立项，正式启动了这一研究。时至今日，最终完竣，屈指算来，大约经过了三个阶段。

第一阶段，总体研究三槐堂三沙王氏的发展脉络和家教家风情况。就《王氏三沙全谱》入手，进一步开展全面调查论证，立足学术角度，基于丰厚资料，因而底气十足，认为可以写成三沙王氏家风研究专著，帮助建立三沙王氏家风馆。实际

上，这时我也略微心存疑虑，毕竟这一课题前无可鉴，必须逐
步深入研究，才能印证已有思路。

第二阶段，运用专业特长，广泛收罗三沙王氏的资料，重点在具体发掘三沙王氏老谱资料，主要是人物事迹和家教家训，同时扩展到正史、方志、文集、笔记等资料，并充分借鉴吸收已有王氏，尤其是三槐王氏的研究成果，拟就大纲，写作初稿。其间访查得娄东王氏家谱，三次实地访问考察太平老街三沙王氏遗迹，与太平街道文化旅游发展局吴金生、荻溪文史馆龚仁芝老师交流请教，并得到三沙王氏文化研究会的支持，收获丰满。到 2022 年 9 月 9 日，三槐堂三沙王氏家风馆开馆，由于觉得三沙王氏资料未及之处仍多，通过协商，允许我先以所撰写的《三槐堂三沙王氏家风》初稿，作为初步成果，进呈献礼，并且由我作了大会主旨发言和“书香小院”里“荻扁周京‘实面’家风”的学术讲座。

第三阶段，继续发掘利用三沙王氏新谱中的老谱资料，进行反观性扩展，将三沙王氏作为江南宗族社会研究的有机组成部分，研探家风家教与地方社会变化。在三沙王氏文化研究会王诚觉秘书长的爽慨支持之下，访问江阴氏族文化馆，得阅三沙江阴王氏新谱四十多部，其中包含许多老谱资料，尤其是祝塘、南城、夏浦等独立纂修的新谱，再加上他的帮助联系，访得三沙武进羌坵、宜兴塘渎坞、常熟三塘王氏家谱，扩展到永康象珠王氏，又增加了厚庄、绮山、桐岐、东常、礼嘉周陈等三沙王氏资料。经过仔细阅读，鉴别利用，为初稿充实了证据。单单一部祝塘王氏谱，就花费了一个月时间，撰写了七千字。全稿形成现在的样子，已经竭我所能，可谓“江郎才尽”了，至此也属于相对圆满，可以告一段落。

真挚感谢相城区纪委监委给我研究这一课题的契机，亦恰好结合了我自己正在从事的国家社会科学基金项目“明清江南地区的宗族与祠堂研究”，这既是中国历史中非常重要的内容，又是社会大众都很需要了解的优秀传统文化。在三年浸入式的研究和写作过程之中，得到诸多同仁友好的真诚帮助，时时铭谢莫忘。首先是相城区纪委监委资助立项，由邓维华具体组织落实，并安排彭伟、卫冉、叶含笑，一起为此项目随时联络，不断督促，提供了许多帮助，确保了项目按质完竣的时间和条件。其次，相城区太平街道纪

工委、文化旅游发展局、膺获“江苏好人”称号的龚仁芝老师，现场实地支持，配合调研，提供信息，充实了必要内容。再次，无锡祠堂文化研究会王氏（三沙）文化研究分会王诚觉、王国平、王绍祥秘书长，羌埑王岳忠、厚庄王普君、祝科王中南、永康象珠王旭日、塘渎坞王志祥、堰口王孝华和荻溪老基支王振昌，在信息或资料上慷慨支持。王诚觉先生引导陪同考察江阴、宜兴三沙王氏家谱，随时予以解答三沙王氏宗史疑问，并且尽量提供所知资料，还为了帮助查考江阴东常老谱缺失的卷二十一，特地赴江阴核实。最后，苏州大学出版社李寿春副总编一直关心本选题的研究进展和进度，从不同角度斟酌并提出了中肯的建议，前后设计初稿封面三遍，予以十足的支持；张凝、朱坤泉编审花费精力，细心核查，严苛把关，提高了质量；苏州大学人文社科处和财务处也支持与管理此项目。此外，王尧教授为初稿题写书名，张嫣楠硕士寻访了娄东王氏宗谱，柴念东教授识别了某些家谱手书草字，杨旭辉教授答疑解惑。我的博士生洪怡、硕士生李永玲也对初稿提出了很好的建议。范莉莉、洪怡、温玉聪、刘怡、朱丹青、和雨珠通读校稿，又改正了差错。王明华校长花费多年心血，编著《江阴王氏概略》一书，梳理了三沙江阴王氏等支派脉络，对于本项研究有所裨益。特别应当提到的是，本书出版得到了苏州市相城区太平街道党工委、办事处的大力资助。

三沙王氏支派蕃庶，人口众多，人才灿若繁星，资料浩如烟海，未来可以继续开挖和研究的课题还很多。单是支派方面，譬如武进牛塘大树下王氏、长兴尚儒王氏、苏州莫釐王氏和盐阜、泰州王氏，都值得继续研探。这里的结果仅开端倪，属于初创，差错肯定不少，希望能抛砖引玉得到方家郢政，若日后能将三沙王氏与宋代以来江南发展结合起来研究，定能结出愈加丰盛的果实。

三湖　吴建华

2023 年 9 月 15 日识于姑苏灵岩香溪之畔